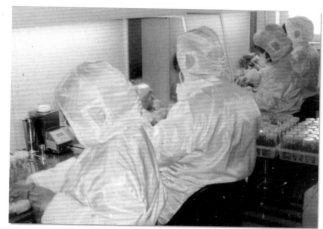

脱毒苗切段扩繁

培养架

苗壮生产的
脱毒苗

1

脱毒苗扦插网室

扦插苗作业

网棚内微型
薯苗床

2

微型薯生产苗床

夏波蒂微型薯

挖芽切刀消毒
（高锰酸钾）

3

拌　种

种薯包衣（拌种）

单行播种机作业

4

美式双行播种机
田间作业

单行中耕机作业

四行播种机
田间作业

美式双行中耕机
田间第一次作业

美式双行中耕机
田间第二次作业

第二次中耕灭草
作业后的效果图

6

欧式四行中耕机
田间作业

撒肥机追肥
田间作业

拖拉式撒肥机
田间作业

打药机田间作业

欧式打药机
田间作业

打秧机田间作业

8

# 马铃薯高效栽培技术

## （第 2 版）

谭宗九　丁明亚　李济宸　编著

王丽茹　谭宗九　绘图

金盾出版社

# 内 容 提 要

本书作者长期工作在"中国马铃薯之乡"、20世纪70年代开始建设的国家级种薯基地——围场满族蒙古族自治县,在生产实践中积累了丰富的经验。本书在原版基础上进行了增补,使其内容更新更全面。

本书主要内容有:种植马铃薯的意义,马铃薯的形态特征、生长发育特性、生长阶段及对生长条件的要求,马铃薯种植中出现的不良现象及存在的问题,马铃薯优良品种的选用、茎尖脱毒种薯的应用,马铃薯种植技术、施肥技术以及病虫草害防治技术、科学贮藏等。

本书内容贴近生产实际,操作性强,语言通俗易懂,可供广大马铃薯种植者及基层农业技术人员学习使用,亦可供农业院校相关专业师生阅读参考。

## 图书在版编目(CIP)数据

马铃薯高效栽培技术/谭宗九,丁明亚,李济宸编著.— 2版.—北京 :金盾出版社,2010.8(2019.1重印)
 ISBN 978-7-5082-6408-0

Ⅰ.①马…　Ⅱ.①谭…②丁…③李…　Ⅲ.①马铃薯—栽培
Ⅳ.①S532

中国版本图书馆 CIP 数据核字(2010)第 075159 号

**金盾出版社出版、总发行**
北京市太平路 5 号(地铁万寿路站往南)
邮政编码:100036　电话:68214039　83219215
传真:68276683　网址:www.jdcbs.cn
北京军迪印刷有限责任公司印刷、装订
各地新华书店经销
开本:850×1168 1/32　印张:10.75 彩页:8　字数:255 千字
2019 年 1 月第 2 版第 16 次印刷
印数:102 001～105 000 册　定价:30.00 元
(凡购买金盾出版社的图书,如有缺页、
倒页、脱页者,本社发行部负责调换)

# 前　言

在我国的不同地方,人们对马铃薯有不同的叫法。它的俗名有土豆、地豆、山药、洋山药、山药蛋、地蛋、土卵、洋芋、洋山芋、土芋、番芋、番人芋、香芋、洋番薯、荷兰薯、爪哇薯和番仔薯等,还有叫它鬼慈姑或番鬼慈姑的。但是,称它土豆、洋芋和山药蛋的最普遍。从它的不同地方名字就可以看出,它在我国的种植,从南到北,从东到西,到处都有。

马铃薯在植物分类中为茄科茄属,是一种一年生草本块茎植物。因为生产上用它的块茎(通常称薯块)进行无性繁殖,因此又可视为多年生植物。马铃薯的老家,在南美洲安第斯山山区。它有着悠久的栽培历史,可以说是原产地的一种古老的农作物。据资料介绍,早在新石器时期,在安第斯山山区居住的印第安人,为了生存的需要,在野生植物中寻找可以充饥的东西时,便发现了马铃薯的薯块可以吃,并用木棒、石器掘松土地,栽种马铃薯,获得了下一代马铃薯薯块,这就形成了马铃薯的原始栽培。在古代的印第安人中,马铃薯是生活中的主食,人们的生死存亡与马铃薯收成的丰歉关系密切,所以他们把马铃薯奉为"丰收之神",经常祭祀祈求。到 16 世纪中期,哥伦布发现新大陆后,西班牙人和英国人分别把马铃薯带回欧洲种植,并很快得以发展,成为北欧人民的主要食品之一。马铃薯传入我国的时间,据资料介绍是在明朝万历年间(1573—1619 年)。距今虽然仅有 400 余年,但由于马铃薯适应性强、喜冷凉的气候条件、抗灾、早熟、高产、易于种植,更重要的是它既能作粮又能作菜,营养价值高,因而成了我国人民喜食的农作物。因此,马铃薯在我国虽然是个年轻的农作物,但它发展很快,已经扎根于全国各地。

至 2006 年全国马铃薯播种面积已达到 500 万公顷（折 7 500万亩），播种面积居全世界第一位。所以，在我国马铃薯定位为国七大主要农作物之一，同时也是水稻、玉米、小麦之后的第四大粮食作物。

就全世界来说，至 21 世纪初，马铃薯种植面积已达 2 000 万公顷（折 3 亿亩），已上升为水稻、小麦之后的第三大农作物。

为适应马铃薯生产发展需要，进一步提高马铃薯的种植效益，笔者应金盾出版社之邀对本书进行了补充修订。修订过程中参考了同行专家、学者的相关资料，在此深表谢意！

由于受时间及本人知识水平所限，书中出现错漏在所难免，恳请广大读者批评指正。

编著者

# 目　录

目　　录

# 目 录

# 第一章　种植马铃薯的意义

由于马铃薯营养丰富，是粮菜兼用的食物，又是优质饲料，还是食品加工业及多种工业的原料，加上它本身有适应性很强、生育期短和抗灾能力强等优点，所以种植马铃薯，无论是在高寒贫困地区解决脱贫问题，还是在发达地区实现致富愿望，都具有非常重要的意义。

## 一、可以满足市场供应，发展农业经济

马铃薯种植面积比较大的地方，多数在海拔比较高、气候寒冷、无霜期较短和灾害性天气较多的区域。过去这些地方都欠发达，人们生活贫困，经常是一年收成不够半年粮。而马铃薯早熟，又耐自然灾害，喜欢冷凉天气，农民都管它叫"铁杆庄稼"，只要种上，就会多少都有收成，甚至在开花后就可以"取蛋"来糊口。当时种植马铃薯就是为了糊口，救灾救命，解决温饱。然而，在进入市场经济的今天，由于科学技术的提高，交通运输业的发展，加工业的兴起和人们的膳食结构由温饱型向营养型的转变，以及农民商品意识的增强，种植马铃薯已从为了填饱肚子，转移到获得更高的经济效益上来。目前，马铃薯已成为城市居民"菜篮子"里的主要蔬菜品种之一。在有马铃薯加工厂（如淀粉加工、粉条粉皮加工、油炸薯条薯片加工、全粉加工等）及有就地自行加工习惯的地方，可将种植的马铃薯，以供应原料薯或自行加工增值的方式，把当地的自然优势，转化成经济优势。在纬度高、海拔高、气温低并且交通便利的地方，可以选定市场上适销对路的品种，生产退化轻、种性好的优良种薯，再配备一定规模的脱毒设施，在专业技术人员的

指导下,进行种薯生产,向没有种薯生产条件的马铃薯种植区域供种。这样,既为用种单位提供了服务,为良种推广做出了贡献,同时也搞活了当地的经济。因此,种植马铃薯,不仅能填饱肚子,还能抓到票子。

## 二、可以提高粮食安全的保障率

"民以食为天"道出了粮食在人类生存中的重要作用。近年来粮食安全备受世人关注。因为人口数量在不停地增长,迄今世界人口已超过 60 亿,我国人口在 13 亿以上,所以粮的消耗量较 19 世纪初增加了 3~4 倍。只有大幅度地增产粮食,才能满足人类的需求;同时,赖以生产粮食和食物的土地面积在迅速地减少,本来我国人均耕地面积就很少,只有 0.099 公顷(折 1.485 亩),仅是世界平均水平 0.25 公顷(折 3.75 亩)的 39.6%,可是由于人居房屋、村庄、道路、工厂、矿山的建设占用耕地,及水土流失、水冲毁地、风沙毁地等减少耕地,使耕地面积迅速减少。据统计资料,进入 21 世纪的头 8 年(2000—2007 年)我国耕地面积净减少 729.2 万公顷(折 1.094 亿亩)。而新增加耕地面积的可能比较小,宜耕荒地基本已开发完。因而动摇了粮食生产的基础,更增加了粮食不足的危险性。

增加粮食产量,首先应该是水稻、玉米、小麦及其他粮食作物,可是我国水稻、玉米、小麦的平均单产已高于世界平均单产水平,所以增产潜力不大,何况我国水资源缺乏,特别是北方更明显,同时,气候年际间变化较大,干旱连年发生,给提高三大粮食作物单产加大了难度。

比较我国三大主要粮食作物,马铃薯是增产潜力最大的,而且是保障粮食安全持续发展的作物。

第一,马铃薯在我国平均单产(2006 年)只有 14 350.3 千克/

公顷(折956.7千克/亩),比世界平均水平16 733.74千克/公顷(折1 115.6千克/亩)低2 383.44千克(折158.9千克/亩),比美国平均水平43 670千克/公顷(折2 911.3千克/亩)低29 319.7千克/公顷(折1 954.6千克/亩),说明我国马铃薯增产潜力巨大。

第二,我国马铃薯大部分都分布在东北北部、华北北部、西北和西南西部,属高寒、干旱、半干旱的缺水地带,这些地方其他作物是春小麦、莜麦、谷子、荞麦、杂豆等,在旱作条件下,单产1 500～2 250千克/公顷(折100～150千克/亩),而在这里马铃薯单产鲜薯可达到22 500～37 500千克/公顷(折1 500～2 500千克/亩),高产者可超过45 000千克/公顷(折3 000千克/亩),按5千克鲜薯折1千克干物质计算,每公顷可产4 500～7 500千克干物质(折300～500千克/亩),单位面积生产的马铃薯折合的干物质,在当地是其他作物的3～5倍。因为马铃薯是光合效率最高、高产、抗旱、耐寒的作物,它对水分的利用率高,一般干旱情况下,不会出现绝产问题。

第三,马铃薯营养价值高,是粮食作物中含营养物质最全的食物,是质量最高的粮食。

第四,马铃薯是救灾、减灾、减少粮食损失的好作物。马铃薯有一部分早熟、极早熟品种,60天左右就可获得收成,而且在不同季节和土壤条件下都能有收获物。比如,北方因春旱5～6月份不能播种时,或前期受雹灾,7月初下透雨,种上早熟马铃薯,加强田间管理,9月下旬就可得到理想的收获,如果种其他作物就只能收获一些秸秆。南方水灾后可种些秋作马铃薯、冬作马铃薯挽回损失。

综上所述,种植马铃薯可以提高粮食安全的保障率不为虚谈。

# 三、可以帮助贫困地区脱贫致富

我国马铃薯种植区主要分布在边远贫困地区,这些地方高寒、积温不足、土地瘠薄、水资源缺乏、灾害性天气频繁,农作物多为低产的早熟、极早熟类型,农民收入很低,马铃薯是当地的主要粮食、蔬菜、饲料和经济收入的来源。据资料介绍,我国 590 个国家级贫困县中,有 429 个县种植马铃薯,种植面积 290 余万公顷(折 4 360 万亩),占全国马铃薯播种面积的 58.13%。

随着我国改革开放的深入发展,马铃薯加工业的兴起和扩大,人们饮食结构从温饱型向营养型的转变,马铃薯成为当地优势作物、特色作物。因此,当地政府把马铃薯作为支柱产业来抓,定为发展当地经济、奔小康的重要措施,马铃薯成为贫困地区致富的希望,并且见到了成效。

如甘肃省定西地区,是全国有名的贫困地区,在 20 世纪 90 年代初,马铃薯种植面积 0.67 万公顷(折 10.05 万亩),当时农民还没有解决温饱问题。1998 年以来,政府按发展特色经济的思路,加快了马铃薯产业化的进程,使马铃薯生产、经营、加工迅速发展。至 2004 年马铃薯播种面积达到 23.3 万公顷(折 349.5 万亩),总产量达到 500 万吨,产值达到 14.3 亿元,占全地区生产总值的 27%。农民人均总收入为 1 587.5 元,其中马铃薯收入达 408 元,占当年农民纯收入的 25.7%。宁夏回族自治区的吉西县是国家级贫困县,2007 年农民当年人均纯收入为 2212 元,其中从马铃薯产业获得纯收入约 657 元,占农民人均纯收入的 29.7%。全县 60% 的农户靠种植马铃薯购买了三轮农用车、摩托车、盖了新房,走上了脱贫致富的道路。河北省围场满族蒙古族自治县,是国家级贫困县,是八山一水一分田的坝上山区,全县耕地面积退耕还林后 5.93 万公顷(折 98.3 万亩),历年马铃薯播种面积 3.05 万公顷(折 45.8 万亩)左右,占全县总播种面积的 50% 以上,政府把马铃薯作为当地的支柱产业来抓,建立马铃薯研究所和马铃薯茎尖脱毒中心,推广应用脱毒种薯、引进适销对路的菜用、加工淀粉用、油炸薯条、薯片用等新品种,推广地膜覆盖种植、机械化种植、配方施肥等技术,建立营销队伍和淀粉加工、全粉加工等龙头企业,提高了产量,扩大了市场。2007 年平均单产 1 420 千克/667 米²(1亩),总产鲜薯 65 万吨,产值达 4 亿元,仅马铃薯农民人均收入达到 600 元,占人均总收入的 26%。该县广发永乡,全乡总耕地面积 1 123.6 公顷(折 16 854 亩),2008 年全乡马铃薯种植面积 1 042.2公顷(折 15 634 亩),占总土地面积 92%,平均每 667 米²单产 1.79 吨,最高 667 米² 产量达 3 吨,总产鲜薯 2.8 万吨,总产值达到 2 240 万元,光马铃薯产业提供人均纯收入 1 670 元,占人均总收入 2 150 元的 77.7%。

# 四、可以改善人们膳食的营养结构

马铃薯所含的矿物质中钾、钙、磷、铁等成分较多。还含有镁、硫、氯、硅、钠、硼、锰、锌、铜等人和动物必需的营养元素。同时,这些矿物质呈强碱性,所以马铃薯为碱性食品,可以中和酸性食品的酸度,保证人体内酸碱平衡。薯块内还含有 0.6%～0.8%的粗纤维,称为膳食纤维。脂肪含量较低,只有 0.2%,属低脂肪食品。这些营养物质中以淀粉、蛋白质、钾、维生素 C、胡萝卜素等含量最丰富,都高于小麦、水稻、玉米等粮食作物(表 1)。

**表 1　马铃薯和其他食品营养成分含量比较表**　(每 100 克的含量)

| 营养成分 | 鲜马铃薯块茎 | 马铃薯全粉 | 水稻平均 | 小麦标准粉 | 白玉米面 | 小米面 |
|---|---|---|---|---|---|---|
| 可食部分(克) | 94 | 100 | 100 | 100 | 100 | 100 |
| 水分(克) | 79.8 | 12 | 13.3 | 12.7 | 13.4 | 11.8 |
| 能量(千卡) | 76 | 337 | 346 | 344 | 340 | 356 |
| 能量(千焦) | 318 | 1410 | 1448 | 1439 | 1423 | 1490 |
| 蛋白质(克) | 2 | 7.2 | 7.4 | 11.2 | 8 | 7.2 |
| 脂肪(克) | 0.2 | 0.5 | 0.8 | 1.5 | 4.5 | 2.1 |
| 碳水化合物(克) | 17.2 | 77.4 | 77.9 | 73.6 | 73.1 | 77.7 |

**续表 1**

| 营养成分 | 鲜马铃薯块茎 | 马铃薯全粉 | 水稻平均 | 小麦标准粉 | 白玉米面 | 小米面 |
|---|---|---|---|---|---|---|
| 膳食纤维(克) | 0.7 | 1.4 | 0.7 | 2.1 | 6.2 | 0.7 |
| 灰分(克) | 0.8 | 2.9 | 0.6 | 1 | 1 | 1.2 |
| 维生素 A(毫克) | 5 | 20 | 0 | 0 | 0 | 0 |
| 胡萝卜素(毫克) | 30 | 120 | 0 | 0 | 0 | 0 |
| 维生素 $B_1$(微克) | 0.08 | 0.08 | 0.11 | 0.28 | 0.34 | 0.13 |
| 维生素 $B_2$(毫克) | 0.04 | 0.06 | 0.05 | 0.08 | 0.06 | 0.08 |
| 维生素 $B_5$(毫克) | 1.1 | 5.1 | 1.9 | 2 | 3 | 2.5 |
| 维生素 C(毫克) | 27 | 0 | 0 | 0 | 0 | 0 |
| 维生素 E(T)(毫克) | 0.34 | 0.28 | 0.46 | 1.8 | 6.89 | 0 |
| α-E | 0.08 | 0.28 | 0 | 1.59 | 0.94 | 0 |
| (β-γ)-E | 0.1 | 0 | 0 | 0 | 5.76 | 0 |
| δ-E | 0.16 | 0 | 0 | 0.21 | 0.19 | 0 |
| 钙(毫克) | 8 | 171 | 13 | 31 | 12 | 40 |
| 磷(毫克) | 40 | 123 | 110 | 188 | 187 | 159 |
| 钾(毫克) | 342 | 1075 | 103 | 190 | 276 | 129 |
| 钠(毫克) | 2.7 | 4.7 | 3.8 | 3.1 | 0.5 | 6.2 |
| 镁(毫克) | 23 | 27 | 34 | 50 | 111 | 57 |
| 锌(毫克) | 0.37 | 1.22 | 1.7 | 1.64 | 1.22 | 1.18 |
| 硒(微克) | 0.78 | 1.58 | 2.23 | 5.36 | 1.58 | 2.82 |
| 铜(毫克) | 0.12 | 1.06 | 0.3 | 0.42 | 0.23 | 0.32 |
| 锰(毫克) | 0.14 | 0.37 | 1.29 | 1.56 | 0.4 | 0.55 |
| 碘(毫克) | 1.2 | 0 | 0 | 0 | 0 | 0 |

注:摘自《中国人如何吃马铃薯》

据屈冬玉等《中国人如何吃马铃薯》书中介绍,马铃薯还具有特殊营养和药用价值。马铃薯是优质的幼儿食品;是具有补中益气、和胃健脾、消肿等功效的药用食品,外用可敷疗骨折损伤、头痛、风湿等症;又是癌症患者较好的康复食品,食用马铃薯全粉或熟薯块捣的薯泥，可止吐、助消化、维护上皮细胞、防止上皮肿瘤发生，缓解致癌物在体内的毒性，可使已癌变的细胞恢复正常；还是抗衰老食品，薯块中含较高的维生素 C、维生素 E 和维生素 $B_5$、优质膳食纤维和高钾含量是其抗衰老、保健康的重要原因。最近研究表明，花青素是继水、蛋白质、脂肪、碳水化合物、维生素、矿物质之后的第七大必需营养素。它是一种强有力的抗氧化剂，可清除自由基危害，效率远高于维生素 C 和维生素 E，能抑制炎症和过敏；预防与自由基有关的疾病，包括癌症、心脏病、过早衰老、关节炎等。而紫肉马铃薯就含有较高的花青系。另外，马铃薯还是一种美体食品，丰富的膳食纤维增加了人的饱腹感，减少了大量食物的摄入，还能促进体内脂肪的代谢，有利于保持身体健美。

美国农业部门曾对马铃薯做出这样的评价："每餐只吃全脂奶粉和马铃薯，便可得到人体所需的一切营养元素。"所以，一些国家又给马铃薯送了许多美称，如"地下苹果"、"第二面包"、"珍贵作物"、"丰收之神"等。爱尔兰人对马铃薯特别崇拜，认为"婚姻与马铃薯至高无上"；多米尼加人形容富有者为"生活在马铃薯之中"；英国科学家沙拉曼在论述马铃薯的起源与传播时说："哥伦布发现新大陆，给我们带来的马铃薯是人类真正有价值的财富之一。"他还称："马铃薯驯化和广泛栽培，是人类征服自然最卓越的事件之一。"

在我国，随着经济的发展，人们的食品结构也发生了变化，开始注意到营养的搭配。随着对马铃薯营养价值的认识，人们逐渐改变了过去认为"只有穷人才吃马铃薯"的偏见。因此，无论在餐桌食品和快餐食品中，还是在消闲食品中，马铃薯都占有一定的位置。如今，它已经登上了大雅之堂。

马铃薯的营养价值高，它除了供人作粮、菜食用外，还是最好的饲料，不仅薯块可以喂牲畜，茎叶还可做青贮饲料和青饲料。用它喂养畜禽，可以增加肉、蛋、奶的转化。据资料介绍：用 50 千克马铃薯薯块喂猪，可增肉 2.5 千克；喂奶牛可产奶 40 千克或奶油

3.5千克。马铃薯制淀粉剩下的粉渣,也是很好的饲料。

## 五、可以为能源安全提供原料保证

目前,能源问题也是世人非常关注的问题。地下的石油、天然气、煤炭贮藏量是一定的,若干年后经过人类的开采利用,总会有枯竭之时。所以,科学家提出了太阳能、风能、生物能及沼气等能源的利用。其中,生物能源多以水稻、玉米、小麦等粮食作原料生产燃料乙醇(酒精),这样做又严重地影响了粮食安全,所以国家已明令禁止用三大粮食作物生产燃料乙醇。因而薯类作物(马铃薯、甘薯、木薯)就成了生物能源作物的必选原料。薯类作物中甘薯、木薯产乙醇量虽比鲜马铃薯高(表2),但因气候限制它们的种植面积、产量,其发展前景都不如马铃薯。如果马铃薯单产达到3吨/667米²,每667米²马铃薯就可产乙醇300千克。

表2　薯类及谷物类原料淀粉含量及每100千克原料乙醇产量

| 原料名称 | 淀粉(%) | 粗蛋白质(%) | 水分(%) | 乙醇产量(千克/100千克) |
|---|---|---|---|---|
| 甘薯(鲜) | 15~25 | 1.1~1.4 | 70~80 | 8.5~14.2 |
| 甘薯(干) | 65~68 | 1.1~1.5 | 12~14 | 36.9~38.6 |
| 马铃薯(鲜) | 12~20 | 1.8~5.5 | 70~80 | 6.8~11.4 |
| 马铃薯(干) | 63~70 | 6~7.4 | 13 | 35.8~39.7 |
| 木薯(鲜) | 27~33 | 1~1.5 | 70~71 | 15.3~18.7 |
| 木薯(干) | 63~74 | 2~4 | 12~16 | 35.8~42.0 |
| 玉米(干) | 65~66 | 8~9 | 12 | 36.9~37.5 |
| 大　米 | 65~72 | 7~9 | 11~13 | 36.9~40.9 |
| 小　麦 | 63~65 | 10~10.5 | 12~13 | 35.8~36.9 |

注:按每100千克淀粉生产56.78千克100%乙醇计算。摘自《中国人如何吃马铃薯》

从上述几点可以看出,种植马铃薯发展马铃薯产业,不仅有积极的现实意义,还有着长远的战略意义,显示出马铃薯产业是我国农业现代化中最有发展前景的产业。温家宝总理在关于发展马铃薯的文件中曾批示"小土豆、大产业"。所以,我们更应充分认识马铃薯生产发展的重要意义,把马铃薯种植列入我国社会主义新农村建设的重要内容,把马铃薯产业做大、做强,加快我国农业现代化建设步伐。

# 第二章　马铃薯的形态特征及
# 生长发育特性

## 一、马铃薯的形态特征

马铃薯的形态特征与它的经济性状是密不可分的。一棵马铃薯由根、茎(地上茎、地下茎、匍匐茎、块茎)、叶、花和果实等组成(图 1)。

### (一)根

马铃薯的根是吸收营养和水分的器官,同时还有固定植株的作用。

不同繁殖材料所长出的根不一样。用薯块进行无性繁殖生的根,呈须根状态,称为须根系(图 2,图 3);而用种子进行有性繁殖生长的根,有主根和侧根的分别,称为直根系(图 4)。生产上一般是用薯块种植,因此重点谈一下须根系。

须根系分为两类。一类是初生长芽的基部靠种薯处,在 3～4 节上密集长出的不定根,叫做芽眼根。它们生长得早,分枝能力强,在须根上产生侧根,为一级侧根,再产生二级侧根、三级侧根、多级侧根,在耕作层内形成网状,分布广,是马铃薯的主体根系。虽然是先出芽后生根,但根比芽长得快,在薯苗出土前就能形成大量的根群,靠这些根的根毛吸收养分和水分。另一类是在地下茎的中上部节上长出的不定根,叫做匍匐根。有的在幼苗出土前就生成了,也有的在幼苗生长过程中培土后陆续生长出来。匍匐根都在土壤表层,很短并很少有分枝,但吸收磷素的能力很强,并能在很短时间内把吸收的磷素输送到地上部的茎叶中去。

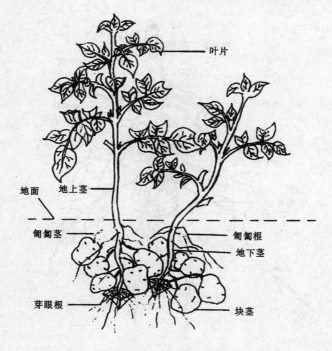

叶片

地面　地上茎

匍匐茎

匍匐根

地下茎

芽眼根

块茎

**图 1　马铃薯植株**

马铃薯的根系是白色的,老化时变为浅褐色。大量根系斜着向下,大部分在 30 厘米左右的表层,深的可达 70 厘米,甚至到 100 厘米。一般早熟品种的根比晚熟品种的根长势弱,数量少,入土浅。

马铃薯根系的多少和强弱,直接关系着植株是否生长得健壮、繁茂,对薯块的产量和质量都有直接的影响。根系生长状况如何,除不同品种不一样外,栽培条件是决定的关键。土地条件好,土层深厚,土质疏松,翻得深耙得细,通气透气好,墒情及地温适宜,有利于根系的发育;加强管理,配合深种深培土,及时中耕松土,增施磷肥等措施,也都能促进根系的发育,尤其是对匍匐根的形成和生

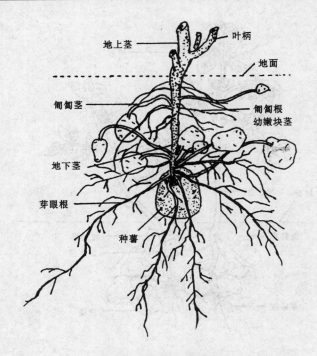

**图2　马铃薯的须根系**

长特别有利。总之,根系发达,根量多,分布又深又广,能增强抗旱、抗涝能力,吸收营养多,是丰产的基础。

## (二)茎

马铃薯的茎,按不同部位、不同形态和不同作用,分为地上茎、地下茎、匍匐茎和块茎4种(图1,图2)。

**1. 地上茎**　马铃薯地上茎的作用,一是支撑植株上的分枝和叶片;更重要的是把根系吸收来的无机营养物质和水分,运送到叶片里,再把叶片光合作用制造成的有机营养物质,向下运输到块茎中。

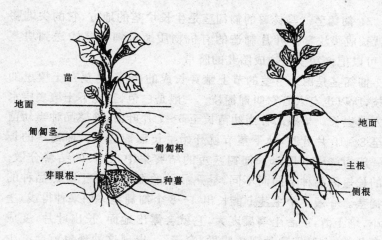

苗

地面

匍匐茎

芽眼根

匍匐根

种薯

地面

主根

侧根

**图 3 马铃薯幼苗**　　　　**图 4 马铃薯实生苗的直根系**

从地面向上的主干和分枝,统称为地上茎。它是由种薯芽眼萌发的幼芽发育成的枝条。其高度一般是 30～100 厘米,早熟品种的地上茎比晚熟品种的矮。在栽培品种中,一般地上茎都是直立型或半直立型,在栽培种中很少见到匍匐型,只是在生长后期,因茎秆长高而会出现蔓状倾倒。茎上节间明显,但节间长短与品种、种植密度、氮肥用量及光照有关。茎的颜色多为绿色,也有的品种在绿色中带有紫色和褐色。节处一般为圆形,且比节间处粗些,而节间处为三棱、四棱或多棱形。切开横截面看,节处多为实心,较硬,而节间处心较软,稍有空隙。节处长着复叶或分枝和腋芽。

**2. 地下茎** 地下茎是种薯发芽生长的枝条埋在土里的部分,下部白色,靠近地表处稍有绿色或褐色,老时多变为褐色。它的身上着生根系(芽眼根和匍匐根)、匍匐茎和块茎。地下茎节间非常短,一般有 6～8 个节,在节上长有匍匐根和匍匐茎。地下茎长度因播种深度和生长期培土厚度的不同而有不同,一般在 10 厘米左右。如果播种深度和培土厚度增加,地下茎的长度也随着增加。

**3. 匍匐茎**　马铃薯的匍匐茎是生长块茎的地方,它的尖端膨大就长成了块茎。叶片制造的有机物质通过匍匐茎输送到块茎里,可以把匍匐茎比喻成胎儿的脐带。

匍匐茎是由地下茎的节上腋芽长成的,实际是茎在土壤里的分枝,所以也有人管它叫匍匐枝。一般是白色,在地下土壤表层水平方向生长。早熟品种当幼苗长至 5~7 片叶时,晚熟品种当幼苗长至 8~10 片叶时,地下茎节就开始生长匍匐茎了。匍匐茎的长度一般为 3~10 厘米。匍匐茎短的结薯集中,过长的结薯分散。它的长短因品种不同而不同,早熟品种的匍匐茎短于晚熟品种的匍匐茎。一般 1 个主茎上能长出 4~8 个匍匐茎。如果种得浅,垄太小,培土薄,或者土壤湿度大,它就会露出地面,长出叶片,变成普通分枝,农民把这种现象叫做"窜箭"。出现这种现象就会减少结薯个数,影响产量。因此,深种深培土能保证地下茎的长度和节数,为匍匐茎生长创造良好的环境条件,长出足够数量的匍匐茎,以增加有效块茎的数量。

**4. 块茎**　马铃薯的块茎就是通常所说的薯块。它是马铃薯的营养器官,叶片所制造的有机营养物质,绝大部分都贮藏在块茎里。它是贮存营养物质的"仓库",薯内含有大量的糖类(主要是淀粉),还有蛋白质、维生素、粗纤维、矿物质等。我们种植马铃薯的最终目标就是要收获高产量的块茎。同时,块茎又能以无性繁殖的方式繁衍后代,所以人们在生产上使用块茎作为播种材料,把用作播种的块茎叫做种薯。这是马铃薯与禾谷类作物用种子播种大不相同的地方。

马铃薯的块茎,是由匍匐茎尖端膨大形成的一个短缩而肥大的变态茎,具有地上茎的各种特征。但块茎没有叶绿体,表皮有白、黄、紫、褐等不同颜色。皮里边是薯肉,营养物质就贮存在这里,薯肉因品种不同而有白色或黄色或紫色、粉色之分。块茎上有芽眼(图 5),相当于地上茎节上的腋芽,芽眼由芽眉和 1 个主芽及

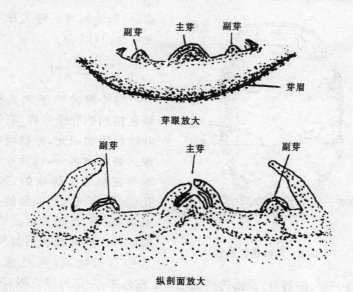

图 5 马铃薯芽眼

2个以上副芽组成,主芽和副芽在满足其生长条件时就萌发,长成新的植株。芽眉是退化小叶残留的痕迹,不同品种的芽眉也不同。芽眼的颜色有的和表皮相同,有的不同。不同品种的芽眼,有深浅并凸凹的区别。块茎形状不一,有圆形、扁圆形、卵形、椭圆形和长形等。块茎有头尾之分,与匍匐茎连接的一头是尾部,也叫脐部;另一头是头部,也叫顶部。顶部是匍匐茎的生长点部位,芽眼较密。最顶部的一个芽眼较大,里边能长出的芽也较多,叫做顶芽。顶芽萌发后,生得壮,长势旺,这种现象叫顶端优势。块茎侧面芽眼中长出的芽叫侧芽,尾部的芽眼较稀,所长出的芽叫尾芽,它们的长势都弱于顶芽。块茎表皮有许多皮孔,这是与外界交换气体的,也就是呼吸的孔道,名叫气孔。如果土壤疏松透气,干湿适宜,皮孔紧闭,所长块茎的表面就光滑;如果土壤黏湿、板结,透气性差,所长块茎的皮孔就张大并突出,形成小斑点。这虽对质量没有

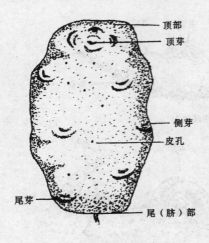

顶部
顶芽
侧芽
皮孔
尾芽
尾（脐）部

**图6　马铃薯的块茎**

影响,但为病菌的侵入开了方便之门(图6)。

## (三)叶

马铃薯的叶子和其他绿色植物的叶子一样,它的叶绿体吸收阳光,把根吸收来的营养和水分,以及叶片本身在空气中吸收的二氧化碳,制造成富有能量的有机物质(糖、淀粉及蛋白质、脂肪等),同时释放出氧气。这些有机物质,通过地上茎、地下茎、匍匐茎,被输送到块茎中贮藏起来,一部分供应根、茎、叶、花等生长时应用。所以,叶子如同动物的胃一样,把摄取的食物进行消化吸收。叶子是马铃薯进行光合作用、制造营养的主要器官,是形成产量的活跃部位。因此,在生产过程中,要千方百计地使植株生长一定数量的叶子,以形成足够规模的有机物质的制造工厂,才能源源不断地制出营养物质,保证块茎干物质的积累,使生产获得丰收。同时,还必须注意保护叶片,使其健康生长,防止因病害或虫害损伤叶片,减少叶面积。当然也不是叶面积越多越好。如果叶子过密,相互遮掩,降低了光的吸收,也会影响光合效果,降低产量。

马铃薯的第一、第二个初生叶片是单叶,叶缘完整、平滑。以后生长的叶子是不完全复叶和复叶,叶片着生在复叶的叶轴上(也叫中肋),顶端一片小叶,叶片大于其他小叶,叫顶小叶;其余小叶都对生在复叶叶轴上,一般有3～4对,叫侧小叶,整个叶子呈羽毛状(图7),叫羽状复叶。在侧生小叶叶柄上,还长着数量不等的小型叶片,叫小裂叶,复叶叶柄基部与地上茎连接处有 1 对小叶,名叫托叶。不同品种马铃薯的叶子,其生长有不同的特点。这些特点,可以作为区别品种的标志。

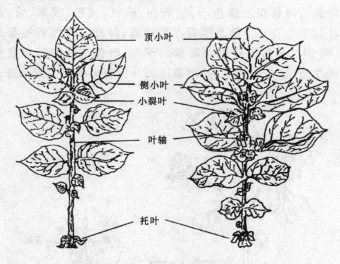

顶小叶

侧小叶

小裂叶

叶轴

托叶

图 7 马铃薯叶子

马铃薯叶片的生长过程,分为上升期、稳定期和衰落期。据专家研究表明,在叶片衰落期,部分叶片枯黄,但大部分叶片继续进行光合作用,虽然叶面积减少了,可田间透光条件改善了,再加上气候凉爽,昼夜温差大,更有利于有机物质的合成和积累,因此这个时期是块茎产量形成的重要阶段。所以,在这个时期防止叶片早衰,尽量多地保持绿色叶片,对增产有重要作用。

## (四)花

马铃薯的花,既是马铃薯进行有性繁殖的器官,又是鉴别马铃薯品种的一个明显依据,也是进行人工杂交育种的唯一部位。

马铃薯的花序是聚伞型花序。花序主干叫花序总梗,也叫花序轴,它着生在地上主茎和分枝最顶端的叶腋和叶枝上。在花序轴及分枝、花柄的长短,小苞叶的有无等方面,不同品种的马铃薯是各有区别的。花冠是五瓣连接轮状,有外重瓣、内重瓣之分;不同品种的马铃薯花冠颜色不同,有白、浅红、浅粉、浅紫、紫、蓝等色。花冠中心有 5 个雄蕊围着 1 个雌蕊,雌蕊的花柱长短与品种有关(图 8)。马铃薯花冠与雄蕊的颜色、雌蕊花柱的长短及直立或弯曲状态、柱头的形状等,都是区别马铃薯品种的主要标志。

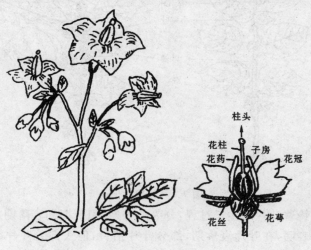

**图 8　马铃薯的花**

马铃薯花的开放,有明显的昼夜周期性。它们都是白天开放,从上午 5～7 时开始;傍晚和夜间闭合,一般在下午 17～19 时开始,到第二天再开。每朵花开放 3～5 天就落了。如遇阴天,马铃薯花则开得晚,闭合得早。有的品种对光照和温度敏感,如光照、温度发生变化就不开花。特别是北方品种调到南方,往往见不到开花,主要原因是光照不足。马铃薯不开花并不影响地下块茎的生长。对生产来说,这并不是坏事,因为它减少了营养的消耗。有的品种花多果实多,会大量消耗营养,因此在生产上要采取摘蕾、摘花的措施,以确保增产。

## (五)果实与种子

马铃薯的果实及其种子,是马铃薯进行有性繁殖的唯一特有器官。果实里的种子叫做实生种子,用实生种子种出的幼苗叫实生苗,结的块茎叫实生薯。因为实生种子在有性生殖过程中,能排除一些病毒,所以在有保护措施的条件下,用实生种子继代繁殖的种薯可以不带病毒。近年来,利用实生种子生产种薯,已成为防止马铃薯退化的一项有效技术措施。

如果在马铃薯开花时进行人工杂交,可以在果实里得到人工杂交的种子,再经过多次选育可获得新的品种。分离较小的杂交组合,也可以直接用于种薯繁殖,再进行大田生产。

马铃薯的果实是开花授粉后由子房膨大而形成的浆果(图9)。浆果有圆形、椭圆形等形状,皮绿色、褐色或紫色,里面有100~250粒种子。坐果1个多月后,果皮由绿色变成黄白色或白色。果实由硬变软,就成熟了。里面的种子很小,千粒重只有0.3~0.6克。种子的休眠期很长,一般长达6个月。实生种子发芽缓慢,顶土能力弱。出苗后根系细弱,叶子很少,3~4片叶前生长非常缓慢。所以,利用实生种子种植时必须认真搞好催芽,并要精细整地;也可在苗床育苗后再移栽定植到田里,并加强苗期管理,才能获得种薯。

# 二、马铃薯的生长发育特性

一棵用种薯无性繁殖长成的马铃薯植株,从块茎萌芽,长出枝条,形成主轴,到以主轴为中心,先后长成地下部分的根系、匍匐茎、块茎,地上部分的茎、分枝、叶、花、果实时,成为一个完整的独

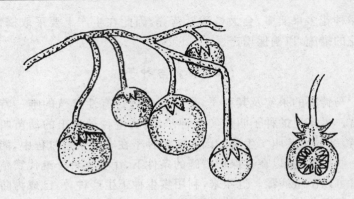

**图 9　马铃薯的果实和种子**

立的植株,同时也就完成了它的由发芽期、幼苗期、发棵期、结薯期及块茎休眠期组成的全部生育周期,从而给种植者带来了丰厚的产量和良好的经济效益。

马铃薯这个物种在长期的历史发展和由野生到驯化成栽培种的过程中,对于环境条件逐步产生了一些适应能力,造成了它的特性,形成了一定的生长规律。了解并掌握这些规律,顺应它,利用它,就能在马铃薯种植上,创造有利条件,满足它的生长需要,达到增产增收的种植目的。

## （一）喜凉特性

马铃薯植株的生长及块茎的膨大,有喜欢冷凉的特性。马铃薯的原产地南美洲安第斯山高山区,年平均气温为 5℃～10℃,最高月平均气温为 21℃左右,所以马铃薯植株和块茎在生物学上就形成了只有在冷凉气候条件下才能很好生长的自然特性。特别是在结薯期,叶片中的有机营养,只有在夜间温度低的情况下才能输送到块茎里。因此,马铃薯非常适合在高寒冷凉的地带种植。我国马铃薯的主产区大多分布在东北、华北北部、西北和西南高山区。虽然经人工驯化、培养、选育出早熟、中熟、晚熟等不同生育期的马铃薯品种,但在南方气温较高的地方,仍然要选择气温适宜的季节种植马铃薯,不然也不会有理想的收成。

## (二)分枝特性

马铃薯的地上茎和地下茎、匍匐茎、块茎都有分枝的能力。地上茎分枝长成枝杈,不同品种马铃薯的分枝多少和早晚不一样。一般早熟品种分枝晚,分枝数少,而且大多是上部分枝;晚熟品种分枝早,分枝数量多,多为下部分枝。地下茎的分枝,在地下的环境中形成了匍匐茎,其尖端膨大就长成了块茎。匍匐茎的节上有时也长出分枝,只不过它尖端结的块茎不如原匍匐茎结的块茎大。块茎在生长过程中,如果遇到特殊情况,它的分枝就形成了畸形的薯块。上年收获的块茎,在翌年种植时,从芽眼长出新植株,这也是由茎分枝的特性所决定的。如果没有这一特性,利用块茎进行无性繁殖就不可能了。另外,地上的分枝也能长成块茎。当地下茎的输导组织(筛管)受到破坏时,叶子制造的有机营养向下输送受到阻碍,就会把营养贮存在地上茎基部的小分枝里,逐渐膨大成为小块茎,呈绿色,一般是几个或十几个堆簇在一起。这种小块茎叫气生薯,不能食用。

## (三)再生特性

如果把马铃薯的主茎或分枝从植株上取下来,给它一定的条件,满足它对水分、温度和空气的要求,下部节上就能长出新根(实际是不定根),上部节的腋芽也能长成新的植株。如果植株地上茎的上部遭到破坏,其下部很快就能从叶腋长出新的枝条,来接替被损坏部分的制造营养和上下输送营养的功能,使下部薯块继续生长。马铃薯对雹灾和冻害的抵御能力强的原因,就是它具有很强的再生特性。在生产和科研上可利用这一特性,进行"育芽掰苗移栽"、"剪枝扦插"和"压蔓"等来扩大繁殖倍数,加快新品种的推广速度。特别是近年来,在种薯生产上普遍应用的茎尖组织培养生产脱毒种薯的新技术,仅用非常小的一小点茎尖组织,就能培育成脱毒苗。脱毒苗的切段扩繁,微型薯生产中的剪顶扦插等,都大大加快了繁殖速度,收到了明显的经济效果。

### (四)休眠特性

新收获的块茎,如果放在最适宜的发芽条件下,即 20℃的温度、90％的湿度、2％氧气浓度的环境中,几十天也不会发芽,如同睡觉休息一样,这种现象叫块茎的休眠。这是马铃薯在发育过程中,为抵御不良环境而形成的一种适应性。休眠的块茎,呼吸微弱,维持着最低的生命活动,经过一定的贮藏时间,"睡醒"了才能发芽。马铃薯从收获至萌芽所经历的时间叫休眠期。

休眠期的长短和品种有很大关系。有的品种休眠期很短,有的品种休眠期很长。在同样的 20℃的贮存条件下,郑薯 2 号、丰收白等休眠期为 45 天,克新 4 号、虎头等品种的休眠期是 60～90天,晋薯 2 号、克新 1 号、高原 7 号等品种的休眠期则要 90 天以上。一般早熟品种比晚熟品种休眠时间长。同一品种,如果贮藏条件不同,则休眠期长短也不一样,即贮藏温度高的休眠期缩短,贮藏温度低的休眠期会延长。另外,由于块茎的成熟度不同,块茎休眠期的长短也有很大的差别。幼嫩块茎的休眠期比完全成熟块茎的长,微型种薯比同一品种的大种薯休眠期长。

块茎在适宜发芽的环境里不发芽,这种休眠叫自然休眠或生理休眠。当块茎已经通过休眠期,但不给它提供发芽条件,因而不能发芽。这种受到抑制而不能发芽的休眠,叫被迫休眠或强制休眠。如果贮藏温度始终保持在 2℃～4℃,就可以使马铃薯块茎长期保持休眠状态。

在块茎的自然休眠期中,根据需要可以用物理或化学的人工方法打破休眠,让它提前发芽。休眠期长的品种,它的休眠一般不易打破,被称为深休眠;休眠期短的品种,它的休眠容易打破,叫做浅休眠。

块茎的休眠特性,在马铃薯的生产、贮藏和利用上,都有着重要的作用。在用块茎作种薯时,它的休眠的解除程度,直接影响着田间出苗的早晚、出苗率、整齐度、苗势及马铃薯的产量。贮藏马铃薯块茎时,要根据所贮品种休眠期的长短,安排贮藏时间和控制窖温,防止块茎在贮藏过程中过早发芽,而损害使用价值。

如果需要缩短休眠期,可以使用化学药品干扰块茎内脱落酸和赤霉素的激素平衡。比如用赤霉素、硫脲浸种,或三氯乙醇、二氯乙烷、四氯化碳按 7∶3∶1 的容量混合液熏蒸等办法。

如果块茎需要作较长时间和较高温度的贮藏,则可以采取一些有效的化学抑芽措施。比如,施用抑芽剂等,防止块茎发芽,减少块茎的水分和养分损耗,以保持块茎的良好商品性。

## (五)腋芽变匍匐茎、匍匐茎变分枝的特性

正常生长的马铃薯着生叶片的节上,生有腋芽,腋芽伸长则长成分枝,如果改变环境条件,把着生腋芽的节间,埋入土壤中,有水分和养分供应,并处于黑暗的条件下,腋芽就会长成匍匐茎,顶端膨大,长成块茎。如果地下茎受伤、受病,叶子制造的营养输送不到地下的块茎中,这些营养就积累在地上茎靠下部的腋芽里,形成小块茎,因见光呈绿色,人们把这样的小块茎叫做"气生薯"。

埋在土壤里的地下茎上生长的匍匐茎,正常生长顶端膨大长成块茎,环境条件变化,覆土太浅,匍匐茎受光受热,则顶端不膨大,伸出地面而长出叶片,变成小分枝,叫做"窜箭",影响产量。

# 第三章 马铃薯植株生长
## 阶段及生长规律

因为马铃薯不同的生长阶段具有不同的生长特点和规律,对栽培条件也有不同的要求,只有了解马铃薯的生长阶段及生长规律,才能有针对性地实施高产高效的增产技术措施。

以生产中使用的无性繁殖方法为根据,综合多位专家关于马铃薯生长阶段的划分方法,其植株生长阶段为发芽期(也称芽条生长期)、幼苗期、发棵期(也称块茎形成期)、块茎膨大期(也称块茎增长期、结薯期)、干物质积累期(也称淀粉积累期)、成熟收获期。其生长速度在发芽期、幼苗期生长缓慢,而在发棵期、块茎增长期生长速度很快,然后干物质积累期至成熟期生长速度又放缓慢。其总的生长速度呈"慢—快—慢"的规律。对水分、营养物质的吸收速度,也形成"慢—快—慢"的态势。

## 一、发 芽 期

发芽期也叫芽条生长期。从播种开始(或芽块萌发开始)到幼苗出土为止。根据地温高低出苗快慢不同,历时 10～40 天。一般一季作区及二季作区早春播种地温较低,需 25～40 天,而二季作区夏、秋播气温较高,10～15 天就可以出苗,其发芽期就很短。

芽块萌发形成的幼芽,顶部是生长点,外边是胚叶。幼芽节间不断伸长,成为芽条,逐步长成地下茎,一般有 6～8 个节。随着幼芽的生长,根和匍匐茎的原基在幼茎基部开始发育。当幼茎长出 3～4 节时,在节处就长出了初生根(也叫芽眼根),初生根的生长速度比幼芽快,在没出苗前就形成了小的根群,在芽块供应水分、养分的同时根也能吸收水分和养分,为幼芽生长创造更好的条件。这个阶段重点是根系的形成和芽条的生长,同时进行着叶、侧枝、花原基等的分化,因此这个时期非常重要,是扎根、壮苗、结薯的基础。

幼芽或芽条生长得是否健壮、根系是否发达、出苗快慢,其内在因素是种薯质量,使用优良品种,并且是早代脱毒种薯,其生命力强,就可以达到苗齐、苗全、苗壮的目标,特别是使用小整薯播种,借助顶芽优势,效果会更好。其外因是土壤温度、含水量、营养供应、空气等方面。如果地温在 10℃～12℃,湿度在土壤最大持水量 60%左右(含水量 16%左右),通气良好,营养充足,发芽期就短,幼芽或芽条就能健壮而且出苗早。在营养方面主要是吸收速效磷,如果速效磷供应充足,有促进发芽出苗的作用。

## 二、幼 苗 期

幼苗期,从出苗到植株现蕾为止称为幼苗期,历时 15～25 天,早熟品种天数短一点,晚熟品种天数多一点。

马铃薯幼苗期是以茎叶生长和根系发育为重点,匍匐茎的形成伸长也同时而来,还进行花芽和部分茎叶的分化。这个时期幼苗靠自己吸收的水分和营养物质来生长,同时种薯内还有部分营养补给植株,所以叶片生长很快,出苗 5～6 天,就有 4～6 片叶展开。根系继续向深向广发展,须根的分枝开始发生,吸收水分和营养的能力逐步增强。匍匐茎在出苗的同时或出苗不久就有发生。当地上茎主茎出现 1～13 个叶片时,主茎生长点上开始孕育花蕾,匍匐茎顶端停止伸长,将开始膨大形成块茎,这就说明幼苗期即将结束,发棵期也就是块茎形成期即将开始。

此期虽然发育较快,但茎叶总的生长量并不大,对水肥要求也不大,只占全生育期需水肥的 15%左右。但此期对水肥需求特别敏感,除了要有足够的氮肥外,还要有适宜的土壤温度和良好的透气条件。如果缺氮素,茎叶生长就会受到影响,缺磷和缺水会直接影响根系的发育和匍匐茎的形成,所以这个时期要注意早浇水、早追肥,采取措施提温保墒,增加土壤通透能力,促进壮苗的形成。此阶段气温应在 15℃以上,土壤田间持水量要保持在 60%～70%,含水量为 16%～17%,有利于根系的发育和光合效率的发挥。

## 三、发棵期

发棵期也叫块茎形成期。从现蕾开始至开花为止,也就是从出苗算起第 25 天左右进入发棵期。早熟品种到第一花序开花,晚熟品种到第二花序盛开时,历时 20～30 天。

这个阶段地上茎的主茎节间迅速伸长,植株高度达到最终高度的一半,主茎及叶片全部长成,分枝(侧枝)和分枝叶片相继扩展,整个叶面积达到最大叶面积的 50%～80%,单株形成下小上大、平顶的杯状,主茎顶部花蕾突显。同时,根系扩大,匍匐茎尖端膨大成直径 3 厘米左右的小块茎。

本阶段的生长特点是,从地上茎叶生长为重点转向以地上茎叶生长和地下块茎形成同时进行的时期。此时,叶片光合作用进行营养制造、茎叶根系生长进行营养消耗、小块茎生长还有营养积累,三者相互促进,相互制约,茎叶生长出现短暂缓慢现象,但对肥水的吸收量还是比较大的,如果土壤中营养、水分充足,生长缓慢时间很快就过去。所以,此期要充分满足肥水的需要,使其迅速旺盛生长,才能尽快达到最大叶面积时期。

当植株茎叶干物质重和块茎干物质重达到平衡时,标志着发棵期的结束,开始进入膨大期。

但是,此期如果氮肥过量供应、气温偏高、多雨、密度过大,都会加大茎、叶生长速度,造成营养大量消耗,同时造成徒长,推迟地上茎叶和地下块茎的干物质重量平衡时期的出现,进而推迟进入块茎膨大时期的时间,降低块茎产量。相反,则茎叶生长要受到限制,茎叶和块茎干物质提早达到平衡,也会造成块茎减产。所以,在这个转折阶段,一定要根据苗情,采取促、控结合的措施,保证转换过程协调进行。所说的促就是促进茎叶生长达到光合效率,促进营养向块茎转移积累;控就是控制茎叶徒长。这样,才能使其生育过程迅速进入块茎膨大期。

块茎形成对温度、湿度要求都很严,地温16℃～18℃对块茎形成和增长最有利。田间最大持水量要保持在70%～80%(含水量17%～18%)最好。

# 四、块茎膨大期

块茎膨大期也叫块茎增长期或结薯期。从开花或盛花开始进入到收花、茎叶开始衰老为止是块茎膨大期。历时15～25天。也就是出苗后第50～60天进入块茎膨大期。按马铃薯生长状态看,从茎叶和块茎干物质重量平衡到茎叶和块茎鲜重平衡为止。

这个阶段,是以块茎体积增大和重量增长为重点。是从以地上茎叶生长为主转入以地下块茎生长为主的阶段。块茎和茎叶生长都很迅速,茎叶的鲜重和叶面积都达到一生中最大值。之后,茎叶停止生长并逐步衰老,但块茎则继续生长,增长个头和重量。逐步使茎叶鲜重与块茎鲜重达到平衡,标志着块茎膨大期结束,进入干物质积累期。块茎产量的70%左右是在此期形成的。所以,本期是马铃薯一生中需肥、需水最多的时期,吸收的钾肥比发棵期多1.5倍,吸收的氮肥比发棵期多1倍,达到一生中吸收肥、水的高峰。充分满足这一时期马铃薯对肥、水的需求,是获得块茎产量丰收的关键。

外界环境条件对块茎增长的影响至关重要。其中温度对块茎增长影响最大,最适合的气温是18℃～21℃,而且要求昼夜温差大,应在10℃以上。夜温低最有利光合作用制造的营养向块茎输送,据资料介绍,地温在 20℃以上时,夜间气温 12℃就能结块茎,而夜间气温 23℃时,则不能结块茎。光照的强弱,直接影响着光合作用的进行和营养的积累,在强光照且短日照情况下,光合效率最好,营养输送的速度最快,据资料介绍,在 12 小时光照下比 19小时光照下,营养向块茎中输送的速度要快 5 倍。块茎增长要求土壤有丰富的有机质,并且微酸性和良好的透气状况,而土壤透气非常重要,有足够的氧气才有利于细胞的分裂和伸展。水分更为重要,块茎增长对水特别敏感,这个时期土壤水分即田间最大持水量始终应保持在 80%～85%(含水量为 18%～20%)。如果供水不匀和温度剧烈变化会影响块茎正常生长,出现畸形,造成产量低、品质差的问题。

# 五、干物质积累期

干物质积累期也叫淀粉积累期。从终花开始至茎叶枯萎为止,历时 15～20 天,也就是出苗后 65～85 天进入干物质积累期。按生长状态看,早熟品种盛花末时,中晚熟品种在终花时,茎叶停止生长,基部叶片开始变黄,茎叶和块茎鲜重达到平衡,就进入了干物质积累期。

此期虽然茎叶停止了生长,但光合作用仍在旺盛的进行,有机营养不断制造,而且大量向块茎中转移,块茎体积不再明显增大,但干物质重显著增加,块茎总重量继续增加。据资料介绍,在此期间增加的产量可占总产量的 30%～40%。在干物质增加的同时,薯皮细胞壁木栓组织加厚,薯皮老化,块茎内外气体交换减弱,茎叶枯萎时,块茎达到成熟,开始进入休眠状态。

这个阶段的主要特点是干物质的合成、运转和积累,干物质积累速度达到一生中最高值。所以,此阶段栽培技术的重点工作是:保护茎叶,防止早衰,防止疫病损害叶片,延长叶绿体保持时间,使光合作用强度增加,时间延长,让块茎尽量多地积累干物质。需水量相对块茎膨大期有所减少,但仍应保持土壤中的含水量,田间最大持水量要达到 50％～60％(含水量为 15％～16％)。还要防止过大的湿度,以避免块茎皮孔开张,防止病菌侵入,增加块茎耐贮性。如果氮肥施用太多,易出现贪青现象,影响营养向块茎转移和积累,薯皮嫩,不耐贮。

# 六、成熟收获期

干物质积累期结束就是块茎的成熟收获期,具体是茎叶全部枯萎、功能完全丧失时。薯皮全部木栓化了,并逐渐进入休眠状态,也就是在出苗后的第 70～100 天。但在生产中并没有真正达到生理成熟期,只要块茎够商品成熟,就可随时进行收获了。一般收获前 10 天应停止浇水。种薯应提前 10～15 天杀秧,以减少病毒进入薯块。北方一季作区和二季作秋薯要注意防冻,尽早收获。马铃薯生长阶段划分及各阶段对水肥要求和生长量见表3。

表3 马铃薯生长阶段划分及各阶段对水肥要求和生长量参照表

| | 发芽期 | 幼苗期 | 发棵期(块茎形成) | 块茎膨大期 | 干物质积累期 | 成熟期 |
|---|---|---|---|---|---|---|
| 块茎生长量占总生长量比例% | | | 10 | 50～70 | 20～40 | |
| 茎叶生长量占总生长量比例(%) | | 20～25 | 50～60 | 20～25 | | |
| 干物质积累占总积累量比例(%) | | 6 | 20 | 39 | 35 | |
| 营养吸收占总积累量比例(%) | | 16 | 30 | 41 | 13 | |
| 要求土壤最大持水量(%) | 60 | 60～70 | 70～80 | 80～85 | 60 | |
| 本期耗水占总耗水比例(%) | | 10 | 30 | 50 | 10 | |
| 划分标志 | 播种　　出苗　　现蕾　　　开花　　　　终花　　枯秧　　收获 | | | | | |
| 生长阶段 | 发芽期 | 幼苗期 | 发棵期(块茎形成) | 块茎膨大期 | 干物质积累期 | 成熟期 |
| 本期天数 | 10～40 | 15～25 | 20～30 | 15～25 | 15～25 | 0 |
| 从出苗到本期末天数 | 0 | 15～25 | 25～55 | 50～80 | 65～105 | |

注:1. 表中数据均不是绝对的　2. 早晚熟品种都有变幅

# 第四章　马铃薯对生长条件的要求

马铃薯同其他作物一样,在生长和发育的每个时期,对环境条件都有自己独特的要求。这些条件能否得到满足,决定着它的植株生长是否旺盛和协调,能否获得较高的产量。马铃薯的生长条件主要包括温度、水分、营养、光照和土壤等方面。

## 一、对温度的要求

马铃薯是低温耐寒的农作物,对温度要求比较严格,不适宜太高的气温和地温。

在发芽期幼芽生长所需的水分、营养都由种薯供给。这时的关键是温度。当10厘米地温稳定在5℃~7℃时,种薯的幼芽在土壤中就可以缓慢地萌发和伸长。当气温上升至10℃~12℃时,幼芽生长健壮,并且长得很快。达到13℃~18℃时,是马铃薯幼芽生长最理想的温度。气温过高,超过36℃,则不发芽,造成种薯腐烂;气温低于4℃,种薯也不能发芽。马铃薯幼苗不耐低温,幼苗在短时间-1℃时就会受冻,-4℃时就会冻死。苗期和发棵期,是茎叶生长和进行光合作用制造营养的阶段。这时适宜的温度范围是16℃~20℃。其茎生长最适宜温度是18℃,叶片生长最适宜温度是12℃~14℃。如果气温过高,光照再不足,叶片就会长得又大又薄,节间伸长变细,出现倒伏,影响产量。结薯期的温度对块茎形成和干物质积累影响很大,所以马铃薯在这个时期对温度要求比较严格。以16℃~18℃的地温、18℃~21℃的气温,对块茎的形成和增长最为有利。如果气温超过21℃时,马铃薯生长就会受到抑制,生长速度就会明显下降。日平均气温超过24℃,块茎生长就严重受到抑制。日平均气温达到 29℃，地温超过 25℃，块茎便基本停止生长。同时，结薯期对昼夜气温差的要求是越大越好。只有在夜温低的情况下，叶片制造的有机物才能由茎秆中的输导组织筛管运送到块茎里。如果夜间温度不低于白天的温度，或低得很少，有机营养向下输送的活动就会停止，块茎体积和重量也就不能很快地增加。最适宜的夜温是 10℃～12℃。

马铃薯生长对温度的要求，决定了不同地区马铃薯种植的季节。如黑龙江、内蒙古、青海、甘肃、宁夏、冀北、晋北、陕北和辽西等地，7 月份月平均气温在 21℃ 或 21℃ 以下，马铃薯的种植季节就安排在春季和夏初，一年种植一季；在中原地区，7 月份月平均气温在 25℃ 以上，为避开高温季节，就进行早春和秋季两季种植；在夏季和秋季高温时间特别长的江南等地，只有在冬季和早春才能进行种植。

## 二、对水分的要求

马铃薯是需水较多的农作物，这从植株的外观就可以看到。它的茎叶含水量比较大，活植株的水分约占 90%，块茎含水量也达 80% 左右。水能把土壤中的无机盐营养溶解，使马铃薯的根把它们吸收到体内利用。水也是马铃薯进行光合作用、制造有机营养的主要原料之一，而且制造成的有机营养，也必须依靠水作载体才能输送到块茎中进行贮藏。同时，由于水的充实，维持植株内的膨压，使根、茎、叶等器官内具有张力，保持直立不倒，不萎蔫，以进行正常的生理活动。另外，通过水的蒸腾作用进行植株体内温度的调节，保持体温的平衡。看来水是马铃薯生命活动过程中不能缺少的东西。

那么，马铃薯需水量究竟有多大呢？根据科学家测定，马铃薯的蒸腾系数较大，为 400～600，也就是每形成 1 千克干物质，需消耗掉 400～600 升水。折成鲜薯，每生产 1 千克鲜块茎，要消耗 100～150 升水。按每 667 米² 达到 3 吨块茎的产量，在整个生育期中，不算地表直接蒸发的水分，每 667 米² 马铃薯要消耗300～500 米³ 水。

马铃薯需水又有怎样的规律呢？

发芽期所需的水分基本靠种薯自身中的水分来供给，芽块重量如果达到 30～40 克，就可以提供 24～32 毫升水供给幼芽用。当芽眼根长出后，植株利用芽块供水的同时，根系开始吸收土壤中水分，所以墒情一定要好才行，如果严重缺水，根系生长要受到影响。

幼苗期即出苗 20 天之前一段时间，从出苗到初现蕾，因苗小、叶面积小、气温不高，蒸腾量小，所以需水较少，此期需水量只占总需水量的 10% 左右。但是由于苗期根系弱，吸水力不强，因此必须使土壤保持一定的含水量，才能保证幼根很容易从土壤中吸收到水分和养分，确保幼苗生长。

发棵期就是从幼苗期结束后，再往后延续 20～30 天，从现蕾到初花，块茎开始形成，地上部茎、叶片逐渐旺盛生长，根系伸长，蒸腾量加大，植株需要充足的水分和养分建造各种器官，为增产打下基础。此期需水量占总需水量的 30%。水分如果供应不足，生长迟缓，块茎数量减少，早期落蕾或花朵小。

块茎膨大期，发棵期结束往后延续 15～25 天，从开花至终花，块茎体积和重量加快增长，此时茎叶长到一定高度和最大量，光合作用增强，由以地上茎叶生长为主转为以地下块茎生长为主，是需水量最多的时期，这时的需水量占总需水量的 50% 以上，是需水的最敏感时期，绝对不能缺水。这个时间正是花期，早熟品种从初花至终花，中晚熟品种从盛花至终花后一周，都是需水的关键时期。山东农民有"花期缺水瞎地蛋"的谚语。

干物质积累期：膨大期结束延续 15～25 天，从终花至枯秧，转入大量干物质积累时期,需要适量的水分,保持叶片的寿命,保证营养吸收和光合作用产物向块茎转移,增加养分积累。此期的需水量占总需水量的10%。水分不宜过多,防止因水多造成块茎皮孔开张,病菌侵入,易于腐烂。据资料介绍,在干物质积累期,土壤水分过多或田间积水超过4小时,块茎就开始出现腐烂;积水超过30小时,块茎将大部分腐烂;超过42小时,块茎将全部烂掉。

我国马铃薯种植区,绝大多数土地是靠天上下雨的多少来决定墒情的。因此,要满足马铃薯对水的要求,就必须依据当地常年降水的多少和降雨的季节等情况,采取一些有效的农艺措施。比如,种植马铃薯尽量选择旱能浇、涝能排的地块,不要在涝洼地上种植;在雨水较多的地方,采取高垄种植的方法,并在播种时留好排水沟;在干旱地区,要逐步增设浇水设施,修井开渠和购置灌溉机械等,以保证在马铃薯需水时进行浇灌。

空气湿度的大小,对马铃薯生长也有很重要的影响。空气湿度小时,会影响植株体内水分的平衡,减弱光合作用,使马铃薯的生长受到阻碍。而空气湿度过大,又会造成茎叶疯长,特别是叶片夜间结露,很容易引起晚疫病的发生和流行。

# 三、对营养的要求

马铃薯生长对营养(无机盐)的要求,就是对肥料的要求。肥料是植物的粮食,俗话说"庄稼一枝花,全靠粪当家"。马铃薯是高产作物,需肥量比较大。如果肥料不足,就如同小孩因为营养不良而导致面黄肌瘦、个头矮小、体力不足一样,马铃薯缺肥也会造成植株弱小、结薯个小数少、产量低下的不良后果。

马铃薯所需肥料中的营养元素种类,与其他作物大体一样,主要是氮、磷、钾,通常叫做"三大要素"。另外,还有中量元素钙、镁、硫;微量元素铜、铁、锰、锌、硼、钼、氯等;还要从空气中、水中吸收碳、氢、氧等元素；总共需 16 种营养元素。马铃薯所吸收的"三大要素"之间的比例，却与其他农作物的大不一样。马铃薯吸收的钾最多，氮次之，吸收量最少的是磷。据资料介绍，每生产 1 000 千克马铃薯块茎，需要从土壤中吸收纯钾（$K_2O$）11 千克、纯氮素（N）5 千克、纯磷素（$P_2O_5$）2 千克。

## （一）氮元素

马铃薯吸收氮素，主要用于植株茎秆的生长和叶片的扩大。叶片是进行光合作用制造有机物质的关键部位。所以，有适量的氮素，就能使马铃薯植株枝叶繁茂、叶面积系数增加、叶片墨绿，为有机营养的制造和积累创造有利的条件。早期有充足的氮素，还能促进根系发育，不仅增加抗旱能力，还增快营养吸收，从而加速茎叶生长。适量的氮素还能增加块茎中的蛋白质含量，提高块茎的产量。因此，氮素是马铃薯植株健壮生长和获得较高产量不可缺少的肥料之一。如果氮肥不足，就会使马铃薯棵长得矮，长势弱，叶片小，叶色淡绿发灰，分枝少，开花早，下部叶片提早枯萎和凋落，降低产量。但是，如果氮肥过量，则又会引起植株疯长，叶片相互遮掩，光合效率受到严重影响，降低块茎产量和干物质含量。同时，营养分配被打乱，大量营养被茎叶生长所消耗，匍匐茎"窜箭"，降低块茎形成数量，延迟结薯时间，造成块茎晚熟和个小，使块茎的干物质含量降低，淀粉含量减少等。氮肥过多的地块所生产的块茎，不好贮藏，易染病腐烂。另外，氮肥过多还会导致枝叶太嫩，容易感染晚疫病，造成更大的产量损失。同时，一旦出现氮肥施用过多的问题，一般很难采取措施来补救，不像氮肥用量不足的问题可以用追肥的方法来补救。氮肥过量还会污染环境、污染地下水。因此，在施用基肥时一定要注意氮肥不能过量。

资料介绍，每生产 1 000 千克鲜块茎，需吸收纯氮 5 千克。

据专家测定，马铃薯不同阶段吸收氮肥占总需氮肥比例为：幼苗期 18%，发棵期 35%，块茎膨大期 35%，干物质积累期 12%。近年来我国马铃薯种植整体技术水平不断提高，单位面积产量提高的同时，需肥量也在增加。

具体全生育期需补充纯氮数量（不包括土壤、农家肥提供的氮），较肥沃的壤土地，每 667 米² 要达到 10～12 千克，而较贫瘠的沙土地，每 667 米² 为 16～18 千克（参考量）。

## （二）磷元素

马铃薯的整个生育过程在不停地吸收磷元素。磷参与马铃薯的整个生命活动，前期存在于根尖、茎尖生长点和幼叶中，所以前期主要用于根系的生长和发育，以及匍匐茎的形成，花芽的分化。由于磷能调节细胞结构的充水度，增加原生质黏度和弹性，从而增加细胞抵抗脱水的能力，所以就提高了抗旱能力；由于磷能提高马铃薯体内可溶性糖和磷脂，降低了冰点和对温度变化的适应性，所以能提高抗寒能力。后期随着生长中心转移至地下块茎，磷向块茎的转移也大量增加，用于干物质积累，促进早熟，增进品质，增强耐热性。总之，哪里生长活跃，哪里就有磷素。因为磷既是细胞质和细胞核的重要组成成分，还是光合、呼吸和物质运转等重要代谢过程的参与者，对马铃薯正常生长发育及产量的形成起着极其重要的作用。同时，磷素还能促进对氮的吸收，提高氮的运转率。

如果缺磷马铃薯植株生长缓慢，茎秆矮，叶片小，老叶脉带紫红色，严重时叶片呈紫红色，叶片边缘有半月形坏死斑，下部叶片脱落。块茎内部出现褐色锈斑，煮熟时锈斑发脆，影响食用。若磷素过多，会影响马铃薯对锌、铁、钙等元素的吸收。

据资料介绍，每生产 1 000 千克鲜薯块，需吸收纯磷素（$P_2O_5$）2 千克，但马铃薯在不同生长阶段，对磷的吸收占总需磷元素的比例不同，幼苗期为 14%，发棵期为 30%，块茎膨大期为 35%，干物质积累期为 21%。

磷元素极易被土壤固定成无效磷,利用率极低,只有 15%～20%,北方土壤中又缺磷,施用磷肥时要全面考虑,全理安排施用数量,才能保证磷素的供给。按当前马铃薯高产水平,单位面积补充的纯磷($P_2O_5$)数量(不包括土壤、农家肥提供的磷素),较肥沃的壤土地每 667 米$^2$ 应达到 10～11 千克;较贫瘠的沙土地每 667 米$^2$ 则应达到 14 千克左右(参考量)。

## (三)钾元素

马铃薯吸收钾素主要用于茎秆和块茎的生长发育。钾素在马铃薯植株体内特别活跃,对各种酶起活化作用,是激活酶的活化剂。钾能促进呼吸进程、促进核酸及蛋白质的形成。对有机营养的合成和运输都起重要的作用。所以,充足的钾肥,可以使马铃薯植株生长健壮,茎秆粗壮坚韧,增强抗倒伏、抗寒和抗病能力,并使薯块变大,蛋白质、淀粉、粗纤维等含量增加,减少空心,从而使产量和质量都得到提高。钾肥在马铃薯体内具有延缓叶片衰老,增加光合作用时间和有机物制造的强度等显著作用。

马铃薯在生长过程中如果缺钾素,早期叶色不正常,叶片暗绿色、蓝绿色,叶片小,聚集到一起,卷曲,较老的叶片先变成青铜色,然后从边缘开始引起坏死。节间变短,植株矮小,主茎细弱弯曲。生长点受影响,有时会发生顶枯。根系发育受阻,匍匐茎变短,块茎和产量下降。有坏死叶片的植株的块茎脐端也会发展成坏死、褐色的凹陷斑。块茎切开易褐变,煮熟后薯肉呈灰黑色。

资料显示,马铃薯整个生长过程吸收三大要素中钾素为首,每生产 1 000 千克鲜块茎需纯钾素 11($K_2O$)千克。其不同生长阶段吸收比例为:幼苗期占 14%,发棵期占 29%,块茎膨大期占 43%,干物质积累期占 14%。

因为马铃薯生长过程中吸收钾素最多,加上产量不断的提高,所以从土壤中带走的钾素也最多,即使在土壤含钾量较高的地区种植马铃薯,也需要补充一定数量的钾素,才能满足马铃薯生长需要。按近年马铃薯产量水平,单位面积补充纯钾素数量(不包括土壤、农家肥提供的钾素),每 667 米² 要达到 19 千克左右;而贫瘠的沙土地每 667 米² 则要达到 22~26 千克(参考量)。

## (四)中量元素

马铃薯生长发育过程中吸收的中量元素有钙、镁、硫 3 种。

**1. 钙元素**　钙是构成细胞壁的元素之一,细胞壁的胞间层是由果胶钙组成的。所以,钙能增加植株的坚韧度,提高植株抗病抗逆的能力,减少畸形块茎;增加干物质积累,提高容重,还能促进薯皮老化,增加块茎耐运、耐贮能力,减少烂薯。另外,钙还能中和土壤的酸性,改善酸性土壤环境,利于马铃薯生长发育。

缺钙的植株纤细,叶片小上卷,皱缩,边缘褪色,之后叶片坏死;主茎和侧枝茎尖生长点停止活动,萎蔫坏死,出现丛生状;根尖肿大变黑,分生组织也停止生长。缺钙植株结的块茎,在脐部维管束环里形成扩散状褐色坏死。

一般土壤不会缺钙,特别是北方多为石灰质土壤,可是多被固定,不易吸收。当新生根受阻、空气湿度过大时,植株也会缺钙。而南方土壤酸碱度在 5.0 以下的酸性土壤中钙质较缺,更须注意补钙。

据资料介绍,每生产 1 000 千克鲜薯块,需纯钙元素 0.3 千克。补钙土壤供应是基础,但吸收利用率较低,可采取叶面喷施的方法补钙。块茎需要钙的主要时期在萌芽后的 45~75 天之间。一般钙不能从老向叶嫩叶转移和从顶端向块茎转移,目前有一种叫甘露糖醇钙肥(果蔬钙肥),是糖醇螯合钙,容易被叶片吸收,可以通过叶片转移,糖醇与矿物养分形成稳定的溶合物,可携带养分通过韧皮部运输。

**2. 镁元素**　镁元素是叶绿素的组成成分之一,是叶绿素的中心原子,叶绿素中有镁元素才能吸收阳光进行光合作用。镁元素又是多种酶的活化剂,影响着呼吸过程和核酸、蛋白质等有机营养的合成与转移。满足马铃薯对镁元素的需求,光合作用的效率就高,制造的有机营养的量就大,块茎的产量和质量都会提高。镁元素绝大部分存在于叶片中,块茎中的镁很少,后期还有所下降。

缺镁症状一般出现在老叶片上,叶片发白、淡绿色,继续缺少,则叶尖、叶缘、叶脉间,开始出现坏死。最严重时向叶心发展,叶片变厚、易破碎,叶片上卷;叶片垂挂在植株上或者脱落;根的发育受阻,降低吸收能力;光合作用受到严重影响,产量降低。

在沙质、酸性易被淋溶的土壤中,镁元素常常是缺乏的。

资料介绍,每生产 1 000 千克鲜块薯,需纯镁元素 0.4 千克。镁元素可以用作基肥,也可作追肥,追肥采取叶面喷施效果较好,比土壤施用见效快。马铃薯大量吸收镁的时间在萌芽后 15～75 天。如果通过叶片喷施镁可延迟到萌芽 75 天之后。

**3. 硫元素**　在马铃薯的根、茎、叶中都含有硫元素,硫差不多是所有蛋白质的成分之一。缺硫一般叶片发黄,轻微上卷,整个植株有轻微至明显的褪绿。

据资料介绍,每生产 1 000 千克鲜块茎,需纯硫元素 0.25 千克。一般种植马铃薯的土壤中大多不缺硫元素。给土壤中施用硫制剂或施用含硫的其他肥料,如硫酸铵、硫酸钾、硫酸镁、硫基复合肥料等,都可以得到较好的效果。也可以施硫磺。

## (五)微量元素

微量元素也是马铃薯生长发育过程中必不可少的元素,虽然需用量非常微少,但对生长发育都有重要作用。它们是多种酶的组成成分和活化剂,有了这些微量元素,马铃薯就能增产并改善品质。微量元素缺少,马铃薯植株会出现不同的病状,因而降低产量和品质。所需的微量元素有锌、锰、硼、铁、铜、钼、氯等。

**1. 锌元素** 锌是马铃薯体内某些酶的组成成分，还是酶的活化剂，可以促进植株生长。如果缺锌会引起植株生长受阻，幼嫩叶褪绿并上卷，顶端叶直立、畸形，叶片易破碎，有灰褐色至青铜色斑点，叶缘不能扩展时，会出现"烧叶"症状，称为"羊齿叶"，而后坏死，严重受害的植株早期就会死亡。中下部叶片也会出现症状。

新开垦的土地，碱性土壤或含磷过高的土壤缺锌；过量地使用磷肥，也会增加缺锌的症状。

据专家测定，每生产 1 000 千克鲜块茎，需纯锌元素 10 克。叶面施用氧化锌（禾丰锌）或硫酸锌等，都能缓解缺锌症状。

**2. 锰元素** 锰能激活某些酶，提高呼吸强度，提高抗病能力；参与光合作用中水的光解；锰也是叶绿体的结构成分，协同养分从叶部向根部和其他部位转移，为生长提供能量。如果缺锰，叶绿体结构会破坏，特别是植株上部症状明显，叶片失去光泽，之后叶脉间褪绿，变成黄色至白色，下部叶片不受影响，侧枝顶端叶片，常向上卷曲。缺锰严重时，褐色坏死斑沿幼嫩的叶脉发展。

据报道，在高碱的土壤上生长的马铃薯，当测试叶组织里的锰含量少于 25 毫克/升时应喷施锰肥。专家测定，每生产 1 000 千克鲜块茎，需纯锰元素 2 克。叶面喷施硫酸锰，对缓解缺锰症状很有效。据美国病理学家 W.J. 哈克博士《马铃薯病害》书中介绍：某些含锰杀菌剂也能减轻缺锰问题。但也有人认为代森锰锌不能起到补锰作用。

马铃薯对锰比较敏感，锰过量会对马铃薯产生毒害作用。受害的植株早期是叶柄和茎上有条斑、条斑坏死。在锰在浓度达到400 毫克/升时，下部叶片有明显的坏死。开花后症状迅速增加，最后末端芽死亡，植株发育停滞，早期就可能死掉。所以，施用锰肥时一定要控制施用量，不能过量。

**3. 硼元素** 硼能促进细胞伸长和细胞分裂，在根和茎的生长点上起重要作用。加速植株生长、叶面积形成，还能促进有机营养的合成和运转,起促早熟作用。缺硼最明显的表现是根系的伸长受抑制,甚至停止生长,使根系短而粗,多分枝,影响根系向深处生长。缺硼后糖的运转受阻,叶片变厚、变脆,叶尖、叶边缘枯死,分生组织因有机营养不足,停止生长,甚至生长点死亡。严重缺硼时,块茎内部会产生褐斑。

据专家测定,每生产1 000千克鲜块茎,需纯硼元素1克。一般可用硼砂、硼酸等叶面喷施来补硼。

**4. 铁元素**　铁是叶绿素合成的必备物质。铁参与细胞呼吸,是一些与呼吸作用有关的酶的成分,与光合作用有密不可分的关系;铁还能促进马铃薯对氮和磷的吸收。缺铁影响叶绿素合成,叶片变黄,不能进行光合作用,降低产量。

每生产1 000千克鲜块茎,需纯铁元素0.3～0.5克。

**5. 铜元素**　铜是一些酶的组成部分,铜能稳定叶绿素和其他色素,在不良环境中能防止叶绿素破坏,构成铜蛋白,并参与光合作用;参与氮素代谢,对蛋白质形成起促进作用。缺铜叶绿素易遭破坏,蛋白质合成受阻碍,降低光合能力,降低产量。

每生产1 000千克鲜块茎,需纯铜元素0.3～0.5克。

**6. 钼元素**　钼是固氮作用中不可替代的元素,有钼的存在才能把氮固定下来,易于马铃薯吸收。钼还能促进生殖器官的形成,使花器健全。缺钼时作物不能正常固氮,蛋白质和维生素C的合成要受到影响,数量明显减少。缺钼时花特别小,没有开放能力。

生产1 000千克鲜块茎,需纯钼0.3～0.5克。

**7. 氯元素**　增加叶绿素,对光合作用有帮助。需用量非常少。一般不用特意补充。

马铃薯生长过程中对中量元素和微量元素的吸收都较少,除特殊区域,一般情况下土壤和农家肥中自然含量就能满足其需要。但近年来由于栽培技术水平的提高,单位面积产量大大增加,产量带走的营养元素较多,加上马铃薯种植区域比较集中,轮作倒茬间隔时间不够,造成营养缺乏,是比较普遍的。而人们往往只注意补充大量元素,忽视了补充中量元素和微量元素。要想获得更高的产量,我们必须及时补充中、微量元素,以满足马铃薯生长所需的全面的营养元素。

# 四、对光照的要求

"万物生长靠太阳",马铃薯也不例外。所以,光照也是马铃薯正常生长不可缺少的条件。有了阳光,叶片中的叶绿素才能进行光合作用,把吸收到体内的水分、肥料和二氧化碳等制造成可供植株生长、人畜也可以食用的营养物质。

马铃薯是喜光作物。其植株的生长、形态结构的形成和产量的多少,与光照强度及日照时间的长短关系密切。马铃薯在幼苗期、发棵期和结薯期,都需要有较强的光照。只要有足够的强光照,并在其他条件能得到满足的情况下,马铃薯就会茎秆粗壮,枝叶茂密,容易开花结果,并且薯块结得大,产量高;而在弱光条件下,则只会得到相反的效果。比如,在树阴下种植的马铃薯,由于光照不足,就长得茎秆细瘦,节间很长,分枝少,叶片小而且稀,结薯小,产量低。对日照时间长短的要求,马铃薯植株在各生长期不一样。在发棵期喜欢长日照;在结薯期要求白天的光照强度要大,但光照时间要短一点,并最好有较长的夜间和较大的温差,这样才有利于结薯和养分的积累,使块茎个大,干物质多,产量高。我国马铃薯主产区的东北、西北地区,华北北部地区和西南山区,或者是海拔高,或者是纬度高,因阳光充足,光照强,温差大,这样的自然条件非常有利于马铃薯的生长。另外,光照对马铃薯幼芽有抑制作用,在光照充足的条件下幼芽生长很慢,又短又壮,颜色发紫。这样的幼芽,种到地里就能长出健壮的植株,有利于增产。人们把这种芽叫做"短壮芽"。

可能有人会说,阳光是自然的,光照时间和强度都是不依人的意志为转移的,所以光照这个条件是人控制不了的。其实不然。虽然我们无法调节光源,却可以采取不同农艺措施,使阳光更好地发挥它的有利作用,避免它的不利影响。比如,根据不同品种的植株高矮、分枝多少、叶片大小和稀密程度等情况,调整种植的垄距和株距,使它们的密度合理,各植株间不相互拥挤,避免枝叶纵横重叠,使底部的叶片也能见到阳光,又能通风透气等,这样就可最大限度地保证叶片都能接受到强光的照射,从而有利于光合作用的进行和有机物的制造。再如,马铃薯同高秆作物间套种时,要充分考虑马铃薯需光的特别要求,合理安排间隔和带距,尽量减少共生时间,缩小遮光的影响,就能充分利用土地和阳光,达到提高产量和产值的目的。

怎样才能做到种植密度合理,这与叶面积系数(也叫叶面积指数)有关。马铃薯的不同品种,植株高度、分枝多少,叶片大小、多少都不一样,所以单株叶面积都不相同,截获阳光进行光合作用能力也不一样。种植的群体,由于密度不同,叶面积也有异,所以只有按叶面积系数计算,才有一致的标准。什么是叶面积系数呢?就是单位面积内叶片面积的总和与单位面积的比值。用公式表示即:

$$叶面积系数 = \frac{单位面积内叶面积总和(米^2)}{单位面积(米^2)}$$

叶面积系数在最佳数值时,截获太阳能的百分率最高;净光合生产率最大;干物质的日积累量最多。依据科学家试验研究结果,马铃薯块茎膨大期、干物质积累期的叶面积系数为 3.5～4.5 时,太阳能截获量、光合生产率及日积累干物质数量都最好;但是叶面积指数不是越大越好,超过 4.5 反而降低产量,小于 2 也影响产量形成。

合理的种植密度,也就是群体结构中有理想的叶面积系数。

反过来说,要根据叶面积系数来确定合理的种植密度(每 667 米$^2$ 株数)。确定某一地区某一品种的合理种植密度,首先应根据当地 的条件确定所需的叶面积系数。水肥地力条件好叶面积系数可定 低一点,在 3.5~4.0;条件稍差点,则可定高一点,在 4.0~4.5。 之后用所种品种的单株叶面积参加计算(单株叶面积可在实践中 调查积累接近准确的数据,也可利用前人提供的经验数据估算。 一般早熟品种单株叶面积为 0.3~0.5 米$^2$,中晚熟品种单株叶面 积为0.4~0.7 米$^2$)。确定好以上两个数值后就可按下列公式计 算每 667 米$^2$ 的播种密度了。

$$667 \text{ 米}^2 \text{ 株数} = \text{叶面积系数} \times \frac{667(\text{米}^2)}{\text{单株叶面积}(\text{米}^2)}$$

例如,某种植大户在有大型喷灌条件下种植夏波蒂品种,叶面 积系数确定为 3.5、单株叶面积确定为 0.7 米$^2$。

$$667 \text{ 米}^2 \text{ 播株数} = 3.5 \times \frac{667(\text{米}^2)}{0.7(\text{米}^2)} = 3.5 \times 952.8 = 3335$$

如果种植在旱地上,叶面积系数确定为 4,单株叶面积仍为 0.7 米$^2$。

$$667 \text{ 米}^2 \text{ 播株数} = 4 \times \frac{667(\text{米}^2)}{0.79(\text{米}^2)} = 4 \times 952.8 = 3811$$

另外,通过调整垄向可以更好地接受阳光,南北走向的垄比东 西垄接受阳光好。据戴金城报道,采取作物定向立体集光的方法, 使作物接受阳光直射、侧射、散射、反射 4 种光照,提升作物光能利 用率,在不增加投资的情况下,可提升作物产量[具体方法见附录 7 定向行(带)农田设计]。

# 五、对土壤的要求

土壤是植物生长和发育的基地,不同的植物对土壤有不同的 要求。马铃薯除了根系和地下茎长在土壤里,它的收获物——块茎也是在土壤里形成和长大的,所以它同土壤的关系比禾谷类作物与土壤的关系更为密切。土壤不仅给马铃薯提供了载体,使植株有了落脚扎根之地,同时也为植株提供了肥料、水分等制造有机营养的原料和氧气,使植株健壮成长,并为块茎膨大提供松软、使生长不受限制的环境。轻质壤土和沙壤土最适合马铃薯生长。这两种土壤疏松透气、富有营养,水分充足,并给块茎生长提供了优越舒适的生长条件。这种土壤还为农艺措施的实施,如中耕、培土、浇水、施肥等提供了方便。

但是,也并不是没有这样的土壤就不能种植马铃薯。因为马铃薯的适应性比较强,同时还可以采取一些行之有效的措施。比如黏重的土壤,可以用高垄栽培的方法,垄大一些,注意排水,在中耕、培土、除草时要掌握住墒情,及时管理;沙性大的土壤易漏水漏肥,种植马铃薯时要增施农家肥并分期施化肥,注意保墒,同时深种深培等。

马铃薯喜欢微酸性和中性土壤。据资料和专家提示以及马铃薯种植大户总结多年经验,认为土壤 pH 值在 5～7.5 种植马铃薯都能正常生长,最适合的 pH 值在 5～7;pH 值在 5 以下植株叶色变淡、早衰、减产;旱作条件 pH 值 7.8 以上不适宜种植马铃薯,特别不耐碱的品种会因幼芽扎不了根而不能生长或死亡。如果有大型喷浇设备,生育期间不断浇水淋溶,pH 值 8.2 的土地还可以利用,但必须采取耕作措施,如播前起垄、种上垄,或施用石膏,增施酸性肥料,早期根外喷肥(叶面施肥),中后期仍以根外施肥为主等办法,但这样的地块创高产难度很大。

注意,偏碱土壤种植马铃薯易发生放线菌造成的疮痂病,影响块茎质量。

# 第五章　马铃薯种植中容易 出现的不良现象

马铃薯的生长条件是由大自然和种植者提供的。大自然中存在着许多生物,免不了要相互作用,相互影响;自然气候也经常骤然变化;种植者的管理也有不及时或达不到要求的时候。由于环境条件的作用,就会使马铃薯在种植过程中出现一些问题,使产量和质量受到不良的影响。了解这些问题,及早采取一定的措施,就能减少、减轻或避免问题的出现,达到丰产优质的目的。

## 一、种性退化现象

马铃薯连续种植几年后,常会出现植株矮化、丛生、长势衰退或叶片卷曲、皱缩、变脆、变色及出现黄绿相间的斑驳、环斑、条斑或叶脉黑褐色、坏死、叶片脱落,严重的全株枯死。它的块茎长得越来越小,有的块茎切开后薯肉上有褐色网纹,甚至坏死。特别是在马铃薯生长季节气温较高的地方,更容易出现这样的问题。而新从种薯生产部门调进的种薯,在第一年种植时则很少有这种现象出现。人们把马铃薯种植中自然出现的长势衰退、茎叶病态、产量质量降低的现象,叫做马铃薯种性退化现象。

科学家多年研究的结果表明:马铃薯种性退化的主要原因,是多种传染性病毒病对马铃薯的侵染所造成的。这些病毒通过健康植株与带病植株茎叶的接触和摩擦,昆虫特别是蚜虫和跳甲的咬食,或刺吸病叶汁液后再咬食或刺吸健康植株叶片,就把病毒传给了健康植株。通过工具和人的衣物碰撞等也能传毒。健康植株受感染后,病毒会在植株体内繁殖,增加数量,并在体内活动,引起不同症状。病毒也会积累在块茎中,经过块茎的无性繁殖,世代传递,并且数量越积累越多,病毒种类也随之增加。所以,危害逐年加重,使马铃薯的种性丧失。这就是马铃薯种植时间越长、退化越严重、减产越多的原因。

科学家发现,病毒病的发展与温度有关。温度低,病毒增殖慢,在马铃薯植株中发展也慢;温度高,病毒增殖快,在马铃薯植株中引起病状也快。这就是马铃薯在低纬度、低海拔、高温度的南方退化快,而在高纬度、高海拔、低温度的北方退化慢的原因。

科学家还发现,使马铃薯受感染的病毒,在茄科植物和烟草等植物上也有,说明它的毒源是比较多的。但是,马铃薯体内感染的病毒,在幼龄部位也就是新芽或茎的尖端,含病毒量最少或者没有病毒。科学家依据这一原理,采取茎尖组织培养的生物技术,培养出马铃薯脱毒苗,扩繁成脱毒种薯在生产中使用,解决了马铃薯种性退化问题。即切取马铃薯茎尖生长点(长度只有 0.2～0.3 毫米),经过在培养基上培养成苗,再经过检测,确认不带病毒后成为脱毒苗;进行扩繁后成为脱毒种薯。这样的脱毒种薯就是健康的种薯,恢复了原品种的面貌,比退化的种薯增产 30％～60％。目前这一技术在全世界得到普遍应用,我国也正在加大力度普及。

据国际马铃薯中心(CIP)资深病理学家 Luis F. Salazar 博士所著《马铃薯病毒及其防治》书中介绍,按植物病毒组分类有以马铃薯卷叶病毒(PLRV)为代表的黄症病毒组、以重花叶病毒(PVY)和轻花叶病毒(PVA)为代表的马铃薯 Y 病毒组、以普通花叶病毒(PVX)为代表的马铃薯 X 病毒组、以潜隐花叶病毒(PVS)和副皱缩花叶病毒(PVM)为代表的香石竹潜隐病毒组等 19 组病毒;还有纺锤块茎类病毒(PSTVd)为代表的类病毒、以类菌原体(MLo)为代表的植原体和以黄脉病为代表的尚未确定的病毒病,计 22 组。

其中形成退化危害严重的病毒是卷叶病毒(PLRV)和重花叶

病毒（PVY）；其次是普通花叶病毒（PVX）、副皱缩花叶病毒（PVM）和轻花叶病毒（PVA）。还有类病毒（PSTVd）。

所以，在马铃薯茎尖脱毒过程中，把上述几种病毒、类病毒脱掉，薯苗就能健康的正常生长，获得较高的产量。

## 二、品种混杂现象

在有自留种薯习惯的地方，连续使用几年后的种薯，在田间所长出的植株除了出现退化现象外，还常常出现不同于原品种的植株。它们长相不一样，高矮不一致，叶色不相同，花色各相异，分枝有多有少，成熟有先有后，薯形也不同，单株产量多少不一。从而导致马铃薯产量下降、品质不理想、商品率下降，产值降低。有人说这是"串花"即杂交所造成的，其实这是不确切的。因为"串花"只有进行有性繁殖才会出现，而马铃薯在生产上，是用块茎进行无性繁殖的，无性繁殖不会有"串花"的可能。田间品种混杂的主要原因是种薯的机械混杂。一般一个农户种植马铃薯都在两个品种以上，还常相邻种植，收获时虽分别收获，但稍一不注意，就会有小量掺混的可能。在贮藏过程中，混进几块不同品种的马铃薯也不可避免。翌年把它们种到地里，又不认真去杂，这样就越种越混，几年过后就成了混杂的品种了。

要解决品种混杂问题，一是要定期选用种薯生产部门专门生产的种薯，更替旧种薯；二是自己留种时必须在有隔离条件的地块单独建立留种田，在生育期中认真去杂去劣去病株，方可保证种薯的纯度，使田间不出现品种混杂的现象。

## 三、块茎畸形现象

在收获马铃薯时，经常可以看到与正常块茎不一样的奇形怪状的薯块,比如有的薯块顶端或侧面长出 1 个小脑袋,有的呈哑铃状,有的在原块茎前端又长出 1 段匍匐茎,茎端又膨大成块茎形成串薯,也有的在原块茎上长出几个小块茎呈瘤状,还有的在块茎上裂出 1 条或几条沟,这些奇形怪状的块茎叫畸形薯,或称为二次生长薯和次生薯(图 10)。

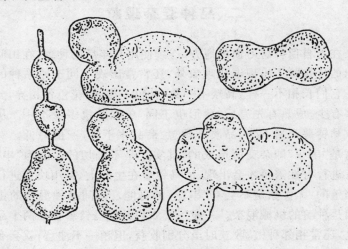

**图 10　畸形块茎**

畸形薯主要是块茎的生长条件发生变化所造成的。薯块在生长时条件发生了变化,生长受到抑制,暂时停止了生长,比如遇到高温和干旱,地温过高或严重缺水。后来,生长条件得到恢复,块茎也恢复了生长。这时进入块茎的有机营养,又重新开辟贮存场所,就形成了明显的二次生长,出现了畸形块茎。总之,不均衡的营养或水分,极端的温度,以及冰雹、霜冻等灾害,都可导致块茎的二次生长。但在同一条件下,也有的品种不出现畸形,这就是品种本身特性的缘故。

当出现二次生长时,有时原形成的块茎里贮存的有机营养如淀粉等,会转化成糖被输送到新生长的小块茎中,从而使原块茎中的淀粉含量下降,品质变劣。由于形状特别,品质降低,就失去了食用价值和种用价值。因此,畸形薯会降低上市商品率,使产值降低。

上述问题容易出现在田间高温和干旱的条件下,所以在生产管理上,要特别注意尽量保持生产条件的稳定,适时灌溉,保持适量的土壤水分和较低的地温;同时,注意不选用二次生长严重的品种作种薯。

# 四、块茎青头现象

在收获的马铃薯块茎中,经常发现有一端变成绿色的块茎,俗称青头。这部分除表皮呈绿色外,薯肉内 2 厘米以上的地方也呈绿色,薯肉内含有大量茄碱(也叫马铃薯素、龙葵素),味麻辣,人吃下去会中毒,症状为头晕,口吐白沫。青头现象使块茎完全丧失了食用价值,从而降低了马铃薯的商品率和经济效益。

出现青头的原因是播种深度不够,垄小,培土薄,或是有的品种结薯接近地面,块茎又长得很大,露出了土层,或将土层顶出了缝隙,阳光直接照射或散射到块茎上,使块茎的白色体变成了叶绿体,组织变成绿色。

为了减少这种现象,种植时应当加大行距、播种深度和培土厚度(图 11)。必要时对生长着的块茎,进行有效的覆盖,如用稻草等盖在植株的基部。

另外,在贮藏过程中,块茎较长时间见到阳光或灯光,也会使表面变绿,与上述青头有同样的毒害作用,所以一定要将食用薯避光贮藏。

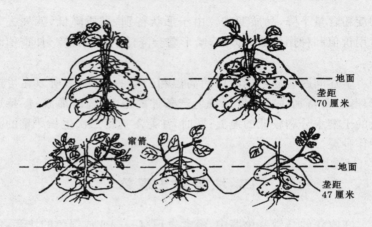

图 11　大垄深培与小垄浅培

# 五、块茎空心现象

把马铃薯块茎切开,有时会见到在块茎中心附近有一个空腔,腔的边缘呈角状,整个空腔呈放射的星状,空腔壁为白色或浅棕色。空腔附近淀粉含量少,煮熟吃时会感到发硬发脆,这种现象就叫空心。一般个大的块茎容易发生空心。空心块茎表面和它所生长的植株上都没有任何症状,但空心块茎却对质量有很大影响,特别是用以炸条、炸片的块茎,如果出现空心,会使薯条的长度变短,薯片不整齐,颜色不正常。

块茎的空心,主要是其生长条件突然过于优越所造成的。在马铃薯生长期,突然遇到极其优越的生长条件,使块茎极度快速地膨大,内部营养转化再利用,逐步使中间干物质越来越少,组织被吸收,从而在中间形成了空洞。一般说,在马铃薯生长速度比较平稳的地块里,空心现象比马铃薯生长速度上下波动的地块比例要小。在种植密度结构不合理的地块,如种得太稀,或缺苗太多,造成生长空间太大,都会使空心率增高。钾肥供应不足,也是导致空心率增高的一个因素。另外,空心率高低也与品种的特性有一定关系。

为防止马铃薯空心的发生,应选择空心发病率低的品种;适当调整密度,缩小株距,减少缺苗率;使植株营养面积均匀,保证群体结构的良好状态;在管理上保持田间水肥条件平稳;增施钾肥等。

# 六、块茎内部褐斑现象

在田间马铃薯植株生长正常的情况下,收获的块茎外表也没有什么变化,可是切开可能发现薯肉里为浅棕褐色,黑黄色至淡红褐色,或锈色斑点,极严重时变成黑褐色至黑色。坏死斑有时接近中心髓部,由中心朝着顶端。坏死斑点坚硬,不易破裂或腐烂,水煮后仍坚硬。

据资料介绍,这种褐斑是热坏死。在生长季节,炎热、干燥年份,在轻沙土、沙砾土、腐殖土或泥炭土里最严重。缺少适宜的土壤水分,能同高温影响一样易诱发块茎内部的坏死。接近土壤表面的薯块,受害严重,随着在土壤里深度的增加,受害的块茎逐渐减轻。这是一种非侵染性病害,病薯不能再传播。

预防内部坏死的措施,主要是提高栽培管理水平,做到深种深培土,充足的灌溉,合理的密度,保持茎叶繁茂遮挡地面,降低地温。或后期用草覆盖地面降温保湿防热。选用对高温有耐力的品种。杀秧或自然枯秧后及时收获,薯块不在地里长期存留。

另外,营养中缺磷、缺钙有时也会造成块茎内部出现锈褐色斑,土壤缺磷的褐斑呈辐射状。

# 第六章　马铃薯种植技术中存在的问题

随着科学技术的不断发展,马铃薯种植技术也在不断的进步,茎尖脱毒技术的应用,新品种的推广,施肥浇水观念的转变,病、虫、草害的防治措施的改进等,使我国马铃薯的单产不断提高。然而,由于我们整体生产水平较差,农民的文化素质、思想观念、种植习惯等有很大差别,新事物的接受、技术知识的学习、应用、推广也就大不相同。我国马铃薯种植面积是全世界第一位,总产量也占全世界第一位,可我们的单产水平仅占全世界的第八十二位(2006年联合国粮农组织资料)。是什么制约着我们单产水平的提高,除了基础设施水平低之外,主要是一些技术环节跟不上,还存在一些问题。对这些问题要引以为戒,尽量避免,努力把马铃薯种得更好,提高单产,达到高产高效的目的。

## 一、高质量马铃薯脱毒种薯缺乏,且应用普及率太低

我国脱毒种薯生产单位很多(包括茎尖脱毒基础苗生产和继代扩繁的繁种场),由于早代脱毒薯生产单位,多自成体系,自己生产脱毒基础苗,有一部分因检测设备和手段及技术水平等问题,脱毒苗达不到100%脱净病毒,不同程度带有病毒,直接影响原原种和各级种薯的质量。应用到生产上发挥不出脱毒种薯最大的增产潜力,同时生产数量不足。

在欧美一些国家马铃薯单产大大超出世界平均水平,他们之所以单产水平高,重要因素就是普遍使用高质量的脱毒种薯。我国单产水平低的主要原因是脱毒种薯应用面积太小,按中国农业

科学院调查,我国脱毒薯种植面积仅在总种植面积的30％以下。为什么我们脱毒种薯推广应用面积小而且发展慢呢?主观原因是农民,特别是边远山区的农民,对脱毒种薯增产作用认识不足,习惯于以往串换一次种薯连续使用多年的做法。当然这与推广、宣传力度不够也有关系。再者是脱毒种薯生产成本高,销售价格偏高,农民难以接受。客观原因是马铃薯单位面积用种量较大,运输不便,费用又大,一般农民则就近换串超代的非种薯作种了。这样一来,脱毒种薯生产单位所生产的脱毒种薯销不出去,所以也就不能扩大脱毒种薯的生产规模,生产数量就跟不上了。

## 二、马铃薯的生产水平低下

马铃薯生产水平低下,主要表现在生产投入上,我国种植马铃薯的农民习惯传统种植,舍不得投入。一是舍不得花钱购买科技含量较高增产潜力大的脱毒种薯;二是舍不得花钱购买化肥,为马铃薯增加产量提供物质保证;三是舍不得花钱购买农药防治造成马铃薯减产的病虫害;四是舍不得花钱购置能够很好落实马铃薯种植农艺要求的机械设备;五是舍不得花钱打井、修渠解决水源和购买灌溉设施来保证马铃薯生长过程中对水的需求。其实马铃薯是一种高投入高产出的农作物,只要投入到位就会得到理想回报。例如,近年在内蒙古锡林郭勒南部,用喷灌圈种植马铃薯的大户,他们使用的都是早代脱毒种薯,采用配比施肥,每667米$^2$用复合肥130～140千克,防治病虫,每生育期施药8～11次,撒肥、播种、中耕、施药、收获全部机械化,用大型喷灌圈(机)进行节水灌溉。每667米$^2$投入在2 000～2 300元,单产在3 000千克以上,单位面积效益在800～1 000元以上。据报道,2006年宁夏回族自治区,每667米$^2$马铃薯总生产投入只有375.2元,其中种薯43.90元、化肥47.60元、农家肥52.00元、机械设备53.20元、地膜0元,农药 0 元、灌溉 0 元、劳动力 138.6 元、其他 39.90 元。据中国农业统计年鉴 2007 年资料,宁夏马铃薯单产是 667 米$^2$578.7 千克。可见生产投入要上去,我国马铃薯产量水平就能有很大提高。

## 三、突破性新品种出现得少,且更新慢

新育出并经审定推广的新品种,在产量、品质、抗病、适应性、薯形、市场、特殊用途等方面都较原推广品种有大幅度的提高,一经推广可迅速被农民认可,并有稳定的推广面积,持续较长时间,应该算有突破性的新品种。克新 1 号从 20 世纪 70 年代初开始推广,至今近 40 年,种植面积仍占全国总播种面积的 15%。近年推出的新品种尚未见超出克新 1 号的。但也有些在某方面有特点的新品种出现了,并在局部地区进行了推广,在提高我国马铃薯整体水平方面也起到了很好的作用。

生长季节走进一般的马铃薯种植区,会经常看到大片的马铃薯田生长得七高八低,退化株随时可见,花色不同。如果询问主人,这是什么品种,他会告诉你:"不知叫什么名字,就是种了多年的本地种。"为什么会这样?关键是部分农民存有保守思想,接受新事物比较慢,生产规模又小,收多收少不在乎,加上农业技术推广机构的断档,试验、示范不到位,推广力度不够等原因,造成马铃薯品种的更新很慢。

## 四、种植密度不合理

在内蒙古东南部、河北北部、辽宁西部等地,马铃薯种植上有密种的习惯。形成原因就是过去由于生产水平不高,地薄肥料少,营养不足,芽块又小等问题,使马铃薯单株生产能力不高。为了提高单位面积产量,就采取了增加单位面积棵数的做法,依靠群体优

势提高产量。这种做法,在投入少,生产水平低时确有一定效果。所以,有些人就形成了种得越密,棵数越多,产量越高的片面认识。每 667 米$^2$ 株数达 6 000 株以上,甚至达到 7 000 株以上,结果使地上部植株非常拥挤,节间长,茎秆高而细弱,枝叶相互交错,遮挡阳光,降低了光合效率,影响叶片营养的制造。同时,还会出现倒伏、下部枝叶死亡腐烂,引起病害等问题。而地下部分,由于垄小棵密,营养面积太小,出现营养不足,块茎生长空间不够,垄小培不上土,匍匐茎"窜箭"等问题。结果造成小薯比例大、青头多、产量下降、商品率不高。

在内蒙古中西部,山西北部、宁夏等地,农民有稀种的习惯,因天气干旱、降水少,他们认为减少棵数可以减少水分,所以每 667 米$^2$ 只种植 2 400 棵左右。这样,虽然地上空间较大,全株受光较好,地下营养面也充足,但由于群体优势发挥不好,单位面积产量很难上去。特别是中后期,因棵太稀,封不上垄,地面太阳直射,地表蒸发量太大,降低了土壤含水量,如没有水浇条件,水分供给不足,同样会造成减产。

## 五、施肥量小且偏施氮肥

前面说过马铃薯是个高投入高产出的作物,只有供给足够的营养物质,才能有高产量的回报。可是有一部分农民,特别是边远马铃薯主产地区的农民,施肥量太小,除施用部分农家肥外,每 667 米$^2$ 补充的化肥只有 20 千克左右,最高的用 50 千克,远远不够马铃薯生长需要,因此产量一直保持在较低的水平。

同时,还有偏施氮肥的习惯。氮肥在马铃薯生长过程中确实起着非常重要的作用,而且其他任何元素也不能替代。适量的氮肥可以促使茎叶繁茂,叶色浓绿,光合作用旺盛,增加有机营养的合成和积累,提高蛋白质的含量,增加产量。所以,在一部分农民的印象中,一说到增加肥料,首先考虑的就是增加氮肥。有的人在生产中只用单质氮肥尿素,不用磷、钾配比施用。本来土地很肥沃,还每 667 米$^2$ 施尿素 50 千克,纯氮素达 23 千克之多,结果把秧子催得很高,达 1.4 米以上,上部叶片很多很大,头重脚轻,倒伏严重,茎叶铺倒在地,下部叶片不见阳光不透气,出现腐烂,引起病害,推迟地下茎结薯和块茎的成熟,使淀粉含量降低,块茎和薯皮很嫩,收获时易破皮,不仅影响块茎质量,还不耐贮,易感染干腐病或其他病害的复合侵染。

据此,我们应当大力推广氮、磷、钾配比平衡施肥的方法,改变过去偏施氮肥的习惯。采取配方施肥、施用三元素复合肥料或施用马铃薯专用肥料等措施(详见第十章)。

## 六、轮作倒茬做得不好

马铃薯是忌连作的作物,喜欢轮作倒茬。不倒茬进行连作的地块,翌年就要降低产量,块茎质量也有下降,特别是病、虫、草害会发生得更加严重。有报道说,连作 8 年的马铃薯地块,疮痂病发病率为 96%,而中间接种一茬萝卜,再种马铃薯的,疮痂病的发生率显著下降,只有 28%。青枯病、黑胫病、丝核菌溃疡病、湿腐病、干腐病和镰刀菌枯萎病等病菌,在土壤里都能存活,土壤是它的传播途径之一,连作田发病显著高于换茬的地块。另外,连作的马铃薯,由于营养吸收单一,可使土壤中钾肥含量很快下降,影响土壤肥力和下一茬产量,对种地养地、培肥地力大为不利。轮作的前茬以谷子、麦类、玉米等作物为最好,既有利于把病害发病率降到最低限度,又有利于消灭杂草。最好不用茄科作物作前茬,如番茄、茄子、辣椒等,因为它们与马铃薯有相同的病害。

在我国北方一季作马铃薯集中产区,出现种马铃薯不认真执行轮作倒茬的较多。特别是一些无霜期短,只能播种马铃薯、小麦、莜麦、小油菜的区域,因为只有马铃薯单位面积的产值最高,一些农民因而对它连作较多。俗话说"换茬如上粪",这是很有道理的,应当认真执行轮作倒茬的耕作制度。

马铃薯的轮作制度,在人少地多的国家,是种一次马铃薯,间隔3~4年再种马铃薯,主要考虑到有些土传病害,其病害在土壤里可存活3~4年,这样就可以减轻或杜绝病害的发生与传播。

我国人多地少,土地人均面积大些的地方,还能坚持轮作,但间隔时间相对偏少,一般隔1~2年轮作一次,也有隔一年种两次(年)马铃薯,再隔一年再种两年马铃薯的情况,都不太规范。根据我国的实际情况,建议种薯生产必须间隔两年以上,大田菜薯或原料薯生产最低隔一年;如果必须连作的地方,建议最高不超过两年。

# 七、播种芽块太小

我国农民种植马铃薯用的种薯芽块都偏小,只有5~10克重。使用小芽块播种,已有很长的历史了。过去农民在挖马铃薯芽块时,只把芽眼及一小部分薯肉挖下来,留下大部分没有芽眼的薯肉"山药楔子"糊口,从而形成了挖小芽块的习惯。

国内外的试验结果一致表明,大芽块要比小芽块抗旱能力强,出苗整齐,出苗壮。大芽块平均每块可长出1.8~2.4个芽条,而小芽块平均每块只有1~1.1个芽条。产量统计表明,大芽块播种的产量与小芽块播种的产量显著不同。国外资料显示:芽块重14克的,每667米$^2$产量为1 440.1千克,而芽块重56克的每667米$^2$产量达2 144.7千克,播种大芽块比播种小芽块每667米$^2$增产704.6千克,即增产48.9%。我们国内的试验,增产也很显著,用30克重的芽块播种比用10克重的芽块播种增产32.6%。

"母大儿肥"的道理大家都明白。一个50克重的芽块,其中含水分 40 克左右。播种到地里就是遇到最干旱的土壤,这个芽块靠自己的水分也能长出苗子。芽块里的营养不仅可以供给发芽出苗,甚至扎根、出苗后仍有营养供给幼苗,如同小孩吃"接奶"一样,植株自然会更加健壮,抗不良环境的能力也会增强。相反,一块 10 克重的芽块,含 8 克左右的水分,若遇严重干旱,芽块的水分有可能被蒸发完了,芽块也就成了"薯干",哪还有能力发芽生长呢?即使墒情好能够发芽,芽块里边营养少,长出的苗子也非常细弱,只能靠自己生的根系吸收土壤中的营养进行生长发育,自然没有大芽块长的苗子健壮(图 12,图 13)。建议芽块大小应掌握在 35克以上,50 克以下为宜。

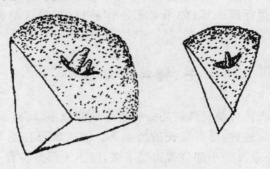

**图 12 大、小芽块芽子长势不同**

## 八、播种深度不足

马铃薯的营养贮存器官——块茎,直接生长在地下,着生在地下茎中部节的匍匐茎上。如播种太浅,地下茎的深度不够,节数减少,对匍匐茎的形成和块茎形成及膨大都不利;也容易出现匍匐茎"窜箭"现象,结的块茎也容易露出地面见光形成青头薯等。播种浅,根系扎得浅,不但抗旱能力差,营养吸收也受到限制。

有些地方的农民只图在播种和收获时省事,开沟只有 6～7

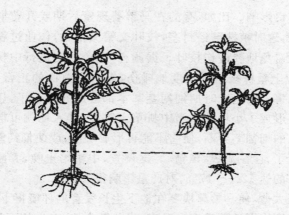

**图13 大、小芽块生出的植株长势不同**

厘米,垄沟中坐土后,芽块只能播种在距地面不足 5 厘米的地方。而适宜的播种深度应当是开沟达到 12～13 厘米,垄沟中回落坐土 2～3 厘米,把芽块播在距地面 10 厘米的地方,再覆土最为理想。在土壤较黏重的地方播种可以稍浅一点,但垄必须大,覆土和培土必须厚(图 14)。

**图14 马铃薯的播种深度**

# 九、中耕培土既晚又浅

有的地方在马铃薯田间管理上注意不够,特别是中耕培土,进行得晚,培土又浅,不但起不到应有的作用,还对马铃薯生长产生一定的不良影响。比如,有的在马铃薯现蕾后期或开花期才进行中耕培土,这时植株已经封垄,枝叶交错又很嫩,作业过程中牲畜农具不可避免地要碰伤枝叶。据调查,这个时期进行中耕培土的有 60％以上植株被不同程度地碰伤,影响了植株的正常生长,还易感染病害。而这个时期匍匐茎基本都形成并伸长了,还有一部分匍匐茎形成了小块茎。当中耕培土时,犁铧入地就可能把一部分长得长的匍匐茎弄断,使它不能再形成块茎,或使匍匐茎顶端离垄沟帮近了,往往造成"窜箭"。据调查,中耕培土晚,弄断匍匐茎和"窜箭"的达 12％～17％,对产量影响很大。

　　培土太薄,使马铃薯块茎在地下生长发育的环境得不到满足。一是块茎膨大期地下温度易升高,水分散失快,对生长不利。二是块茎生长易顶出地表,见光形成青头,降低品质。三是由于土薄,晚疫病菌易随雨水渗到薯块上,使块茎感病率增加而降低产量和质量。同时,也不利于贮藏。

　　建议,无论是一次中耕,还是分两次中耕,最终培土必须达到15～18 厘米,即从芽块上部向上量到垄脊,达到 15～18 厘米,有的品种可以达到 20 厘米。

# 十、收获作业粗放造成薯块伤害

　　收获作业,一般小面积的采用镐刨,面积大点的多采用犁翻,面积更大些利用机械收获,大部分用马铃薯挖掘机,极少数用联合收获机。除用联合收获机外,无论哪种收获方法都是由人工捡拾。收获过程中由于过于粗放,同时因收获过晚,气温、地温、薯温太低,经常出现镐伤、犁伤、机械创伤、人工捡拾中不小心造成摔伤等。不仅外观质量很差,表现出现伤痕、黑斑,还影响加工质量,更重要的是由于外伤,给病菌入侵创造了条件,贮藏过程中会因干腐病、软腐病等的感染,出现腐烂,造成损失。

因此，要求在收获过程中，必须耐心细致，认真调试犁和挖掘机的深浅，及振动筛的振动大小，防止犁伤和机械创伤；人工捡拾时，要轻拿轻放和低放，要像拿放鸡蛋一样加倍小心，绝对避免远距离投放和高距离落地，防止摔伤。轻微摔伤，当时一般看不出来，实际薯肉表层细胞已死亡。贮存中如温、湿度合适，伤处愈合，但死亡细胞不能逆转，形成痂，去皮后表现黑斑。如果温度高、湿度大则会腐烂。有人把薯块称为"薯宝宝"，像对待婴儿一样想方设法保护其安全，不无道理。

# 第七章　马铃薯优良品种的选用

## 一、马铃薯优良品种的标准

优良品种就是人们所说的好品种。优良品种的标准：一是丰产性强，即产量高；二是抗逆性强，适应性广，能抗病虫害，抗旱、抗涝、抗其他自然灾害，在不同的自然地理条件、气候条件及生长环境中，都能很好地生长；三是品质优良，商品性好，有卖相，能赚钱；四是有其他特殊优点等。具体地说，马铃薯的优良品种，一是块茎的产量高。如单株生产能力强，块茎个大，单株结薯个数适中等。二是抗逆性和耐性强。在同样情况下，感病轻，少减产或不减产；对自然灾害的抵御能力强，能抗旱、抗涝、抗冻等；对不同土质、不同生态环境有一定的适应能力。三是块茎的性状优良。薯形好，芽眼浅，耐贮藏等；干物质高，淀粉含量高或适当，食用性好；大中薯率高，商品性好，能卖好价钱。四是有其他特殊优点，如极早熟，赶上市场最高的行情，又不耽误下一茬；薯形长得特殊，比如特别长，含还原糖低，非常适合油炸薯条用等。总之，符合高产、优质、高效的马铃薯品种，就是优良品种。

## 二、优良品种的选用

马铃薯优良品种的选用，要根据以下三个方面来确定。一是种植目的。种植者可依据市场的需求，决定是种植菜用型马铃薯供应市场，还是种植加工型马铃薯供应加工厂。据此来确定选用哪种类型的优良品种。二是根据当地的自然地理气候条件和生产条件,以及当地的种植习惯与种植方式等方面,来选用不同的优良品种。如城市的远近郊区或有便利交通条件的地方,可选用早熟菜用型优良品种,以便早收获,早上市,多卖钱;在二季作区及有间套作习惯的地方,可考虑下一茬种植以及植株高矮繁茂程度是否遮光等问题,选用早熟株矮、分枝少、结薯集中的优良品种。在北方一季作区,交通不便、无霜期较短的地方,可选用中晚熟品种,以便充分利用现有的无霜期,取得更高的产量;如果选用太早熟的品种,则收获后产品一时运不出去卖不掉,而且余下的无霜期又不能种下一茬,这就白白地浪费了田地和时间。三是根据优良品种的特性来选用。比如,在降雨较少、天气干旱的北部和西北部地区,可选用抗旱品种;在南方雨水较多的地方,可选用耐涝的品种;在晚疫病多发地区可选用抗晚疫病的品种等。

为了帮助马铃薯种植者选用合适的优良品种,下面对多种不同用途类型品种的主要特点,加以介绍。

菜用型品种,主要应具备大中薯率高(在 75% 以上)、薯形好、整齐一致、芽眼不深、表皮光滑几项基本条件。对薯皮和颜色,不同地区的人们有不同的要求,如广东人喜欢黄皮黄肉品种,对白皮白肉品种不欢迎。菜用型品种对淀粉含量要求不高,以低淀粉含量的为好。

淀粉加工型品种,除了产量要高以外,最关键的是淀粉含量必须在 15% 以上,同时芽眼最好浅一些,便于加工时清洗。但对大中薯率和块茎表面形状要求不严格。

油炸食品加工型品种的特点是芽眼浅,容易去皮,干物质含量在 19.6% 以上,还原糖含量在 0.2% 以下,并且耐贮藏。

其中油炸薯条品种,还要求薯形必须是长形或长椭圆形,长度在 7.5 厘米以上,宽不小于 3 厘米,重量要在 120 克以上;白皮或褐皮,白肉或浅黄肉,无空心,无青头;大中薯率要高,120 克以上的薯块应占 80% 以上。

油炸薯片品种,要求薯形接近圆形,个头不要太大,50～150克重的薯块所占比例要大些,而超过 150 克的薯块的比例最好少一些。一般单株结薯个数多的品种,中等个头的薯块比例大。

全粉加工型品种,应具备油炸加工型品种的特点。

## 三、优良品种的引种

引种是指不同农业区域,不同省、自治区、直辖市,或不同国家,相互引进农作物品种或品系,进行试验种植和大田示范,并把表现高产、抗病、优质的品种直接用于生产。引种的方法简便易行见效快,是把科技成果尽快转化为生产力的有效办法。马铃薯是一种适应性很广泛的作物,引种非常容易成功。但是,每个品种都是在一定的环境条件下培育出来的,只有在与培育环境条件一致或接近时,引种才能获得成功。

马铃薯引种需要掌握如下的原则:

### (一)气候要相似

在地理位置距离较远的地方,主要看两地的气候条件是否接近。这一是指在同一季节两地气候是否相似,二是指在不同季节两地的气候条件相似,如南方的冬季和北方的夏季气候有相似之处,气温特别接近,雨量也相差不多。这样,引种地的气候与原产地的气候相似,进行品种引种就非常容易获得成功。

### (二)要满足光照和温度的要求

马铃薯是喜光,并对光敏感的作物。把它由长日照地方引种到短日照地方,它往往不开花,但对地下块茎的生长影响不是太大;而将短日照品种引种到长日照地方后,有时则不结薯。温度对马铃薯生长关系极大。特别是在结薯期,如果地温超过了 25℃,

块茎就会基本停止生长。因此,引种时必须注意品种的生育期长短,特别是由北方向南方引种,一定要引早熟、中早熟品种,争取在气温升高之前收获;而由南向北引种,早熟或晚熟品种均可以。

### (三)要掌握由高到低的原则

由高海拔向低海拔、高纬度向低纬度引种,容易成功。其原因是在高海拔、高纬度种植的马铃薯病毒感染轻,退化轻,引到低海拔、低纬度地方种植一般表现都好,成功率高。

### (四)要按照试验、示范、推广的顺序进行

同一气候类型区内,在距离较近的地方引进品种,一般可以直接使用,不会出现大问题。但气候类型区不一样,距离较远的地方,引进的品种必须经过试验和示范的过程。品种引进后首先要与当地主栽品种进行比较试验,在1～2年的试验中,引进的品种如果在产量、质量和抗病等方面都优于当地品种,下一步就可以适当扩大种植面积,进行大田示范,进一步观察了解其在试验阶段的良好表现是否稳定,同时总结相应的种植技术经验。如果大田示范中的表现与试验结果相符,就可以确定在当地进行推广应用了。这样做可以防止盲目引进给生产造成损失。当然这个过程要在农作物种子管理部门的指导和监督下进行。

### (五)要严格植物检疫

引种和调种时,要有对方植物检疫部门开具的病虫害检疫证书,防止引进危险性病虫草害,危害生产。

# 四、马铃薯主要品种介绍

当前推广应用的马铃薯品种,按从出苗至成熟的天数多少,可

以分为极早熟品种（60 天以内），早熟品种（61～70 天），中早熟品种（71～85 天），中熟品种（86～105 天），中晚熟品种（106～120 天）和晚熟品种（120 天以上）。按其用途可以分为菜用型品种、菜用和淀粉加工兼用型品种、淀粉加工型品种、油炸薯片型品种和油炸薯条型品种。

　　下面对菜用型、菜用和淀粉加工兼用型、淀粉加工型、油炸薯片型和油炸薯条型、全粉加工型等六种类型的马铃薯品种逐一加以介绍。

## （一）菜用型品种

### 1. 东农 303

　　该品种属极早熟菜用型品种，由东北农业大学农学系育成。1981 年由黑龙江省审定。

　　【特征特性】　株型直立，分枝中等，株高 45 厘米左右，茎绿色，生长势强，花白色，不能天然结实，块茎扁卵圆形，黄皮黄肉，表皮光滑，大小中等。整齐，芽眼多而浅，结薯集中，休眠期短、耐贮藏。薯块含淀粉 13.1%～14%，还原糖 0.03%。植株中感晚疫病，块茎抗环腐病、退化慢、怕干旱、耐涝。旱作条件下一般每 667 米² 产薯块 1 500～2 000 千克。

　　【栽培要点】　适宜密度为每 667 米² 4 000～4 500 株，适宜种在肥力上中等的地里，提前田间管理、浇水，不能脱肥，是一个适应性很广的品种。

　　【适宜范围】　东北、华北、江苏、广东和上海等地均有种植，适宜于出口。

### 2. 费乌瑞它

　　该品种属极早熟菜用型品种，由农业部种子局 1980 年从荷兰引进。又名津引薯 8 号、鲁引 1 号、粤引 85-38 和荷兰 15、荷兰 7 号。

**【特征特性】** 株型直立,分枝少,株高 60 厘米左右。叶绿色,长势强,花蓝紫色。块茎卵圆形,黄皮黄肉,表皮光滑,芽眼浅而少。结薯集中,块茎膨大较快。休眠期短,耐贮藏。生育期 60 天左右。薯块含淀粉 12.4%～14%,还原糖 0.03%。植株易感晚疫病,轻感青枯病,块茎感环腐病。退化快。旱作条件下每 667 米² 产 1 700 千克,机械化栽培和水浇条件下 667 米² 产量可达 3 000 千克以上。

**【栽培要点】** 适宜密度为每 667 米² 4 000～4 500 株,块茎对光敏感,应及早中耕培土,及早管理,喜水喜肥。

**【适宜范围】** 该品种适宜性较广,华北、东北、西北、山东、江苏和广东等地均有种植,是适宜于出口的品种。

## 3. 早 大 白

该品种属极早熟菜用型品种,由辽宁省本溪市马铃薯研究所育成。1992 年通过辽宁省审定,1998 年通过国家审定。

**【特征特性】** 株型直立,繁茂性中等,株高 48 厘米左右。叶片绿色,花白色。薯块扁圆形,大而整齐,大薯率达 90%,白皮白肉,表皮光滑,芽眼较浅,休眠期中等。生育期 55～60 天。薯块含淀粉 11%～13%,结薯集中、整齐,薯块膨大快。旱作条件下一般每 667 米² 产量为 2 000 千克左右。水浇条件可达 3000 千克以上。

**【栽培要点】** 适宜栽种密度为每 677 米² 4 000～4 500 株,在中等以上水肥条件下种植。芽较弱要深种浅盖,现蕾前完成 2 次中耕除草,注意防治晚疫病。

**【适宜范围】** 适宜于二季作及一季作早熟栽培,目前在山东、辽宁、河北和江苏等地均有种植。

## 4. 郑薯 3 号

该品种属极早熟菜用型品种,由河南省郑州市蔬菜研究所育成。

【特征特性】　株型直立,分枝中等,株高 40 厘米。茎绿色,长势中等,花白色。块茎椭圆形,白皮白肉,表皮光滑,大而整齐,芽眼多而浅。结薯集中。生育期 60 天左右。薯块含淀粉 12.5%,还原糖含量低。易感晚疫病、环腐病和疮痂病,退化快,不耐涝。旱作条件下一般每 667 米² 产量为 1 500 千克。

【栽培要点】　种植密度以每 667 米² 5 500～6 000 株为宜。要加强生育前中期水肥管理。秋季栽培适宜晚播。

【适宜范围】　适宜于二季作栽培及间套作。

## 5. 郑薯八号

该品种属极早熟鲜食菜用型品种,由郑州市蔬菜研究所育成。2009 年通过河南省审定。

【特征特性】　生育期 58 天左右。植株长势旺,株高约 38 厘米,主茎数 1.2 个左右,匍匐茎短。茎绿色,叶绿色,少花,有结实。薯块圆形,浅黄皮白肉,薯皮光滑,芽眼浅。薯块整齐,单株薯块数 2.8 个。抗卷叶病毒病、花叶病毒病,环腐病、晚疫病,维生素 C 含量为 26.8 毫克/100 克鲜薯,淀粉含量为 12.9%,还原糖含量为 0.26%,粗蛋白质含量为 2.12%。旱作条件下每 667 米² 产量为 1 124 千克。

【栽培要点】　春季露地栽培 3 月上中旬播种,6 月中下旬收获;地膜覆盖可于 2 月中下旬播种,5 月底至 6 月初收获。秋季于 8 月上中旬播种,11 月上中旬收获。按行距 60 厘米、株距 20～25 厘米播种。

【适宜范围】　适宜在河南省二季作栽培及一季作早熟栽培。

## 6. 克新 4 号

该品种属早熟菜用型品种,由黑龙江省农业科学院马铃薯研究所育成。2005 年通过国家审定。

【特征特性】 株型开展,分枝少,株高 60 厘米左右。茎绿色,长势中等,叶浅绿色。花白色。块茎圆,黄皮浅黄肉,表皮光滑,块茎整齐,芽眼中浅。结薯集中。休眠期短,耐贮藏。生育期 70 天左右。薯块含淀粉 12%～13.3%,还原糖 0.04%。植株感晚疫病。块茎较抗晚疫病,但感环腐病。旱作条件下每 667 米$^2$ 产量为 1 500 千克左右。

【栽培要点】 种植密度为每 667 米$^2$4 000～5 000株。种植中要增施农家肥。

【适宜范围】 适于城郊二季作区种植,适应范围较广。在黑龙江、河北、天津和上海等省、直辖市均有种植。1983 年吉林省审定。

## 7. 春薯 2 号

该品种属早熟菜用型品种,由吉林省农业科学院蔬菜研究所育成。1983 年通过吉林省审定。

【特征特性】 株型开展,株高 50 厘米左右。生长势强,茎叶绿色,花白色。块茎圆形,白皮白肉,表皮光滑,块大而整齐,芽眼中等深。结薯集中。块茎休眠期短,耐贮藏,含淀粉 14%,还原糖 0.11%。生育期 70 天左右,抗晚疫病和环腐病,退化慢。旱作条件下每 667 米$^2$ 产量一般为 1 500 千克。

【栽培要点】 种植密度为每 667 米$^2$4 000～4 500 株,适宜与高秆作物间套作。可按早熟品种栽培。

【适宜范围】 适宜于二季作种植及一季作早熟栽培。吉林、辽宁和河北等地有种植。

## 8. 克新 9 号

该品种属早熟菜用型品种,由黑龙江省农业科学院马铃薯研究所育成。1985 年通过黑龙江省审定。

【特征特性】　株型直立,分枝多,株高 55 厘米左右。茎绿色略带浅紫色,长势强,叶深绿色,花白色。块茎椭圆形,黄皮黄肉,表皮光滑。块茎大小中等,不整齐,芽眼浅。结薯集中,块茎休眠期长,耐贮藏。生育期 65 天左右。薯块含淀粉 13.9%～15%,还原糖 0.04%,轻感晚疫病,退化慢,旱作条件下每 667 米$^2$ 产量为 1 200 千克左右。

【栽培要点】　适宜种植密度为每 667 米$^2$ 4 000～4 500 株。该品种喜肥,抗倒伏,要提早管理。

【适宜范围】　适宜于二季作栽培,主要分布在黑龙江省。

## 9. 豫马铃薯 1 号（郑薯五号）

该品种属早熟菜用型品种,由河南省郑州蔬菜研究所育成。2004 年通过河南省审定。

【特征特性】　株型直立,株高 60 厘米左右。茎粗壮,分枝少。叶片大,绿色,花白色。薯块为圆形或椭圆形,黄皮黄肉,表皮光滑,芽眼浅而稀。结薯集中。薯块大而整齐,含淀粉 13.4%,还原糖 0.089%。块茎休眠期短。生育期 65 天左右。植株较抗晚疫病和疮痂病,退化轻。旱作条件下平均每 667 米$^2$ 产量为 1 500～2 000 千克。水肥条件好的可达 3 500 千克。

【栽培要点】　种植密度为每 667 米$^2$ 4 000～5 000 株。适宜水肥条件好的地方种植。

【适宜范围】　适宜二季作地区种植。在河南、河北、山东、四川、广东和吉林等地均有种植。

## 10. 川芋早

该品种属早熟菜用型品种,由四川省农业科学院作物研究所育成。1998 年通过国家审定。

【特征特性】 植株开展,株高 58 厘米,长势强,分枝多。花白色,量少。薯形椭圆,表皮光滑,皮肉浅黄色,芽眼浅。块茎大而整齐,含淀粉 12.7%,还原糖 0.47%。较抗晚疫病。生育期 70 天左右,大田生产每 667 米² 产量为 1 500 千克左右。

【栽培要点】 适宜种植密度为每 667 米²5 000 株左右,适宜于间、套作种植。

【适宜范围】 适合于我国西南地区二季作种植。

## 11. 黄麻子

该品种属早熟菜用型品种,为黑龙江省望奎县农家品种。

【特征特性】 生育期 70 天左右,植株直立,株高 45~50 厘米,繁茂性中等,茎绿色,茎翼直,茎粗 0.9~1.3 厘米;叶色深绿,顶小叶长卵形、顶端尖,花期长;花冠淡紫色,结薯集中,块茎长椭圆形,薯皮黄色有网纹,薯肉浅黄色,芽眼较多,顶部芽眼较深。块茎干物质含量 22% 左右,淀粉含量 14.4%~15.5%,还原糖含量 <0.3%,粗蛋白质含量 2% 左右,维生素 C 含量 20~22 毫克/100 克鲜薯。植株抗晚疫病、抗 PVY,块茎抗晚疫病和疮痂病。旱作条件下每 667 米² 产 1 500~1 700 千克,水浇条件的可达 2 500 千克。该品种早熟、抗病性强、适应性广、耐贮运。

【栽培要点】 种植密度每 667 米² 以 5 000 株左右为宜。采用提早催大芽和利用地膜覆盖栽培可提前成熟。生长期间加强肥水管理,可与玉米、棉花等作物间套作。

【适宜范围】 该品种栽培适应区域较广,在吉林、辽宁、河北、山东等二季作区和北方一季作区作早熟蔬菜栽培。

## 12. 尤金（88-5）

该品种属早熟菜用型品种，由辽宁省本溪市马铃薯研究所育成。1996 年通过河南省审定。

【特征特性】　株型直立，分枝较少，株高 65 厘米左右。茎浅紫色，叶小而密，表面有蜡质光泽，花白色。块茎椭圆形，黄皮黄肉，芽眼少而浅。结薯集中。块茎大而整齐，大薯率达 90%，休眠期短，较耐贮藏，含淀粉 14.3%，还原糖 0.02%。植株不抗晚疫病，块茎抗晚疫病和环腐病，退化不快。耐涝。生育期 70 天左右。旱作条件下每 667 米$^2$ 产量为 1 500 千克，水浇条件下可达 2 000 千克以上。

【栽培要点】　种植密度为每 667 米$^2$ 4 500 株左右，水肥管理要早，适宜于中上等地力栽培。对磷、钾要求高。

【适宜范围】　适宜于二季作区种植。目前在辽宁省已大面积推广。黑龙江有一定面积。

## 13. 中薯 5 号

该品种为早熟鲜食菜用型品种，由中国农业科学院蔬菜花卉研究所育成。2004 年通过国家审定。

【特征特性】　出苗后 60 天可收获。株型直立，株高 50 厘米左右，生长势较强，分枝数少，茎绿色。复叶大小中等，叶缘平展；叶色深绿，花白色，天然结实性中等，有种子。块茎圆形、长圆形，淡黄皮淡黄肉，表皮光滑，大而整齐，芽眼极浅，结薯集中。炒食口感和风味好，炸片色泽浅。鲜薯干物质含量 19% 左右，淀粉含量 13%，粗蛋白质含量 2%，维生素 C 含量在 20 毫克/100 克鲜薯左右。每 667 米$^2$ 产 2 000 千克左右，高水肥管理可达 4 000 千克，春种大中薯率可达 97.6%。植株田间较抗晚疫病、PLRV 和 PVY 病毒病，不抗疮痂病，耐瘠薄。

【栽培要点】 该品种早熟丰产,耐水肥,生长势较强,但分枝少,宜密植增收,既适合平播又可以间套种。单作播种行距 60～70 厘米,株距 20～25 厘米,每 667 米² 密度 4 500～5 000 株。播前催芽,施足基肥,加强前期管理。栽培要点见中薯 4 号所述。

【适宜范围】 适宜在河北、山东等二季作地区,内蒙古、黑龙江、吉林、河北坝上等一季作,浙江、江苏、贵州等冬作区作为早熟鲜薯食用栽培。

## 14. 中薯 6 号

该品种为早熟鲜食菜用型品种,由中国农业科学院蔬菜花卉研究所育成。2001 年通过北京市审定。

【特征特性】 生育期 65 天左右。株型直立,株高 50 厘米左右,生长势强,茎紫色。复叶大小中等,叶缘平展,叶色深绿,分枝数少。开花繁茂性好,花冠白色,天然结实性强,有种子。块茎椭圆形,粉红皮,薯肉紫红色或淡黄色,贮藏后紫色变深。表皮光滑,大而整齐,芽眼浅,结薯集中。炒食品质优,干物质含量 21.5%,还原糖含量 0.23%,粗蛋白质含量 2.3%,维生素 C 含量 28.8 毫克/100 克鲜薯。炸片色泽浅。水浇条件春种每 667 米² 产 2 000千克左右,大中薯率可达 90%。植株抗晚疫病、PVX、PVY 花叶和 PLRV 卷叶病毒病,生长后期轻感卷叶病毒病,苗期接种鉴定抗 PVX、PVY 花叶病毒病。

【栽培要点】 在二季作区春种 1 月至 3 月中下旬播种,4 月至 6 月下旬收获;秋种 8 月上中旬播种,10 月下旬收获。春种覆膜可适当早播。二季作区适合与棉花、玉米等作物间套作。平播行距 60～70 厘米,株距 20～25 厘米,每 667 米² 密度为 4 500～5 000株。播前催芽,施足基肥,加强前期管理,及时培土中耕,促使早发棵早结薯,结薯期和薯块膨大期不能缺水,收获前 1 周停止灌溉,以利于收获贮存。二季作留种春季适当早收,秋季适当晚播,并注意及时喷药防蚜,拔除病株。

【适宜范围】 适宜中原二季作区春、秋两季种植和南方、北方一季作区早熟栽培。

## 15. 中薯 7 号

该品种为早熟鲜食菜用型品种,由中国农业科学院蔬菜花卉研究所育成。2006 年通过国家审定。

【特征特性】 生育期 64 天左右。株型半直立,生长势强,平均株高 50 厘米左右。叶色深绿,茎紫色,花紫红色。块茎圆形,薯皮淡黄色,薯肉乳白色,薯皮光滑,芽眼浅,匍匐茎短,结薯集中。鲜薯还原糖含量 0.20%,粗蛋白含量 2.02%,淀粉含量 13.2%,干物质含量 18.8%,每 100 克鲜薯含维生素 C 32.8 毫克。室内接种鉴定结果:中抗 PVX,高抗 PVY,轻度至中度感晚疫病。春种 667 米$^2$ 产 2 000 千克左右,大中薯率可达 90% 以上。

【栽培要点】 中原二季作区春种 1 月初至 3 月中下旬播种,5 月至 6 月下旬收获,秋种 8 月上中旬至 9 月上旬播种,播前用 5～8 毫克/升赤霉素浸泡 5～10 分钟后用湿润沙土覆盖催芽,10 月下旬至 12 月初收获;平播播种行距 60～70 厘米,株距 20～25 厘米,每 667 米$^2$ 4 000～4 500 株。留种田可增至 6 000～6 500 株。南方冬作区在 10～12 月份播种,春季 2～4 月份收获。出苗后加强前期管理,早施少施追肥。及时除草、中耕和高培土,促使早发棵早结薯,结薯期和薯块膨大期及时灌溉,但要防止因施肥浇水过多而徒长。收获前 1 周停灌,以利于收获贮存。适合与棉花、玉米等作物间、套作。

【适宜范围】 适宜中原二季作区春、秋两季种植和南方冬作区早熟栽培。

## 16. 双丰 6 号

该品种为早熟鲜食菜用型品种,由山东省农业科学院蔬菜研究所育成。2005 年通过鲁农审。

【特征特性】 生育期 65～70 天。株型直立,分枝性中等,株高 58.8 厘米,生长势中等偏强。花白色,自交结实性强。匍匐茎短、结薯集中、块茎膨大速度快,单株结薯 5 块左右。块茎圆形,薯形整齐,浅黄皮、白肉,薯皮略有网纹,芽眼浅。休眠期中等,60～70 天。干物质含量 22.4%,淀粉含量 17.8%,还原糖 0.04%(收后 10 天测定)。较抗马铃薯卷叶病毒和马铃薯 Y 病毒,轻感马铃薯 X 病毒。较抗疮痂病和环腐病。结薯对温度和光照不敏感,适合春、秋两季栽培和早春保护地栽培。春种 667 米² 产量 1 670 千克,秋种每 667 米² 产 1 358 千克。

【栽培要点】 春季地膜覆盖栽培可于 2 月底至 3 月上旬播种,秋季于 8 月初播种。秋季栽培所需要的种薯必须于早春繁殖,于 4 月底 5 月初收刨,以利于打破休眠。生产中宜适期早播早收。采用垄作方式栽培,种植密度每 667 米² 5 000～5 500 株。施足基肥,一般不追肥,苗期浇一次水,现蕾期浇第二次水,薯块膨大期要保持土壤湿润。

【适宜范围】 在山东省适宜地区作炸片加工型早熟品种春、秋栽培和早春保护地栽培。

## 17. 富 金

该品种为中早熟鲜食菜用型品种,由辽宁省本溪市马铃薯研究所育成。2005 年通过辽宁省审定。

【特征特性】 生育期 85 天。植株属中间型,平肥地株高 50 厘米左右,茎绿色,茎翼微波状,叶深绿色,花冠白色,柱头无分裂,花萼暗绿色,不结实;块茎圆形,黄皮黄肉,表皮光滑,老熟后薯皮呈细网纹状,芽眼浅,薯块大而整齐;休眠期中等。匍匐茎短,结薯集中,单株结薯 4～6 个,丰产性和稳产性好。对病毒病有较强的抗性和耐性;抗真菌、细菌性病害,耐湿性强,对晚疫病有较强的抗性,薯块不易感晚疫病,抗腐烂、耐贮运。干物质含量 23.5%,淀粉含量 15.68%,还原糖含量 0.1%,粗蛋白质含量 2.11%,维生素 C 含量 0.48 毫克/100 克鲜薯。平均产量每 667 米$^2$2 000～2 500 千克。

【栽培要点】　种植密度为每 667 米$^2$5 000 株。

【适宜范围】　辽宁二季作区外,在北方一季作区和南方高海拔地区均可进行大面积生产,引种可取得较高的收成。

## 18. 川芋 39

该品种为中早熟菜用型品种,由四川省农业科学院作物研究所育成。1998 年通过国家审定。

【特征特性】　株型开展,株高 50.9 厘米。分枝多,茎叶绿色。花淡紫色,开花量少。薯形卵圆,芽眼浅,表皮光滑,黄皮黄肉,含淀粉 15%左右,还原糖 0.31%。生育期 80 天左右,平均每 667 米$^2$ 产量为 1 600 千克左右。抗青枯病、抗晚疫病,耐瘠,耐旱。

【栽培要点】　选择排水性好的沙土、壤土和坡台地种植,以农家肥为主要基肥,配施氮、磷、钾化肥,避免贪青晚熟,生长过旺,适宜密度为每 667 米$^2$3 500～4 000 株。

【适宜范围】　目前在四川省山区及平坝地区种植,也宜于四川以南省份作一季或春、秋两季栽培。

## 19. 郑薯 4 号

该品种为中早熟菜用型品种,由河南省郑州市蔬菜研究所育成。

【特征特性】　株型开展,株高 60 厘米左右。茎绿色,长势较强,叶绿色,花白色。块茎圆形,黄皮黄肉,表皮粗糙。块茎大而整齐,结薯集中。块茎休眠期短,耐贮性中等。生育期 75 天左右。薯块含淀粉 13%,还原糖 0.1%。较抗晚疫病和环腐病,感疮痂病。每 667 米² 产量为 1 700 千克左右。

【栽培要点】 适宜种植密度为每 667 米² 4 000 株左右。要加强前期管理。后期忌过多施氮肥,以免引起枝叶徒长,影响产量。

【适宜范围】 适宜二季作地区栽培,主要分布于河南、山东和安徽等省。

## 20. 中薯 12 号

该品种为中早熟鲜食菜用型品种,由中国农业科学院蔬菜花卉研究所育成。2009 年通过国家审定。

【特征特性】 生育期 70 天左右。植株直立,生长势较强,株高 47 厘米左右,分枝少,枝叶繁茂,茎绿色带褐色,叶绿色,复叶大,花冠白色;结薯集中,块茎椭圆形,表皮光滑,芽眼浅,黄皮、黄肉,区域试验平均商品薯率 76.8%。人工接种鉴定:植株抗马铃薯 X 病毒病、中抗马铃薯 Y 病毒病,中度感晚疫病。块茎品质:干物质含量 17.6%,淀粉含量 10.3%,还原糖含量 0.44%,粗蛋白质含量 2.04%,维生素 C 含量 18.3 毫克/100 克鲜薯。块茎每 667 米² 产 1 740.2 千克。

【栽培要点】 ①采用优质脱毒种薯,播前催芽,选择灌排方便地块播种。②中原二作区 1～3 月份播种,4～6 月份收获,生长前期注意防霜冻病。③每 667 米² 种植 5 000～5 500 株。④施足基肥,出苗后加强前期管理,早施少施追肥;及时除草、中耕和培土,促使早发棵和早结薯。⑤生长期及时灌溉和排水,防止因施肥浇水过多而徒长,及时防治晚疫病。

【适宜范围】 适宜在中原二作区的辽宁、山东济南、河南和北京种植。还适宜在冬作区的福建、广西、广东、湖南种植。

## 21. 中薯 13 号

该品种为中早熟鲜食菜用型品种,由中国农业科学院蔬菜花卉研究所育成。2007 年通过国家审定。

【特征特性】　生育期 72 天左右。植株直立,生长势较强,株高 65 厘米,分枝少,枝叶繁茂,茎绿带褐色,叶绿色,复叶大,花冠白色;结薯集中,块茎扁长圆形,黄皮黄肉,表皮光滑,芽眼浅;区试平均商品薯率 71.8%。经人工接种鉴定:植株高抗马铃薯 X 病毒病、抗马铃薯 Y 病毒病,中度感晚疫病。块茎品质:干物质含量 19.2%,淀粉含量 11.2%,还原糖含量 0.19%,粗蛋白质含量 2.26%,维生素 C 含量为 18.6 毫克/100 克鲜薯。块茎每 667 米$^2$ 产 1 786 千克。

【栽培要点】　①选用优质脱毒种薯,播前催芽,中原二作区 1～3 月份播种,4～6 月份收获,生长前期注意防霜冻病。②每 667 米$^2$ 种植 5 000～5 500 株。③施足基肥,出苗后加强前期管理,早施少施追肥;及时除草、中耕和培土,促使早发棵和早结薯。④及时灌溉和排水,防治晚疫病。

【适宜范围】　适宜在中原二作区的辽宁、山东、河南和北京种植。还适宜在冬作区的福建、广西、广东、湖南种植。

## 22. 冀张薯 8 号

该品种为中晚熟鲜食菜用型品种,由河北省高寒作物研究所育成。2006 年通过国家审定。

【特征特性】　生育期 99 天左右,株型直立,生长势强,株高 68.7 厘米左右。茎、叶绿色,单株主茎数 3.5 个。花冠白色,花期长,天然结实性中等。块茎椭圆形,淡黄皮,乳白肉,芽眼浅,薯皮光滑。单株平均结薯数为 5.2 块,平均单薯重 102 克。商品薯率 75.8%。旱作平均产量每 667 米$^2$ 2 000 千克。高抗 PVX 和

PVY,轻度至中度感晚疫病。还原糖含量为 0.28%,粗蛋白质含量 2.25%,淀粉含量 14.8%,干物质含量 23.2%,维生素 C 含量为 16.4 毫克/100 克鲜薯,蒸食品质优。

【栽培要点】 种植密度为每 667 米²3 500~4 000 株。

【适宜范围】 可在河北北部、山西、内蒙古、陕西适宜地区种植。

## 23. 冀张薯 10 号

该品种为中熟鲜食菜用型品种,由河北省高寒作物研究所育成。2008 年通过河北省审定。

【特征特性】 株型半直立,株高 58 厘米,主茎较粗,茎淡紫色,叶绿色,生长势强,单株主茎数 2.92 个,花冠浅蓝色,天然结实率中等,块茎圆形,白皮白肉,薯皮光滑,芽眼浅,单株结薯 4.2 个,商品薯率 68.9%。生育期 90 天左右。薯块含淀粉 17.05%,干物质 21.95%,还原糖 0.22%,粗蛋白质 2.18%,维生素 C 13.7 毫克/100 克鲜薯。

【抗病性】 抗马铃薯普通花叶病(PVX)和马铃薯重花叶病(PVY),轻感马铃薯卷叶病(PLRV)。植株田间花叶病、卷叶病、晚疫病发病均较轻,不抗早疫病。旱作产量每 667 米²1 275~1 800 千克。

【栽培要点】 适宜起垄栽培,种植密度每 667 米²3 800~4 000 株。幼苗顶土时闷锄,苗高 20 厘米左右中耕,现蕾时结合中耕培土,注意防治马铃薯早、晚疫病,适时收获。

【适宜范围】 适宜在河北省北部种植。

## 24. 中薯 3 号

该品种为早熟菜用型品种,由中国农业科学院蔬菜花卉研究所育成。2005 年通过国家审定。

【特征特性】  株型直立,分枝少,株高 55～60 厘米。出苗至成熟 67 天左右。茎叶绿色,花白色。块茎扁圆形或扁椭圆形,表皮光滑,皮肉均为黄色,芽眼浅。薯块大而整齐,耐贮藏。结薯集中。薯块含淀粉 13.5%,还原糖 0.35%。不抗晚疫病。每 667 米$^2$ 产量在 1 700 千克左右。

【栽培要点】  适宜水浇地种植,栽植密度为每 667 米$^2$ 4 000～4 500株。

【适宜范围】  适宜二季作及南方冬作种植,适应性广。在北京市、河北省和福建省厦门地区均有种植,表现增产。

## 25. 东农 304

该品种为中早熟菜用型品种,由黑龙江省东北农业大学育成。1995 年通过辽宁省审定。

【特征特性】  株型直立,茎绿色,枝叶繁茂,长势强,株高 55 厘米左右。叶色浓绿,花白色。块茎圆形,黄皮黄肉,芽眼深度中等。结薯集中,单株结薯 7～8 个。块茎休眠期长,耐贮藏。薯块含淀粉 14% 左右。抗晚疫病。每 667 米$^2$ 产量为 2 000 千克左右。从出苗到成熟 75～80 天。

【栽培要点】  种植密度为每 667 米$^2$ 3 500～4 000株,适宜在中上等水肥条件下种植。种植中要加强前期管理。

【适宜范围】  该品种在黑龙江省南部已推广种植。

## 26. 川芋 56 号

属中早熟菜用型品种,由四川省农业科学院作物研究所育成。1987 年通过四川省审定。

【特征特性】  株型开展,株高 50 厘米左右,主茎粗壮。叶绿色,花白色。块茎椭圆,表皮光滑,黄皮黄肉,芽眼较浅。块茎大而整齐,结薯集中,块茎休眠期长,耐贮藏。薯块含淀粉 13.5%,还原糖 0.19％。植株抗癌肿病,感晚疫病,不抗青枯病,每 667 米²产量为 1 500 千克左右。

**【栽培要点】** 种植密度为每 667 米² 4 000 株左右,不宜在长日照地区种植。否则会造成结薯晚或没有产量。适合与玉米等作物间套作。

**【适宜范围】** 适合二季作南方地区栽培,四川省有种植。

## 27. 克新 1 号

属中熟菜用型品种,由黑龙江省农业科学院马铃薯研究所育成。1984 年通过国家审定。

**【特征特性】** 株型开展,分枝较多,株高 70 厘米左右。茎和叶绿色,长势强,花淡紫色。块茎扁椭圆形,白皮白肉,表皮光滑,芽眼中浅。结薯集中。块茎大而整齐,休眠期长,耐贮藏。生育期 95 天左右。薯块含淀粉 13％～14％,干物质 18.5％～19.5％,还原糖 0.52％。抗环腐病,退化慢,耐涝。每 667 米² 产量为 1 500～2 000 千克,水浇条件下可产 3 000～3 500 千克。

**【栽培要点】** 种植密度为每 667 米² 3 500～4 000 株,适宜于进行高水肥管理。

**【适宜范围】** 适应范围较广,一季作、二季作均可种植。在黑龙江、吉林、辽宁、内蒙古、河北、山西、上海、江苏和安徽等省、自治区、直辖市均有种植,是国内种植面积最大的品种。

## 28. 鄂马铃薯 4 号

该品种为中早熟鲜食菜用型品种,由湖北省恩施南方马铃薯研究中心育成。2004 年通过湖北省审定。

**【特征特性】** 该品种长势强,株型半扩散,株高 50 厘米左右;生育期 76 天左右。茎叶绿色,白花;结薯集中,商品薯率 75％左右;块茎扁圆形,黄皮黄肉,表皮光滑,芽眼浅,休眠期短;干物质含量为 20.12%，淀粉含量为 14.63%，维生素 C 含量为 16.35 毫克/90 克鲜薯，还原糖含量为 0.16%，食味中等，耐贮藏。该品种抗晚疫病，病级为○至二级（对照品种米拉为三至五级），抗病毒病、青枯病。每 667 米² 平均产 1 158 千克。

【栽培要点】　合理密植，每 667 米² 单作种植 4 500～5 000 株，套作种植 2 400～2 800 株。

【适宜范围】　该品种适宜在云南、贵州、湖北在海拔 700 米以下的低山及平原湖区种植。

## 29. 鄂马铃薯 5 号

该品种为中熟鲜食菜用淀粉加工型品种，由湖北恩施中国南方马铃薯研究中心育成。2005 年通过湖北省审定。

【特征特性】　生育期 90 天左右，株型较扩散，生长势强，株高 60 厘米左右。茎叶绿色（叶小），花冠白色，开花繁茂，天然结实较少，浆果有种子。块茎大薯为长扁形，中薯及小薯为扁圆形，表皮光滑，黄皮白肉，芽眼浅，芽眼数量中等，结薯集中，单株结薯 10 个左右，大中薯率 80% 以上。植株田间高抗晚疫病，抗花叶病和卷叶病，田间无花叶病株，卷叶病株率 0.4%。淀粉含量 18.9%，还原糖含量收获后 10 天分析为 0.16%，维生素 C 含量为 16.6 毫克/100 克鲜薯，粗蛋白质含量 2.35%。鲜薯食用品质好，适宜油炸食品、淀粉、全粉等加工和食用。平均产量每 667 米² 1 873.4 千克，最高产量 2 300 千克。

【栽培要点】　种植密度为单作条件下每 667 米² 种植 4 000 株；套作条件下，双行马铃薯套双行玉米或其他作物，马铃薯种植 2 400 株。

【适宜范围】　该品种在我国西南及南方等区域种植。适于间、套作、在海拔 600 米以上地区种植增产潜力更大。

## 30. 克新 13 号

该品种为中熟鲜食菜用型品种,由黑龙江省农业科学院马铃薯研究所育成。1999 年通过黑龙江省审定。

【特征特性】 中熟,生育期 95～100 天。株型直立,株高 65 厘米左右,茎绿色,叶绿色,花冠白色。块茎圆形,黄皮淡黄肉,表皮有网纹,芽眼深度中等。结薯集中,块茎大而整齐,耐贮藏。食味优良,淀粉含量 13.3% 左右。植株抗晚疫病,抗环腐病,抗马铃薯花叶病毒病。每 667 米² 产 2 000 千克左右。

【栽培要点】 该品种喜水肥,适宜密度为每 667 米² 3 500～4 000 株。

【适宜范围】 适应性较广,在黑龙江、吉林、河北、内蒙古、山东等省、自治区都有种植。

## 31. 宁薯 12 号

该品种为中晚熟鲜食菜用型品种,由宁夏固原市农科所育成。2007 年通过宁夏回族自治区审定。

【特征特性】 生育期 106 天左右,株型直立,茎绿色,叶色浅绿,复叶大小中等,枝叶繁茂,长势强,株高 40 厘米左右,花冠白色。主茎 2～3 个,分枝 6 个左右,单株结薯 4～5 个,薯块大小中等且整齐,匍匐茎较短,结薯集中,单株产量 450～750 克,商品率 81%。薯块圆形,浅黄皮色,薯肉浅黄色,芽眼浅。干物质含量 23.41%,淀粉含量 14.9%,粗蛋白质含量 23.96%,还原糖含量 0.3%,100 克鲜薯中维生素 C 含量 11.92 毫克。花繁茂,天然果少,抗旱耐瘠薄,中抗晚疫病、环腐病,轻感花叶病毒和卷叶病毒。块茎膨大,薯块休眠期长,耐贮藏。平均产量 667 米² 1 733 千克。

【栽培要点】 种植密度为每 667 米² 3 500～4 000 株。

【适宜范围】 适宜在宁南山区山、川、塬的干旱、半干旱、阴湿区及生态条件相似的中原二作区种植。

## 32. 克新 17 号

该品种为中熟鲜食菜用型品种,由黑龙江省农业科学院马铃薯研究所育成。2005 年通过黑龙江省审定。

【特征特性】　生育期 90 天左右。株型直立,株高 60 厘米左右,分枝较少。茎绿色,复叶中等大小,花白色,开花正常。花粉可孕。块茎长筒形,整齐,白皮白肉,芽眼浅。耐贮性强,结薯集中。商品薯率 85% 以上,平均块茎产量 1 577 千克/667 米²。干物质含量 23.37% 左右,100 克鲜薯维生素 C 含量平均 20.43 毫克,还原糖含量平均 0.213%。田间中抗晚疫病,抗 PVX、中抗 PVY、感PLRV。平均产量每 667 米² 为 2 021 千克。

【栽培要点】　种植密度为单作条件下种植每 667 米² 4 000～4 500 株。

【适宜范围】　该品种适宜黑龙江省各生态区种植。

## 33. 克新 19 号

该品种为中熟鲜食菜用型品种,由黑龙江省农业科学院马铃薯研究所育成。2007 年通过国家审定。

【特征特性】　生育期 95 天左右。株型直立,株高 55 厘米左右,分枝中等。茎绿色,茎横断面三棱形。叶绿色,叶缘平展,复叶较大,排列疏散。开花正常,花冠淡紫色,花药橙黄色,花柱长度中等,子房断面无色。块茎宽椭圆形,白皮白肉,芽眼浅,耐贮性较强,结薯集中。商品薯率 85% 以上,块茎大而整齐。干物质19.1%,淀粉含量 12.7%,维生素 C 含量 12.2 毫克/100 克鲜薯。块茎蒸食品质好。田间中抗晚疫病,较抗 PVY、PVX 病毒。一般产量每 667 米² 1530.9 千克,高者可达 2 200 千克。

【栽培要点】　种植密度为单作条件下每 667 米² 种植 4 500

株。注意防治晚疫病。

【适宜范围】 适宜在黑龙江省各生态区和内蒙古自治区东部、辽宁省、吉林省等北方一季作区种植。

## 34. 中薯 9 号

该品种为中晚熟鲜食菜用型品种,由中国农业科学院蔬菜花卉研究所育成。2006 年通过国家审定。

【特征特性】 平均生育期为 95 天。植株直立,生长势强,株高 60 厘米左右,分枝数少,枝叶繁茂。茎与叶均绿色、复叶较大,叶缘轻微波浪状。花冠白色,天然结实性强。块茎长圆形,淡黄皮淡黄肉,薯皮光滑,芽眼浅。匍匐茎短,结薯集中,块茎大而整齐,商品薯率 85.1%。蒸食品质优。鲜薯干物质含量 20.6%,淀粉含量 13.1%,还原糖含量为 0.46%,粗蛋白质含量 2.08%,每 100克鲜薯含维生素 C 14.3 毫克。室内接种鉴定:植株抗马铃薯轻花叶病毒病 PVX,感重花叶病毒病 PVY,轻度至中度感晚疫病。一般每 667 米$^2$ 产 2 000 千克,大中薯率可达 90% 以上。

【栽培要点】 种植密度保持在每 667 米$^2$ 3 500~4 000 株为宜。宜选择土质疏松地块播种,忌连作,禁止与其他茄科作物轮作。留种田还应与商品薯生产田及其他病源作物隔离。播前催芽,施足基肥,按当地生产水平适当增施有机肥,合理增施化肥。生育期间保证二铲三耥及时培土,有条件灌溉的要及时灌溉,严格防治晚疫病。9 月中下旬收获。

【适宜范围】 适宜在华北中晚熟主产区作适合鲜薯食用和出口,也可作炸条加工原料试生产。

## 35. 中薯 15 号

该品种为中熟鲜食菜用型品种,由中国农业科学院蔬菜花卉研究所育成。2009 年通过国家审定。

【特征特性】 生育期 93 天左右。植株直立,生长势较强,株高 55 厘米左右,分枝较少,枝叶繁茂,茎绿带褐色,叶绿色,花冠白色,天然结实中等;块茎长椭圆形,淡黄皮淡黄肉,芽眼浅,表皮光滑,薯块整齐度中等,匍匐茎短,区试商品薯率 52.8%。经人工接种鉴定:植株抗马铃薯 X 病毒病、中抗马铃薯 Y 病毒病,高感晚疫病。块茎品质:干物质质含量 23.1%,淀粉含量 14%,还原糖含量 0.32%,粗蛋白质含量 2.37%,维生素 C 含量 14 毫克/100 克鲜薯。每 667 米² 产块茎 1 334 千克。

【栽培要点】 一是选用优质脱毒种薯,播前 1 个月出库(窖)催芽,4 月中下旬或 5 月上旬播种。二是种植密度为每 667 米² 3 500～4 000 株。三是适当增施有机肥,合理增施化肥。四是及时中耕培土,有条件的地块及时灌溉。五是在 7 月中下旬至 8 月下旬期间及时防治晚疫病。

【适宜范围】 适宜在河北省北部、陕西省北部、山西省北部、内蒙古自治区中部种植。

## 36. 晋薯 13 号

该品种为中熟鲜食菜用型品种,由山西省农业科学院高寒作物研究所育成。2004 年通过山西省审定。

【特征特性】 生育期 105 天左右。株型直立,分枝中等,茎绿色,生长势强,植株整齐,叶淡绿色,花冠白色,株高 80 厘米左右,天然结实中等,浆果有种子。薯块圆形,黄皮淡黄肉,芽眼深浅中等,结薯集中,单株结薯 5 块左右,大中薯率 80% 左右。品质分析测定,晋薯 13 号淀粉含量 15% 左右,干物质含量 22.1%,每 100 克鲜薯含维生素 C 13.1 毫克,还原糖含量 0.40%,粗蛋白质含量 2.7%,块茎休眠期适中,耐贮藏。该品种产量高,抗病性强,抗旱耐瘠,每 667 米² 平均产量在 2 000 千克左右。

【栽培要点】 种植密度一般要求每 667 米² 种植 3 000～

4 000 株,土壤肥力较好的地块可以适当稀植。

【适宜范围】 适宜在山西及河北、内蒙古、陕西北部、东北大部等地一季作区种植。

## 37. 晋薯 14 号

该品种为中晚熟鲜食菜用型品种,由山西省农业科学院高寒区作物所育成。2004 年通过山西省审定。

【特征特性】 生育期 110 天左右,该品种株型直立,分枝中等,生长势强,植株整齐,茎秆粗壮,叶片肥大,叶色深绿。株高 75～95 厘米,茎粗 1.4 厘米左右,花冠白色,天然结实少,浆果有种子。薯块圆形,淡黄皮浅黄肉,芽眼深浅中等,匍匐茎短,结薯集中,单株结薯数 4～6 个,大中薯率 85％左右,淀粉含量 15.9％,干物质含量 22.8％,维生素 C 含量 14.9 毫克/100 克鲜薯,还原糖含量为 0.46％。块茎休眠期中等,耐贮藏。该品种抗病性强,抗旱耐瘠,每 667 米² 平均产量在 1 500 千克左右,在土壤肥力较高、土质较好的地方每 667 米² 产量可高达 2 500～3 000 千克。

【栽培要点】 每 667 米² 种植密度在 3 500 株左右。喜肥水,注意氮、磷、钾配比,施足基肥,现蕾期浇水追肥。

【适宜范围】 适宜在山西及河北、内蒙古、陕西北部、东北大部等地一季作区种植。

## 38. 晋薯 16 号

该品种为中晚熟鲜食菜用型品种,由山西省农业科学院高寒区作物研究所。2007 年通过山西省审定。

【特征特性】 生育期 110 天左右,生长势强,植株直立,株高 106 厘米左右。茎粗 1.58 厘米,分枝数 3～6 个,叶片深绿色,叶形细长,复叶较多,花冠白色,天然结实少,茎绿色。薯形长圆,薯皮光滑,黄皮白肉,芽眼深浅中等,结薯集中,单株结薯4～5 个。

含干物质 22.3%,淀粉 16.57%,还原糖 0.45%,维生素 C 12.6 毫克/100 克鲜薯,粗蛋白质 2.35%,植株抗晚疫病、环腐病和黑胫病,根系发达,抗旱耐瘠;薯块大而整齐,耐贮藏,大中薯率 95%,商品性好,商品薯率高。每 667 米² 平均产量为 1 856 千克。

【栽培要点】　种植密度为每 667 米² 3 000~3 500 株。其他同晋薯 14 号。

【适宜范围】　适宜在山西省马铃薯一季作区种植。

## 39. 晋薯 17 号

该品种为中晚熟鲜食菜用型品种,由山西省农业科学院高寒区作物研究所育成。2007 年通过山西省审定

【特征特性】　生育期 110 天左右,株型半直立,分枝多,株高 70 厘米左右,生长势强,出苗期较长。茎绿色,叶深绿色,复叶小,侧小叶 3 对,常齿连顶叶,花冠白色,天然结实少。薯块扁圆形,黄皮黄肉,芽眼深浅中等,匍匐茎短,结薯早而集中,单株结薯 4~6 个,平均单薯重 144.6 克,商品薯率 80% 以上。干物质含量 21.4%,淀粉含量 15.7%,维生素 C 含量 12.7 毫克/100 克鲜薯,鲜薯贮藏 50 天后还原糖含量 0.43%,粗蛋白质含量 1.7%。该品种抗旱,耐盐碱。抗 PVY、PLRV,轻感花叶;对黑胫病、晚疫病有较好的田间水平抗性,较抗疮痂病,块茎休眠期中等,耐贮藏。平均每 667 米² 产量为 1 713~3 000 千克。

【栽培要点】　种植密度为每 667 米² 3 000~3 500 株。

【适宜范围】　适宜在山西省及华北马铃薯一季作区种植。

## 40. 同薯 20 号

该品种为中晚熟鲜食菜用型品种,由山西省农业科学院高寒区作物研究所育成。2005 年通过国家审定。

【特征特性】　株型直立,株高 70~95 厘米,茎秆粗壮,分枝

多,单株主茎数 2.3 个。叶色深绿,枝叶繁茂。花冠白色,天然结实性中等。块茎圆形,黄皮黄肉,薯皮光滑,芽眼深浅中等,结薯集中,单株结薯数 4.7 个。生育期 110 天。干物质含量 24.0%,淀粉含量 16.7%,还原糖含量 0.50%,粗蛋白质含量 1.90%,维生素 C 含量 18.4 毫克/100 克鲜薯。对病毒病具有较好的水平抗性,抗环腐病和黑胫病,植株轻感晚疫病。生长势强,抗旱耐瘠,块茎膨大快,产量潜力大;薯块大而整齐,商品薯率 60.8%～73.0%,商品性好,耐贮藏。符合鲜薯出口和淀粉加工品质要求。平均每 667 米² 产量为 1 492～1 600 千克。

【栽培要点】 单作条件下每 667 米² 种植 3 500～4 000 株。

【适宜范围】 在华北、西北、东北大部分一季作区均可种植。薯块大而整齐,商品性好,抗病性较好,经济效益较高,具有很大生产潜力及推广利用价值。

## 41. 同薯 22 号

该品种为中熟鲜食菜用型品种,由山西省农业科学院高寒区作物研究所育成。2009 年通过国家审定。

【特征特性】 生育期 99 天左右。株高 57 厘米左右。株型直立,生长势强,茎叶绿色,花冠白色,天然结实性少;块茎圆形,淡黄皮黄肉,薯皮光滑,芽眼深度中等;区试平均单株结薯数为 3.7 个,平均商品薯率 68.8%。植株抗马铃薯 X 病毒病、中抗马铃薯 Y 病毒病,中感晚疫病。块茎品质:淀粉含量 11.8%,干物质含量 20.7%,还原糖含量 0.95%,粗蛋白质含量 2.1%,维生素 C 含量 13.2 毫克/100 克鲜薯。每 667 米² 产量为 1 539 千克。

【栽培要点】 每 667 米² 种植密度 3 500 株左右,及时防治晚疫病。

【适宜范围】 适宜在山西北部、内蒙古中部、河北北部、陕西北部马铃薯一季作区种植。

## 42. 同薯 23 号

该品种为中晚熟鲜食菜用型品种,由山西省农业科学院高寒区作物研究所育成。2004 年通过国家审定。

**【特征特性】** 生育期约 106 天。植株直立,茎绿色带紫斑,茎秆粗壮,分枝较少,株高 70 厘米。叶片较大,叶色深绿色。花冠白色,能天然结实,浆果有种子。块茎扁圆形,黄皮淡黄肉,芽眼深浅中等,薯皮光滑。适宜蒸食菜食,品质优,含干物质 22.32%,淀粉 13.17%,还原糖 0.73%,维生素 C 10.42 毫克/100 克鲜薯,粗蛋白质 2.2%。植株抗病抗退化,抗 PVX、中抗 PVY,无环腐病和黑胫病发生,轻度感染晚疫病。根系发达,抗旱耐瘠。薯块大而整齐,耐贮藏。商品薯率达 87% 左右。平均每 667 米² 产量为 2 231 千克。

**【栽培要点】** 种植密度为每 667 米² 4 000~5 000 株。要求水肥条件好,大肥大水。

**【适宜范围】** 在山西、内蒙古、东北大部及河北、陕西北部等我国马铃薯一季作区均可种植。适宜范围广,旱薄丘陵及平川种植均可获得较高产量。

## 43. 云薯 101

该品种为中熟鲜食菜用型品种,由云南省农业科学院育成。2008 年通过国家审定。

**【特征特性】** 生育期约 92 天,株型扩散,株高 62.5 厘米,茎秆绿色,叶绿色,叶腋、叶脉均无异色,花冠白色,花柄节无色素,偶有天然结实。结薯集中,块茎圆形,表皮光滑,芽眼较浅,淡黄皮淡黄肉,休眠期较短。商品薯率 67.7%,蒸食品质优。植株中抗晚疫病,轻感普通花叶病和青枯病;块茎轻感粉痂病,疮痂病,无晚疫病、环腐病发生。干物质含量 22.3%,淀粉含量 14.2%,粗蛋白质含量 1.97%,还原糖含量 0.21%,平均产量每 667 米$^2$1 300～1 686 千克。

【栽培要点】 种植密度为每 667 米$^2$4 000～5 000 株。

【适宜范围】 适宜在云南、贵州、四川南部、陕西南部、湖北西部地区种植。

## 44. 凉薯 1 号

该品种为中晚熟鲜食菜用型品种,由四川省凉山彝族州西昌农业科学研究所育成。2008 年通过四川省审定。

【特征特性】 生育期为 119 天左右。株高 60～70 厘米,株型扩展、分枝数中等,茎绿色,主茎 4～5 个,茎粗 1.1～1.2 厘米。叶绿色,复叶中等,侧小叶 3～4 对,排列中等。花柄节有色素,花冠星形、花白色、无重瓣、雄蕊橙黄色、柱头无裂,天然结实性中等,浆果绿色、有种子。薯形椭圆,黄皮白肉,表皮光滑,芽眼浅,数量中等,结薯集中,平均单株结薯 10.3 个,休眠期中等,耐贮藏。抗卷叶病毒和晚疫病,轻感花叶病毒。薯块干物质含量 23.2%,维生素 C 含量 14.9 毫克/100 克鲜薯,淀粉含量 17.67%,还原糖含量 0.1%,粗蛋白质含量 2.01%。每 667 米$^2$ 产量为 1 857～2 300 千克。

【栽培要点】 采用高厢双行垄作,每 667 米$^2$ 种植 4 000～5 000 株。苗期、现蕾期中耕除草理沟培土 2～3 次,田间保持无积水。

【适宜范围】 适宜在四川省凉山彝族自治州及相似生态区种植。

## 45. 天泰三号

该品种为中熟鲜食菜用型品种,由山东天泰种业有限公司选育。2006 年通过鲁农审。

【特征特性】 生育期 85～90 天。株型半扩散,生长势强,株高 80 厘米左右。分枝性较强,地上茎粗壮;叶片浅绿色,宽大;花白色,花期短,无天然结实。匍匐茎 6～8 厘米,结薯集中,单株结薯 3～4 块。块茎长椭圆形,大而整齐,白皮白肉,薯皮光滑,芽眼浅;休眠期长,约 130 天;耐贮藏。干物质含量 17.2%,淀粉含量 14.0%,维生素 C 含量 36.6 毫克/100 克鲜薯,粗蛋白质含量 2.77%。较抗马铃薯卷叶病毒,轻感马铃薯 Y 病毒和 X 病毒,较抗疮痂病和环腐病。结薯对光照长短不敏感。每 667 米² 产量为 2 459 千克。

【栽培要点】 在山东适宜 2 月下旬至 3 月上旬播种,地膜覆盖。垄作方式栽培,栽植密度每 667 米² 3 000～3 500 株。收获前 1 周停止浇水,以利于收获贮藏。生长后期注意防涝。中期注意防治蚜虫,后期注意防治晚疫病。

【适宜范围】 适宜在山东省作春播鲜食品种种植利用。

## 46. 丽薯 2 号

该品种为晚熟鲜食菜用型品种,由云南省丽江市农业科学研究所选育。2004 年通过云南省审定。

【特征特性】 生育期约 125 天,株型直立,株高 86 厘米,茎粗 1.36 厘米,茎、叶绿色、叶片较宽大、花冠白色、天然结实性中(其实生种子繁育、能产生高产单株),生长势强,结薯早,薯块膨大快,结薯集中,薯形扁圆,白皮白肉,芽眼浅而少,薯块外观商品性状好,商品率高达 90% 以上。田间晚疫病抗性强,薯块耐贮性强,含干物质 18.53%,淀粉 12.73%,粗蛋白质 2.3%,19 种氨基酸总量 1.79%,还原糖 0.3%。平均每 667 米² 产量为 2 364.7 千克。

【栽培要点】 种植密度为每 667 米² 4 000～5 000 株。

【适宜范围】 适宜云南省冷凉山区作一季净作或间套作。

## 47. 克新 11 号

该品种为晚熟菜用型品种,由黑龙江省农业科学院马铃薯研究所育成。1990 年通过黑龙江省审定。

【特征特性】 株型直立,茎绿色,主茎 2~3 个,不倒伏,株高 45~55 厘米。从出苗至成熟 130 天。叶淡绿色,新生叶稍有淡紫色。花白色。块茎圆形或椭圆形,黄皮黄肉。表皮光滑,芽眼浅,块大而整齐。块茎休眠期较长,耐贮藏。含淀粉 13%~15.5%,还原糖 0.28%。高抗晚疫病,耐退化,一般每 667 米$^2$ 产量为 1 500~2 000 千克。

【栽培要点】 适宜密度为每 667 米$^2$ 3 300~4 000 株。要选择较肥地块种植,多施农家肥料,进行困种催芽播种可提高产量。

【适宜范围】 适合一季作区种植,已在黑龙江省各地推广。

## (二)菜用和淀粉加工兼用型品种

### 1. 中薯二号

该品种为极早熟菜用和淀粉加工兼用型品种,由中国农业科学院蔬菜花卉研究所育成。1990 年通过北京市审定。

【特征特性】 株型扩散,株高 65 厘米。从出苗至成熟 60 天左右。枝较少,茎浅褐色。叶色深绿,长势强,花紫红色,花多。块茎近圆形,皮肉淡黄,表皮光滑,芽眼深度中等。结薯集中。块茎大而整齐。单株结薯 4~6 块。休眠期短,薯块含淀粉 14%~17%,还原糖 0.2% 左右,退化轻。春种每 667 米$^2$ 产 1 500~2 000 千克,水肥条件好的可达 3 000 千克。

【栽培要点】 适宜栽植密度为每 667 米$^2$ 3 500~4 000 株。对水肥要求较高,干旱后易发生二次生长。可与玉米、棉花等作物间套作。

【适宜范围】　目前在河北、北京等地推广种植。适宜于二季作及南方地区冬作种植。

## 2. 豫马铃薯 2 号 (郑薯六号)

该品种为早熟菜用和淀粉加工兼用型品种,由河南省郑州市蔬菜研究所育成。1995 年通过河南省审定。

【特征特性】　株型直立,株高 75 厘米。分枝少,叶绿色,花白色。块茎椭圆形,黄皮黄肉,表皮光滑,块大而整齐,芽眼浅。结薯集中。大中薯率达 90% 以上。块茎休眠期短。生育期 65 天左右。薯块含淀粉 15%。抗退化,抗疮痂病,较抗霜冻,每 667 米$^2$产量在 2 000 千克以上。

【栽培要点】　每 667 米$^2$ 种植 4 200 株左右,加强前期水肥管理,不脱水、脱肥可获高产。

【适宜范围】　适合二季作栽培,在河南、山东、四川和江苏等省均有种植。

## 3. 冀张薯 3 号 (无花)

该品种为中熟菜用和淀粉加工兼用型品种,由河北省农业科学院高寒作物研究所育成。1994 年通过河北省审定。

【特征特性】　株型直立,株高 75 厘米左右。茎、叶深绿色,茎粗壮,花小,白色,落蕾不开花。块茎椭圆形,黄皮黄肉,薯块大而整齐。芽眼少而浅,外形美观。休眠期中等,不耐贮。薯块含淀粉 15.1%,还原糖 0.92%。生育期 100 天左右。植株中抗晚疫病,感环腐病,易退化。每 667 米$^2$ 产量 2 000 千克左右。

【栽培要点】　每 667 米$^2$ 适宜种植株数为 3 500~4 000 株,适宜肥力较好的地块种植。

【适宜范围】　适宜北方一季作区和西南山区种植。目前已在河北、山东和北京等地推广种植。

## 4. 克新 2 号

该品种为中熟菜用和淀粉加工兼用型品种,由黑龙江省农业科学院马铃薯研究所育成。1986 年通过国家审定。

【特征特性】 株型直立,茎粗壮,分枝多,株高 65 厘米左右。茎绿色,略带淡紫色褐斑纹,叶绿色,花淡紫红色。块茎圆形,黄皮淡黄肉,表皮有网纹,块茎大而整齐,芽眼中深。结薯集中。块茎休眠期长,耐贮藏。生育期 90 天左右,薯块含淀粉 15%～16.5%,还原糖 0.86%,抗晚疫病,退化轻,抗旱。旱作条件每 667 米² 产量为 1 500 千克左右,水肥管理好的可达 2 500 千克。

【栽培要点】 适宜种植密度为每 667 米² 3 500 株左右。适于干旱地区种植,不宜过密种植。

【适宜范围】 适应范围广,主要分布于黑龙江、吉林、山东、广东和福建等省。

## 5. 克新 3 号

该品种为中熟菜用和淀粉加工兼用型品种,由黑龙江省农业科学院马铃薯研究所育成。1968 年通过黑龙江省审定。

【特征特性】 株型开展,分枝中等,株高 65 厘米左右。茎和叶绿色,花白色。块茎椭圆形,黄皮淡黄肉,表皮较粗糙,块茎大而整齐,芽眼多而深。结薯集中。块茎休眠期长,耐贮藏,生育期为 95 天左右。块茎含淀粉 15%～16.5%,还原糖 0.01%。对晚疫病有较强的田间抗性,退化轻,耐涝,一般每 667 米² 产量为 2 000 千克左右。

【栽培要点】 种植密度为每 667 米² 3 500 株左右。适于降水多的地方种植。

【适宜范围】 适应范围广,在黑龙江、吉林、山东、广东和福建均有种植。

## 6. 鄂芋 783-1

该品种为中熟菜用和淀粉加工兼用型品种,由湖北省恩施南方马铃薯研究中心育成。

【**特征特性**】　株型开展,株高 60 厘米左右。茎、叶绿色,花白色。块茎扁圆形或扁椭圆形,黄皮黄肉,芽眼较浅,表皮光滑。结薯集中。薯块含淀粉 16.4%,还原糖 0.43%。块茎休眠期长,耐贮藏。生育期 100 天左右。综合抗病性好。每 667 米$^2$ 产 2 000 千克左右。

【**栽培要点**】　每 667 米$^2$ 适宜种植 3 500~4 000 株。种植中要加强水肥管理。

【**适宜范围**】　适宜我国西南地区种植。现已在湖北西部大面积种植。

## 7. 集农 958

该品种为中熟菜用和淀粉加工兼用型品种,由黑龙江省集贤农场育成。河北省围场县引入,于 1984 年为河北省予以认定和推广。

【**特征特性**】　植株开展,分枝少,株高 40~60 厘米。茎、叶浅绿,花浅紫色。块茎圆形,黄皮黄肉,芽眼中等。结薯集中,薯块较整齐。生育期约 105 天。薯块含淀粉 15% 左右。感晚疫病、环腐病较轻,退化轻。旱作条件下每 667 米$^2$ 产量约 1 500 千克。

【**栽培要点**】　每 667 米$^2$ 宜种植 3 500~4 000 株,适于在中等以上肥力的土地上种植。

【**适宜范围**】　适宜一季作区种植和南方地区冬作。在河北、广东和浙江等省均有种植。

## 8. 鄂马铃薯 2 号

该品种为中熟鲜食菜用及淀粉加工型品种,由湖北恩施南方马铃薯研究中心育成。

【特征特性】 生育期 95 天左右。株型扩散,株高 50 厘米左右,生长势较强。茎、叶均为绿色。花冠白色,天然结实性弱。块茎扁圆形,黄皮白肉,表皮光滑,芽眼浅,结薯集中,较耐贮藏。淀粉含量 17.7%,粗蛋白质含量 2.83%,还原糖含量 1.13%,100 克鲜薯含维生素 C 17.3 毫克。高抗晚疫病,感普通花叶病毒病。每 667 米$^2$ 产量为 1 600 千克。

【栽培要点】 单作密度为每 667 米$^2$ 4 000～5 000 株,与玉米套种时,1.6 米播幅内种两行马铃薯套种两行玉米。

【适宜范围】 适宜在我国西南地区种植,以冬播为宜。

## 9. 云薯 201

该品种为中晚熟鲜食菜用淀粉加工型品种,由云南省农业科学院育成。

【特征特性】 生育期 91 天左右,株型扩散,分枝较少,株高 51.4 厘米,茎秆绿色,叶绿色,花冠白色,花柄节有色素,花梗有紫色素分布,偶尔有天然结实。结薯集中,薯形长椭圆,表皮较粗糙,芽眼较浅,黄皮黄肉,休眠期较短。商品薯率 62.1%。植株中抗晚疫病,轻感普通花叶病;块茎未发现晚疫病、粉痂病和环腐病,轻感疮痂病。干物质含量 23.9%,淀粉含量 15.4%,粗蛋白质含量 2.20%,还原糖含量 0.19%。平均每 667 米$^2$ 产 1 400～1 700 千克。

【栽培要点】 种植密度为每 667 米$^2$ 4 000～5 000 株。

【适宜范围】 该品种具有较强的适应性和稳定性,适宜在云南、贵州、四川南部、陕西南部、湖北西部种植。

第七章　马铃薯优良品种的选用

## 10. 庆薯1号

该品种为中晚熟鲜食菜用淀粉加工型品种,由甘肃省陇东农学院育成。2004年通过甘肃省审定。

【特征特性】　生育期112天左右。株型半直立,平均株高58.6厘米,叶色浓绿,花冠紫色,薯块椭圆形,薯皮白色,薯肉白色,芽眼少而浅,月状芽眉浅红色是该品种的显著特征。单株平均结薯4.5个,平均单薯重178.1克,大中薯重比率达91.5%,商品率高,结薯集中,耐贮藏。干物质含量22.1%,淀粉含量14.13%,粗蛋白质含量2.39%,维生素含量29.20毫克/100克鲜薯,品质优良。中抗花叶病、晚疫病。平均每667米$^2$产量达2 000千克左右。

【栽培要点】　种植密度为667米$^3$3 200~3 350株。

【适宜范围】　该品种对光反应敏感,适播期长,适宜陇东地区旱塬山地及周边类似生态区种植。

## 11. 新大坪

该品种为中晚熟鲜食及淀粉加工型品种,由甘肃省定西市安定区农技中心育成。2005年通过甘肃省审定。

【特征特性】　生育期115天左右,幼苗长势强,成株繁茂,株型半直立,分枝中等,株高40~50厘米,茎粗10~12毫米,茎绿色,叶片肥大,叶墨绿色。薯块椭圆形,白皮白肉,表皮光滑,芽眼较浅且少。结薯集中,单株结薯3~4个,大中薯重率85%以上,田间抗马铃薯病毒病、中抗马铃薯早疫病和晚疫病,薯块休眠期中等,耐贮性强,抗旱耐瘠。薯块干物质含量27.8%,淀粉含量20.19%,粗蛋白质含量2.673%,还原糖含量0.16%。平均每667米$^2$产量1 382千克。

【栽培要点】　种植密度旱薄地每667米$^2$以2 500~3 000株

· 98 ·

为宜,高寒阴湿和川水保灌区以 4 000~5 000 株为宜。

【适宜范围】 该品种适宜范围广,在华北、西北、东北大部分一季作区均可种植。薯块大而整齐,商品性好,抗病性较好,经济效益较高,具有很大生产潜力及推广利用价值。

## 12. 秦芋 30 号

中熟鲜食菜用淀粉加工型品种,陕西省安康市农业科学研究所。2003 年通过国家审定。

【特征特性】 生育期 95 天左右。株型较扩散,生长势强,株高 36.1~78.0 厘米,花冠白色,天然结实少,块茎大中薯为长扁形,小薯为近圆形,表面光滑浅黄色,薯肉淡黄色,芽眼浅,芽眼少。结薯较集中,商品薯 76.5%~89.5%,田间烂薯率低(1.8%左右)耐贮藏,休眠期 150 天左右。在西南区试中,经雨涝、干旱、冰雹、霜冻考验仍增产显著,表现为抗逆性强,适应性广。淀粉含量 17.04%,还原糖含量收获后 7 天分析为 0.19%(收获后 85 天分析为 0.208%),维生素 C 含量为 15.67 毫克/100 克鲜薯,食用品质好,适合油炸食品加工及淀粉加工和食用。平均每 667 米² 产量 1 726 千克。

【栽培要点】 种植密度每 667 米² 单作 4 500~5 000 株,套种 3 000~3 500 株。

【适宜范围】 适宜在山西及河北、内蒙古、陕西北部种植。

## 13. 南中 552

该品种为中熟鲜食菜用及淀粉加工型品种,由湖北省恩施南方马铃薯研究中心育成。1996 年通过审定。

【特征特性】 生育期 95 天左右。株型扩散,茎粗壮,株高 40 厘米左右,茎叶均为绿色,叶片肥大。花冠白色。块茎椭圆形,黄皮黄肉,表皮光滑,芽眼浅,结薯集中,耐贮性较差。淀粉含量

19.6％,粗蛋白质含量 2.56％,还原糖含量 0.4％,维生素 C 100 克鲜薯含 17.4 毫克。抗晚疫病和粉痂病,对普通花叶病毒病有耐病性,感青枯病。一般每 667 米$^2$ 产 1 500 千克左右。

**【栽培要点】**  单作密度为每 667 米$^2$ 5 000 株;套种密度为 2 400~2 600 株。

**【适宜范围】**  适宜西南低山、平原地区的水稻田与旱作马铃薯轮作;高、低山地区与玉米间作套种。

### 14. 凉薯 8 号

该品种为中熟鲜食及淀粉加工型品种,由四川省凉山州西昌农科所高山作物研究站育成。2006 年通过四川省审定。

**【特征特性】**  生育期 78~100 天,株型松散,株高一般 50~80 厘米,茎绿色,叶绿色,花序总梗绿色,花柄节有色,花冠白色,花冠大小中等,无重瓣,雄蕊黄色,花粉量中等,柱头长度中等,天然结实性弱,浆果绿色,较大,有种子,块茎椭圆形,黄皮黄肉,表皮光滑,芽眼较浅,结薯集中,单株结薯数较多,大中薯率较高,块茎休眠期中等,较耐贮藏。该品种(系)高抗晚疫病,抗 PVY、PVX 病毒病,抗癌肿病。薯块干物质含量 23.51％、淀粉 17.8％、还原糖 0.19％、维生素 C 含量 11.91 毫克/100 克鲜薯,平均每 667 米$^2$ 产 1 751.3 千克。

**【栽培要点】**  每 667 米$^2$ 种植 4 000~4 500 株为宜。高厢垄作,苗期、现蕾期中耕除草理沟培土 2~3 次,做到排水畅通,田间无积水。

**【适宜范围】**  适宜在四川省凉山州二半山、山区及盆周山区种植。

### 15. 克新 12 号

该品种为中晚熟鲜食菜用及淀粉加工型品种,由黑龙江省农业科学院马铃薯研究所育成。1992 年通过黑龙江省审定。

【特征特性】 生育期 100 天左右。株型直立,株高 70 厘米左右,茎粗壮;叶色浓绿,叶缘平展。花冠白色,无天然结实。块茎圆形,黄皮淡黄肉,表皮光滑,芽眼浅,结薯集中,耐贮藏。淀粉含量18.0% 以上,维生素 C 含量为 14.4 毫克/100 克鲜薯,还原糖含量0.29%。植株抗晚疫病,一般单产每 667 米² 1 200～1 600 千克。

【栽培要点】 适宜黑龙江省种植。该品种植株健壮,喜肥;种植密度为 667 米² 3 200～4 200 株。

【适宜范围】 适宜黑龙江省种植,北方一季作区可以引种。

## 16. 鄂马铃薯 3 号

该品种为中熟鲜食菜用及淀粉加工型品种,由湖北省恩施南方马铃薯研究中心育成。2003 年通过国家审定。

【特征特性】 生育期 90 天左右。株型半扩散,株高 60 厘米左右,茎和叶皆为淡绿色。花冠白色,天然结实性弱。块茎扁圆形,黄皮白肉,表皮光滑,芽眼浅,结薯集中,耐贮藏。食用品质优良,干物质含量 21.47%,淀粉含量 17.43%,粗蛋白质含量2.2%,维生素 C 含量 17.59 毫克/100 克鲜薯,还原糖含量0.12%。植株高抗晚疫病,轻感花叶病毒病,较抗青枯病。一般每667 米² 产 1 800 千克。

【栽培要点】 每 667 米² 单作密度一般为 4 500～5 000 株;与玉米套种时,约种植马铃薯 2 500 株。

【适宜范围】 适宜湖北省和西南山区,可与玉米套种。

## 17. 青薯 8 号

该品种为中晚熟鲜食及淀粉加工型品种,由青海省农林科学院作物研究所育成。2005 年通过青海省审定。

【特征特性】 全生育期 136 天左右。半光生幼芽顶部较尖,呈紫色,中部黄色,基部圆形,深绿色茸毛少。株高67厘米,茎绿色,主茎数3个,叶色深绿,中等大小,边缘平展,复叶椭圆形,排列中等紧密,互生或对生。花冠紫色,雌蕊花柱长,柱头圆形,二分裂,绿色;雄蕊5枚,聚合成圆柱状,黄色。薯块圆形,表皮光滑,白色,薯肉白色,芽眼浅,芽眼数5～7个,芽眉半月形,脐部浅,结薯集中,耐贮藏。单株结薯数4.83±2.22个,淀粉含量17.82%,维生素C 23.60毫克/100克鲜薯,粗蛋白质2.68%,还原糖0.208%,蒸食品味好。耐旱、耐寒性强,耐盐碱性强。抗晚疫病、环腐病、黑胫病,较抗马铃薯花叶、卷叶病毒。平均每667米² 产量为2 500千克。

【栽培要点】　种植密度,每667米²水地为3 000株,旱地为4 000株。

【适宜范围】　适宜于青海省水地及低、中、高位山旱地种植。

## 18. 青薯9号

该品种为中晚熟鲜食菜用及淀粉加工型品种,由青海省农林科学院育成。2006年通过青海省审定。

【特征特性】　生育期120天左右。株高97厘米,茎紫色,横断面三棱形,分枝多,粗壮,中后期生长势强。叶较大、深绿色,茸毛较多,叶缘平展。聚伞花序,花冠浅红色,天然结实弱。块茎长椭圆形,表皮红色,有网纹,薯肉黄色,芽眼较浅,结薯集中,较整齐,商品率高。休眠期较长,耐贮藏。平均单株结薯8.6个,单株产量945克左右,单薯平均重约117克。鲜薯淀粉含量19.76%,干物质25.7%,维生素C 23.03毫克/100克鲜薯,还原糖0.253%。块茎鲜含量质好,适宜加工全粉。植株生长整齐,长势强,丰产性好,抗旱性强,综合农艺性状优良。高抗晚疫病,抗病毒病。每667米²产量为3 000千克。

【栽培要点】　选择中等以上地力、通气良好的土壤种植。行

距 70～80 厘米、株距 25～30 厘米,密度为每 667 米²3 200～3 700
株。

【适宜范围】 适宜在青海省海拔 2 600 米以下的低位、中位
山旱地种植,具有较好的市场开发前景。

## 19. 合作 88

该品种为中晚熟鲜食菜用及淀粉加工型品种,由云南师范大
学薯类研究所和会泽县农业技术推广中心育成。2001 年通过云
南省审定。

【特征特性】 生育期 110 天左右。株型半直立,株高 90 厘米
左右,茎粗壮、有紫色素,叶色浓绿,复叶大。花冠紫色,天然结实
性弱。块茎长椭圆形,大而整齐,红皮黄肉,表皮光滑,芽眼浅而
少,结薯集中,块茎休眠期长,耐贮藏。食用品质好,干物质含量
25.86%,淀粉含量 20.05%左右,还原糖含量 0.3%。植株中抗晚
疫病,高抗卷叶病毒病。在云南每 667 米² 产量为 2 000～2 500 千
克。

【栽培要点】 该品种需肥量大,一般种植密度为每 667 米²
4 500株。

【适宜范围】 为短日型品种,适宜在云南海拔 2 100 米以上
一季作春季种植。

## 20. 高原 7 号

该品种为中晚熟菜用和淀粉加工兼用型品种,由青海省农林
科学院育成。1978 年通过青海省审定。

【特征特性】 株型直立,株高 80 厘米。茎、叶绿色,长势强,
花白色。块茎椭圆形,黄皮黄肉,表皮光滑,芽眼较深,块茎大而整
齐。结薯集中。块茎休眠特短,贮藏性中等。生育期 120 天左右。
干物质含量 20.9%～29%,薯块含淀粉 14.2%～18.3%,还原糖

0.2%。轻感晚疫病,较抗环腐病,较耐涝。每 667 米$^2$ 产量为 2 000 千克,水浇地可达 3 000 千克以上。

【栽培要点】　适宜种植密度为每 667 米$^2$ 3 500～3 800 株,水浇地密度为每 667 米$^2$ 3 300～3 500 株。种植时要施足基肥,选择水肥条件好的地块,提早管理。宜于等行距种植。

【适宜范围】　可提前催芽处理作为二季作栽培。主要分布于青海、甘肃、宁夏、山东、江苏和河南等省、自治区。

## 21. 中心 24 号

该品种为中晚熟菜用和淀粉加工兼用型品种,由中国农业科学院从国际马铃薯中心引入。

【特征特性】　株型直立,分枝多,株高 75 厘米左右。生育期 110 天。茎绿色带紫色,叶绿色,长势强,花蓝紫色。块茎椭圆形,其皮和肉淡黄色,表皮光滑,芽眼浅。结薯集中。块茎大而整齐,休眠期中长,不耐贮藏。块茎干物质含量 22.0%,含淀粉 15% 左右,还原糖 0.4%。植株中抗晚疫病,高抗癌肿病,易退化,感青枯病。每 667 米$^2$ 产量为 1 500 千克左右,高产地块可达 2 500 千克。

【栽培要点】　适宜种植密度为每 667 米$^2$ 4 300 株左右。

【适宜范围】　适宜在一季作区栽培。主要分布于内蒙古、山西和甘肃等省、自治区。

## 22. 晋薯 9 号

该品种为中晚熟淀粉加工和菜用兼用型品种,由山西省农业科学院育成。1991 年通过山西省审定。

【特征特性】　株型直立,株高 70 厘米左右,分枝少。叶色淡绿,花白色。结薯集中。薯块扁椭圆形,大而均匀,黄皮淡黄肉,表皮光滑,芽眼浅。长势强,较抗旱,耐退化,感晚疫病轻,略感黑胫病和疮痂病。不耐贮。块茎含淀粉 15%～17%,一般每 667 米$^2$

产量为 1 500 千克。

【栽培要点】 适宜种植密度为每 667 米²3 500～4 000 株。应选择深厚肥沃沙壤土或壤土种植,分次培土。

【适宜范围】 宜在山西高寒山区及高海拔地区推广种植。

## 23. 晋薯 11 号

该品种为中晚熟鲜食菜用及淀粉加工型品种,由山西省农业科学院高寒区作物研究所育成。2001 年通过山西省审定。

【特征特性】 生育期 110 天左右。株型直立,分枝少,株高 70～100 厘米,茎紫色,茎秆粗壮,生长势强。叶片淡绿色。花冠白色,天然结实性中等。块茎扁圆形,黄皮淡黄肉,表皮光滑,块茎大而整齐,大薯率高,芽眼深度中等而少,结薯集中,耐贮。干物质含量 21%,淀粉含量 17.5% 左右,还原糖含量 0.28%,维生素 C 含量 17.3 毫克/100 克鲜薯。植株高抗晚疫病、环腐病和黑胫病,抗花叶病毒病。根系发达,抗旱、耐瘠薄,一般单产每 667 米² 1 500 千克。

【栽培要点】 适宜密度为每 667 米²4 000 株;生育期加强水肥管理,块茎膨大期分次培土。

【适宜范围】 北方一季作均可种植。

## 24. 靖薯 1 号

该品种为中晚熟鲜食菜用及淀粉加工型品种,由曲靖市农技扩大中心和马龙县农技推广中心选育。2006 年通过云南省审定。

【特征特性】 全生育期 111 天左右。株型直立、紧凑,幼苗长势强,株丛繁茂,田间生长整齐;茎秆紫褐色、叶色浓绿、花深紫蓝色、天然结实少;株高 93 厘米,分枝 4.2 个,茎粗 1.25 厘米,单株结薯 4.9 个。薯块长筒形,表皮粗糙,皮色深紫色,薯肉呈花纹紫色,芽眼数中,深度中等。大、中薯比例在 78% 以上。抗晚疫病、高抗青枯病、抗花叶病,耐病性好。大田斑潜蝇危害较少。含还原糖 0.16%,总糖 0.26%,蛋白质 1.91%,淀粉 19.08%,维生素 C 37.0 毫克/100 克鲜薯,干物质 26.6%。产量每 667 米² 2 500 千克左右。

【栽培要点】　种植密度为每 667 米² 4 000～4 500 株。

【适宜范围】　可在云南省曲靖市海拔 1 800～2 300 米的适宜地区推广种植,特别适宜在微酸性(pH 值 5.5～6.5)的红壤土中生长。可作春、秋、冬三季种植。

## 25. 宁薯 5 号

该品种属晚熟淀粉加工和菜用兼用型品种,由宁夏回族自治区固原地区农业科学研究所育成。1994 年通过宁夏回族自治区审定。

【特征特性】　株型直立,株高 50 厘米左右,有分枝 3～4 个,生长整齐而健壮。生育期 120 天以上。叶绿色,花白色。块茎圆形,黄皮白肉,块大而整齐,芽眼浅。结薯集中,单株结薯 4～6 块。块茎休眠期短,宜低温贮藏。含淀粉 15.1%,还原糖 0.13%。植株高抗晚疫病,退化慢。一般每 667 米² 产量为 1 600～2 500 千克。

【栽培要点】　每 667 米² 种植 4 000 株左右。

【适宜范围】　适宜在宁夏南部山区和半干旱地区种植。

## 26. 晋薯 7 号

该品种属晚熟淀粉加工和菜用兼用型品种,由山西省农业科学院高寒作物研究所育成。1987 年通过山西省审定。

【特征特性】　株型直立,茎秆粗壮,株高 60～90 厘米。生育期 120 天。叶绿色,花白色。块茎扁圆形,黄皮黄肉,表皮光滑,芽眼较深。结薯集中,块大而整齐。块茎休眠期长,耐贮藏。含淀粉

17.5％。植株高抗晚疫病,轻感环腐病和卷叶病毒病,抗旱性强。每 667 米² 产量为 1 500～2 000 千克。

【栽培要点】 适合半干旱地区种植,每 667 米² 适宜株数为 4 000 株。

【适宜范围】 适合半干旱一季作区种植。在山西、陕西以及东北各省表现较好。

## 27. 渭薯 1 号

该品种属晚熟淀粉加工和菜用兼用型品种,由甘肃省渭源会川农场育成。

【特征特性】 株型直立,分枝中等。茎绿色,叶小,浅绿色,长势强,花白色。块茎长形,白皮白肉,中等大小,芽眼深,表皮光滑,含淀粉 16％左右。结薯较集中。中抗晚疫病和黑胫病,感环腐病,退化慢。一般每 667 米² 产量为 2 000 千克左右。

【栽培要点】 适宜于一季作肥力较好地块栽培。栽培密度为每 667 米² 4 000 株左右。

【适宜范围】 适宜一季作地区栽培,在河北、甘肃和宁夏等地均有种植。

## 28. 青薯 4 号

该品种为晚熟鲜食菜用淀粉加工型品种,由青海省农林科学院作物所育成。2003 年通过青海省审定。

【特征特性】 全生育期 160 天左右。半光生幼芽顶部较尖,呈紫色,中部黄色,基部圆形,绿色,茸毛少。幼苗直立,深绿色,株丛繁茂,株型直立高大,生长势强。株高 110 厘米左右,叶色浅绿,中等大小。花冠白色,雌蕊花柱长,雄蕊 5 枚,聚合成圆柱状,黄色。无天然果。薯块椭圆形,表皮光滑,白色,薯肉白色。芽眼浅,芽眼数 5～7 个。结薯集中,休眠期 35±4 天。单株产量 1.26±

0.37千克,单株结薯数9.20±2.08个,单块重0.13±0.07千克,块茎含淀粉17.12%,蒸食品味好,维生素C含量24.60毫克/100克鲜薯,粗蛋白质含量1.86%,还原糖含量0.538%。平均每667米$^2$产量为2 912.14千克,耐旱、耐寒性强,耐盐碱性强,薯块耐贮藏。较抗晚疫病、环腐病、黑胫病、抗花叶病毒。

【栽培要点】 每667米$^2$种植密度水地为3 000株,旱地为4 500株。

【适宜范围】 该品种适宜青海水地及中、低、高位山旱地种植。

## 29. 青薯168

该品种为晚熟鲜食菜用及淀粉加工型品种,由青海省农林科学院育成。1993年通过国家审定。

【特征特性】 生长势强,植株直立,茎秆粗壮,茎粗1.3厘米左右,主茎数2~3个,枝数2个左右,分枝部位较高。枝叶繁茂,叶色浓绿,叶厚,叶片中等偏大。花紫红色,开花较多,结薯较早且集中,每株平均结薯7~10个,薯块膨大快,大中薯率占88%以上,薯块长圆形,表皮红色,黄肉,芽眼浅。全生育期164天左右。品质好,食味香甜,含淀粉17.3%,粗蛋白质2.07%,干物质21.7%,还原糖0.68%,每百克鲜薯含维生素C 11.34毫克。抗病性和抗逆性较强,耐贮藏。平均每667米$^2$产2 436.7千克。

【栽培要点】 要适时播种,水地在4月上旬至中旬播种;旱地在4月下旬至5月上旬播种。整薯播种每667米$^2$播250千克,保苗3 000~3 500株;切薯播种每667米$^2$播150~200千克,每667米$^2$保苗4 000~5 000株,要求切刀消毒,用草木灰拌种。采取宽行垄或宽窄行的种植方式。施基肥要足,每667米$^2$施农家肥4米$^3$以上,化肥要氮、磷、钾肥搭配使用。每667米$^2$施尿素15~20千克,硫酸钾10~15千克。

【适宜范围】 适宜在我国西北地区推广种植。

## 30. 陇薯 5 号

该品种为晚熟鲜食菜用及淀粉加工型品种,由甘肃省农业科学院粮食作物研究所选育。2005 年通过甘肃省审定。

【特征特性】 生育期 115 天左右。株型半直立。分枝性中等。株高 60～70 厘米,茎粗 1.2～1.3 厘米。茎绿色,茎翼直状。叶墨绿色,茸毛中多,叶缘平展;复叶大,侧小叶 3 对,顶小叶卵圆形,托叶中间型。花序总梗绿色,花柄节无色,花冠白色,花冠中肋黄绿色,无天然结实。结薯集中,单株结薯 3～5 个,大中薯率 82.1%～88.2%。薯块椭圆形,白皮白肉。表皮较光滑,芽眼较深,顶部芽眼凹陷,脐部较浅。含粗蛋白质 1.59%～32.28%,干物质含量 26.65%,淀粉 18.22%～20.65%,维生素 C 23.9～33.6 毫克/100 克鲜薯,还原糖 0.53%～0.61%。高抗晚疫病,对花叶病毒病有较好的田间抗性。每 667 米$^2$,旱作条件下产量为 1 600 千克,水浇条件下为 2 500～3 500 千克。

【栽培要点】 适时早播,高寒二阴区以 4 月中旬播种为宜,半干旱地区 4 月上中旬为宜。密度,一般每 667 米$^2$ 4 000 株左右,旱薄地 2 000～3 000 株。割秧晒地,提高收获质量,在收获前 1 周割掉薯秧,运出田间,以便晒地促进薯皮老化。收获时薯块轻拿轻放,尽量避免碰伤,减少病菌侵染机会,防止贮藏烂薯。

【适宜范围】 适宜宁夏回族自治区南部半干旱及阴湿地区,甘肃、青海省等地区种植。

## 31. 陇薯 6 号

该品种为晚熟鲜食及淀粉加工型品种,由甘肃省农业科学院粮食作物研究所育成。2005 年通过国家审定。

【特征特性】 生育期 115 天左右。株型半直立,主茎分枝较多,株高 70～80 厘米。茎粗 12～15 毫米,茎绿色,茎翼直状。叶深绿色,茸毛中多,叶缘平展;复叶大,侧小叶 4 对,顶小叶正椭圆形,托叶中间形。花序总梗绿色,花柄节无色,花冠乳白色,无天然结实。薯块扁圆形,美观整齐,芽眼较浅,淡黄皮白肉。结薯集中,单株结薯 5～8 个,大中薯率一般 90%～95%。薯块休眠期中长,较耐贮藏。薯块干物质含量 27.47%,淀粉含量 20.05%,粗蛋白质含量 2.04%,100 克鲜薯维生素 C 含量为 15.53 毫克,还原糖含量 0.22%。高抗晚疫病,对花叶病毒和卷叶病毒病具有很好的田间抗性。平均每 667 米² 产量为 1 600～2 300 千克。

【栽培要点】　播种密度因其株型高大繁茂可适当稀植,每 667 米² 一般种植 4 000 穴,旱薄地以 2 500～3 000 穴为宜。

【适宜范围】　适宜甘肃省高寒阴湿、二阴地区及半干旱地区推广种植,还适宜宁夏固原地区、青海海南藏族自治州、河北张家口地区及承德地区、内蒙古乌兰察布盟、武川地区等北方一季作地区推广种植。

## 32. 互薯 3 号

该品种为晚熟鲜食菜用淀粉加工型品种,由青海省互助县农业技术推广中心育成。2005 年通过青海省审定。

【特征特性】　全生育期 164 天左右,株型高大、直立,植株繁茂,根系发达,株高 73.2 厘米左右,茎绿色,茎粗 1.54 毫米左右,复叶大、长椭圆形、深绿色,叶缘平展,大小中等。花冠白色,雌蕊花柱长,柱头圆形,无分裂,绿色,雄蕊黄色,天然不结实。薯块圆形,薯皮浅黄色,致密度大,芽眼较深,结薯集中,较整齐,商品率高,耐贮藏,休眠期 45±2 天。单株结薯数 3～5 个,淀粉含量 17.64%,还原糖含量 0.387%,干物质含量 21.68%,100 克鲜薯含维生素 C 13.68 毫克。一般水肥条件下每 667 米² 产量可达 2 000 千克以上。

【栽培要点】　种植密度每 667 米² 水地为 3 500 株,旱地为

4 000 株。

　　【适宜范围】　在青海省东部农业区川水,低、中、高位旱地及海南藏族自治州共和县环湖地区都可种植。

## (三)淀粉加工型品种

### 1. 系薯1号

　　该品种为中早熟淀粉加工型品种,由山西省农业科学院高寒作物研究所育成。1997 年通过山西省审定。

　　【特征特性】　株型直立,株高 40~50 厘米。茎绿色带紫色斑纹,叶片肥大,叶色深绿,花白色。块茎圆形,紫皮白肉,芽眼中等深度。结薯集中。薯块大而整齐,含淀粉高达 17.5%,还原糖0.35%。植株高抗晚疫病,抗干旱,耐瘠薄。一般每 667 米$^2$ 产量为 1 500 千克。

　　【栽培要点】　每 667 米$^2$ 适宜播种 4 000~4 500 株。因块茎膨大速度快,所以田间管理工作应尽早进行。要早中耕培土,在现蕾、开花期及时浇水,视苗情增施氮肥。

　　【适宜范围】　适合中原地区二季作及一季作栽培。

### 2. 鄂马铃薯1号

　　该品种为早熟淀粉加工型品种,由湖北省恩施南方马铃薯研究中心育成。1996 年通过湖北省审定。

　　【特征特性】　株型半扩散,茎叶绿色,花白色。生育期 70 天左右,长势强。薯块扁圆,黄皮白肉,表皮光滑,芽眼浅。结薯集中。薯块大而整齐,干物质含量 23.6%,含淀粉 17% 以上,还原糖0.11%。高抗晚疫病,略感青枯病,抗退化。一般种植条件下,每667 米$^2$ 产量在 1 800 千克以上。

　　【栽培要点】　适宜种植密度为每 667 米$^2$5 000 株。每 667

米² 应施有机基肥 1 500 千克,追施化肥 15 千克。追施苗肥和蕾肥并配合中耕除草是管理的关键。

【适宜范围】　适合我国西南山区,目前在湖北恩施地区种植,其他地区可以试种。

## 3. 安薯 56 号

该品种为中早熟淀粉加工型品种,由陕西省安康地区农业科学研究所育成。1990 年通过陕西省审定,1994 年通过国家审定。

【特征特性】　全生育期 79～99 天。株型半直立,株高 42～65.5 厘米,分枝较少。茎淡紫褐色,坚硬不倒伏。叶色深绿,花紫红色。块茎扁圆或圆形,黄皮白肉,芽眼较浅,块茎大而整齐,结薯集中。块茎休眠期短,耐贮藏。块茎含淀粉 17.66%。植株高抗晚疫病,轻感黑胫病,退化轻,耐旱、耐涝。一般种植每 667 米² 产量为 1 500 千克,最高可达 3 000 千克左右。

【栽培要点】　适宜密度为每 667 米² 3 500～4 000 株。

【适宜范围】　适宜在陕西省秦岭一带及我国西南地区种植,其他地区可试种推广。

## 4. 晋薯 5 号

该品种为中熟淀粉加工型品种,由山西省农业科学院高寒作物研究所育成。1980 年通过山西省审定,1990 年通过国家审定。

【特征特性】　株型直立,分枝多,株高 50～90 厘米。茎叶深绿,长势强,花白色。块茎扁圆形,黄皮黄肉,表皮光滑,薯块大小中等,整齐,芽眼深度中等。结薯集中。块茎休眠期长,耐贮藏。生育期 105 天以上。薯块含淀粉 18%,还原糖 0.15%。抗晚疫病、环腐病和黑胫病,每 667 米² 产量在 1 800 千克以上。

【栽培要点】　适宜种植密度为每 667 米² 4 000 株左右。在栽培中,要做到地块土层深厚,质地疏松良好,重施基肥,生育期间加强水肥管理,薯块膨大期分次培土。

【适宜范围】 在华北一季作区均可种植。主要分布在山西、内蒙古和河北等地。

## 5. 陇薯 3 号

该品种为中晚熟淀粉加工型品种,由甘肃省农业科学院粮食作物研究所育成。1995 年通过甘肃省审定。

【特征特性】 生育期 110 天左右。株型半直立,株高 60～70 厘米。茎绿色,粗壮,叶深绿色,花白色。块茎为扁圆形或椭圆形,皮稍粗,块大而整齐,黄皮黄肉,芽眼浅,呈淡紫红色,顶芽眼下凹。结薯集中。单株结薯 5～7 块,大中薯率为 90%～97%,块茎休眠期较长,耐贮藏。干物质含量 21.4%～30.66%,含淀粉 20.9%～24.5%,还原糖 0.13%。植株抗晚疫病。高水肥种植一般每 667 米² 产量在 3 000 千克左右。

【栽培要点】 适宜种植密度为每 667 米² 4 000～4 500 株。旱薄地以每 667 米² 种植 3 000 株左右为宜。

【适宜范围】 适宜于甘肃省种植。特别适宜于高寒阴湿地区及半干旱山区种植。

## 6. 米拉(德友 1 号)

该品种为中晚熟淀粉加工型品种,1955 年从德国引入。

【特征特性】 株型开展,分枝较多,株高 60 厘米左右。茎绿色带紫褐色斑纹,叶绿色,长势强,花白色。块茎长筒形,黄皮黄肉,表皮稍粗,芽眼深度中等。结薯分散。块茎大小中等,块茎休眠期长,耐贮藏。生育期 115 天左右。块茎干物质含量 25.6%,含淀粉 17.5%～18.2%,还原糖 0.25%。抗晚疫病,高抗癌肿病,不抗粉痂病,退化慢。每 667 米² 产量为 1 000～1 500 千克。

【栽培要点】 适宜种植密度为每 667 米² 3 500 株左右。该品种耐肥,在种植中要注意增施肥料。

【适宜范围】　适宜无霜期长、雨多湿度大、晚疫病易流行的西南一季作山区种植。分布在湖北、贵州、四川和云南等地。

## 7. 内薯 7 号(呼 H 8342-36)

该品种为中晚熟淀粉加工型品种,由内蒙古自治区呼伦贝尔盟农科所育成。

【特征特性】　植株直立,分枝中等,茎粗壮,长势强,株高65～70厘米。叶片肥大深绿,花白色。生育期约 98 天。结薯早而集中,膨大快,块茎圆形,芽眼较浅,皮肉浅黄,大中薯率在 90% 以上。薯块含淀粉 20.3%,还原糖 0.27%。高抗晚疫病,退化轻。耐水肥。块茎耐贮。一般每 667 米² 产量为 2 000 千克左右。

【栽培要点】　适宜种植密度为每 667 米² 3 800～4 000 株,适于岗坡、沙壤土、黑土等排水良好的地块。要增施农家肥、磷钾肥。

【适宜范围】　适宜在华北北部及黑龙江、辽宁等一季作区种植。

## 8. 晋薯 10 号

该品种为中晚熟高淀粉加工型品种,由山西省农业科学院育成。1992 年通过山西省审定。

【特征特性】　株型直立,株高 45～70 厘米。茎粗叶茂,生长势强,花白色。结薯集中,薯块均匀,为扁圆形。黄皮白肉,芽眼深浅中等。生育期 110 天左右。块茎含淀粉为 19% 左右。抗病抗旱,每 667 米² 产量为 1 800 千克左右,高水肥地块曾达到 3 000 千克。

【栽培要点】　应选择土层深厚、肥力中上等地块种植。要早播,深中耕要早,及时培土。每 667 米² 适宜栽培 3 500～4 500 株。

【适宜范围】　目前在山西种植,其他地区可试种。

## 9. 威芋 3 号

该品种为中晚熟淀粉加工型品种,由贵州省威宁县农科所育成,2002 年通过云南省审定。

【特征特性】 株型半直立,植株茂盛,生长势强,株高 73.1 厘米。茎秆绿色粗壮,叶片绿色,花白色。结薯集中。薯块大,长筒形,黄皮黄肉,芽眼中等深度,表皮具网纹,休眠期短,含淀粉 19.2%。抗晚疫病,轻感卷叶病及花叶病,高抗癌肿病。一般每 667 米² 产量为 2 000 千克。

【栽培要点】 种植密度为每 667 米² 3 500~4 000 株,适宜在中上等肥力地块种植。

【适宜范围】 目前在贵州省种植,其他地区可试种。

## 10. 高原 4 号

该品种为中晚熟淀粉加工型品种,由青海省农林科学院育成。1978 年通过青海省审定。

【特征特性】 株型直立,茎叶绿色,生长势强,花白色,能天然结实。块茎圆形,黄皮黄肉,表皮粗糙,块茎大而整齐,芽眼深中等。结薯集中。块茎休眠期较短,耐贮藏。生育期 120 天左右。含淀粉 17%~19%,还原糖 0.49%。中高抗晚疫病,轻感环腐病,轻抗雹灾。一般每 667 米² 产量为 2 000 千克。

【栽培要点】 每 667 米² 适宜栽培 3 500 株左右。其植株粗壮高大,根系发达,适宜于等行距种植。要求以水肥条件好的地块种植。

【适宜范围】 适宜在西北地区水浇地种植。也可在青海、甘肃和宁夏等地种植。

## 11. 坝薯 10 号（冀张薯 2 号）

该品种为中晚熟淀粉加工型品种，由河北省高寒作物研究所育成。2004 年通过福建省审定。

【特征特性】 全生育期 108 天。植株直立，株高 80 厘米左右。茎叶绿色，花白色。块茎扁圆，皮肉淡黄色，表皮光滑，芽眼较浅。结薯集中。薯块休眠期长，耐贮藏。含淀粉 17% 左右，还原糖 0.2%。植株抗晚疫病，较抗环腐病，感疮痂病，退化轻，抗旱性强。每 667 米$^2$ 产量为 1 500 千克以上，当水肥条件满足时，产量可达 2 000 千克。

【栽培要点】 每 667 米$^2$ 宜种植 3 500～4 000 株。

【适宜范围】 适于一季作半干旱地区种植，在河北省张家口地区已大面积种植。也可在北京、内蒙古、江西、贵州、福建等地种植。

## 12. 宁薯 3 号

该品种为中晚熟淀粉加工型品种，由宁夏固原地区农科所育成。1992 年通过审定。

【特征特性】 株型直立，株高 45～50 厘米。茎粗壮，叶色浓绿，花紫红色。块茎为椭圆形或圆形，红皮白肉，芽眼较深。结薯集中。耐贮藏。淀粉含量为 17.2% 左右。退化轻，每 667 米$^2$ 产量为 1 500 千克左右。

【栽培要点】 一般每 667 米$^2$ 种植 3 300～4 000 株。结薯较浅，田间管理要注意厚培土。

【适宜范围】 目前主要在宁夏地区种植。

## 13. 下寨 65 号

该品种为晚熟淀粉加工型品种，由青海省互助土族自治县农科所育成。1984 年通过青海省审定。

【特征特性】 生育期 120 天。株型直立,分枝多,株高 90 厘米左右。茎绿色,叶色浅绿,生长势强,花浅紫色。块茎长椭圆形,大而整齐,表皮较光滑,皮肉浅黄,芽眼较浅。结薯集中。块茎休眠期长,耐贮藏。干物质含量 20.9%,含淀粉 15%～18%,还原糖 0.23%。植株较抗晚疫病,轻感黑胫病,退化较轻。水浇地每 667 米² 产薯量在 2 000～2 500 千克,旱地每 667 米² 产薯量为 1 500 千克左右。

【栽培要点】 每 667 米² 水浇地适宜种植 3 200～3 500 株,旱地为 3 400～3 700 株。

【适宜范围】 适宜在青海、甘肃和宁夏等地种植。

## 14. 中大 1 号

该品种为中晚熟淀粉加工专用型品种,由中国农业科学院蔬菜花卉研究所与大兴安岭地区农业科学研究所育成。

【特征特性】 株高 61 厘米左右。茎绿色,叶绿色,花冠白色。薯形长圆,黄皮浅黄肉,光滑,芽眼浅。单株结薯数量适中,薯块大小中等,整齐度中等,商品薯率 70.5% 左右。田间抗晚疫病,接种鉴定中抗 PVX、高抗 PVY,感晚疫病。东北地区淀粉含量在 20% 左右。维生素 C 含量 14.10 毫克/100 克鲜薯,干物质含量 25.8%,还原糖含量 0.5%,粗蛋白质含量 2.36%。一般每 667 米² 产量为 1 500 千克

【栽培要点】 注意抗旱保墒,防治晚疫病。种植密度保持在 3 000～3 300 株/667 米² 为宜。按当地生产水平适当增施有机肥,合理增施化肥,保证土壤中有效肥素和施用肥素之和每 667 米² 应满足氮素 10 千克,磷素 4 千克,钾素 22 千克,可显著提高产量和淀粉含量,适于沙壤土、黑土等排水良好的地块种植。

【适宜范围】 适合在东北地区种植。

## 15. 高原 3 号

该品种为晚熟淀粉加工型品种,由青海省农林科学院育成。1978 年通过青海省审定。

【特征特性】　生育期 120 天以上。株型直立,株高 85 厘米左右。茎绿色,叶深绿色,生长势强,花紫色。块茎圆形或卵圆形,黄皮黄肉,表皮光滑,芽眼较浅。结薯集中。块茎中等大小,整齐,休眠期短,耐贮藏。薯块含淀粉 18% 左右,还原糖 0.1%。植株抗晚疫病和环腐病,退化轻,抗旱。每 667 米$^2$ 产量为 1 500 千克左右。

【栽培要点】　每 667 米$^2$ 适宜种植 3 500 株左右。

【适宜范围】　可在青海、甘肃和宁夏等地种植。

## 16. 晋薯 8 号

该品种为晚熟淀粉加工型品种,由山西省农业科学院高寒作物研究所育成。

【特征特性】　植株直立,株高 60～90 厘米。叶深绿色,花浅蓝色。块茎圆形,黄皮浅黄肉,表皮光滑。块茎大而整齐,芽眼较深。结薯集中。块茎休眠期长。含淀粉 19.4%,粗蛋白质 3.03%,植株抗病性强,退化轻,抗旱。一般每 667 米$^2$ 产量为 2 000 千克。

【栽培要点】　每 667 米$^2$ 适宜栽培 4 000 株左右。

【适宜范围】　适宜一季作区种植,在山西北部已大面积推广。

## 17. 春薯 4 号

该品种为晚熟淀粉加工型品种,由吉林省蔬菜研究所育成。1993 年通过吉林省审定。

【特征特性】　生育期 130 天左右。株型直立,生长势强,株高 80～100 厘米。茎粗壮,分枝多,横断面为三棱形。叶深绿,花淡紫色。单株结薯多,薯块形成早。薯块扁圆,大而整齐,肉白色,白皮或麻皮,芽眼深度中等。薯块干物质含量 24.5%,含淀粉 19.5%,还原糖 0.46%。耐贮藏,抗晚疫病。每 667 米² 产量为 2 000 千克以上。

【栽培要点】 每 667 米² 种植 3 500 株左右,高度喜肥水,适宜在地力条件好的地块种植。

【适宜范围】 适宜一季作区种植。在黑龙江、吉林、福建和河北北部等地均有种植。

## 18. 互薯 202

该品种为晚熟淀粉加工型品种,由青海省互助土族自治县农技推广中心育成。2005 年通过青海省审定。

【特征特性】 生育期 134 天。株型直立,株高 89.9 厘米。植株繁茂,茎横断面为三棱形。茎绿色,叶深绿色,花乳白色。结薯集中。块茎扁椭圆形,皮肉浅黄,表皮光滑。抗退化,抗环腐病、黑胫病,高抗晚疫病,耐旱,耐霜冻,耐雹灾。薯块干物质含量 21.68%,含淀粉 17.64% 左右,还原糖 0.387%。一般每 667 米² 产量为 2 000 千克。

【栽培要点】 要选择中上等肥力地块种植,每 667 米² 适宜种植 3 300～4 000 株。要分次培土。

【适宜范围】 目前在青海省种植。其他地区可以试种。

### (四)油炸薯片及菜用兼用型品种

## 1. 大 西 洋

该品种为中熟油炸薯片加工型品种,1980 年由国家农业部种子局从美国引入。

【特征特性】 株型繁茂,叶片肥大,花淡蓝紫色,生育期 100

天左右。株高 40 厘米左右。块茎圆形,中薯比例大而整齐,薯皮淡黄色,有麻点网纹,薯肉白色,芽眼浅。结薯集中。薯块含淀粉 18%,干物质 23%～25%,还原糖 0.1% 以下。不抗晚疫病,退化快,块茎易空心。每 667 米$^2$ 产量为 1 500 千克左右。有水浇条件的可达 3 000 千克以上。

**【栽培要点】**　每 667 米$^2$ 适宜种植 5 200 株左右。要增加水肥,早追肥,后期控制水肥,防止块茎空心。注意防治晚疫病。

**【适宜范围】**　适应性强,种植区域广,在一季作区、二季作区、冬作区均可种植。

## 2. 中薯 4 号

该品种为早熟鲜食及炸片兼用型品种。由中国农业科学院蔬菜花卉研究所育成。2004 年通过国家审定。

**【特征特性】**　株型直立,分枝少,株高 55 厘米左右,茎绿色,基部呈淡紫色,叶深绿色,复叶挺拔、大小中等,叶缘平展,花冠白色,能天然结实。结薯集中。极早熟,生育期 67 天左右。适温条件下,块茎休眠期 60 天左右。植株较抗晚疫病,抗 PVX、PVY,生长后期轻感卷叶病,抗疮痂病;耐瘠薄。块茎长圆形,皮肉淡黄色,表面光滑,大而整齐,芽眼少而浅。块茎食味好,每 100 克鲜薯含干物质 18.34 克,含淀粉 13.3 克,还原糖 0.39 克,粗蛋白质 2.04 克,维生素 C 30.6 毫克。适于炸片和鲜薯食用。每 667 米$^2$ 产量为 1 000～2 000 千克。

**【栽培要点】**　北京地区二季作春季在 3 月中下旬播种,播前催芽,6 月下旬收获,一般地膜覆盖,可适当早播。栽培密度每 667 米$^2$ 4 500～5 000 株,行距 60～70 厘米,株距 20～25 厘米。秋季栽培在 8 月上中旬播种,播前用 5～8 毫克/升赤霉素水溶液浸泡 5～10 分钟后用湿润沙土覆盖催芽,10 月底收获。结薯期和薯块膨大期及时灌溉,收获前 1 周停灌,以利收获贮存。

【适宜范围】 适于北京平原地区及中原二季作区春、秋两季栽培,及北方一季作区早熟栽培。

### 3. F1533

该品种为中早熟油炸薯片兼菜用型品种,1999 年从美国引进。

【特征特性】 株型半直立,株高 60～70 厘米,分枝多,小叶型,叶绿色,茎有紫色条纹,花蓝紫色。生育期 85 天左右。结薯集中,块茎圆形,表皮较粗糙,白皮白肉,芽眼浅并有蓝紫色,块茎整齐,不易空心,贮藏性能好。淀粉含量 17.2%,干物质含量 24%左右,还原糖低。抗病,抗花叶病毒(PVX),中抗重花叶病毒(PVY),较抗卷叶病毒(PLRV),无类病毒(PSTV),田间对病毒病的耐性强;植株抗晚疫病、块茎抗性较好,抗疮痂病和环腐病。每667 米$^2$ 产量在 2 000 千克左右,现代化栽培可达 3 500 千克左右。

【栽培要点】 选择排水良好的沙壤土地种植。密度:每 667米$^2$ 作菜薯用应种 4 000 株左右,作炸片原料用应在 4 500～5 000株。多施有机肥,还要施用氮、磷、钾配比的复合肥。有喷灌条件的要及时浇水。

【适宜范围】 适宜在我国华北、东北、西北一季作区及中原二季作区种植。

### 4. 中薯 10 号

该品种为中熟鲜食及炸片专用型品种,由中国农业科学院蔬菜花卉研究所育成。2006 年通过国家审定。

【特征特性】 生育期约 85 天。株型直立,生长势中等,株高52 厘米左右。分枝数少,枝叶较繁茂。茎与叶均绿色、复叶中等大小,叶缘平展。花冠白色,天然结实性强。块茎圆形,淡黄皮白色薯肉,薯皮粗糙,芽眼浅。匍匐茎短,结薯集中,块茎大而整齐,平均单株结薯数为 3.9 个,商品薯率 83.5%。鲜薯干物质含量

21％左右,淀粉含量 14％左右,还原糖含量为 0.17％,粗蛋白质含量 2.07％,每 100 克鲜薯含维生素 C 11.5 毫克。植株抗马铃薯轻花叶病毒病 PVX,高抗重花叶病毒病 PVY,轻度至中度感晚疫病。水肥条件好的,每 667 米² 产量在 2 000 千克左右,大中薯率可达 90％以上。

【栽培要点】　种植密度保持在每 667 米² 4 500～5 000 株。最好采用宽垄栽培与病源作物隔离。播前催芽,施足基肥,按当地生产水平适当增施有机肥,合理增施化肥,保证土壤中有效养分和施用肥料中养分之和每 667 米² 在氮素 10 千克每 667 米²,磷素 4 千克每 667 米²,钾素 22 千克/667 米² 以上,可显著提高产量。生育期间保证二铲三耥、及时培土、高培土。及时灌溉,严格防治晚疫病。9 月中下旬收获。

【适宜范围】　适宜在华北中晚熟主产区作炸片加工原料种植生产。

## 5. 中薯 11 号

该品种为中熟鲜食及炸片专用型品种,由中国农业科学院蔬菜花卉研究所育成。2006 年通过国家审定。

【特征特性】　出苗后平均生育期为 83 天。株型直立,生长势中等,株高 50 厘米左右。分枝数少,枝叶较繁茂。茎与叶均为绿色、复叶中等大小,叶缘平展。花冠白色,天然结实性强。块茎圆形,黄皮白色薯肉,薯皮粗糙,芽眼浅。匍匐茎短,结薯集中,块茎大而整齐,平均单株结薯数为 3.8 个,商品薯率 85.9％。鲜薯干物质含量 20.7％,淀粉含量 13.7％,还原糖含量为 0.18％,粗蛋白含量为 2.14％,每 100 克鲜薯含维生素 C 11.8 毫克。植株高抗马铃薯轻花叶病毒病 PVX,高抗重花叶病毒病 PVY,轻度至中度感晚疫病。一般 667 米² 产 1 300 千克。

【栽培要点】　种植密度保持在每 667 米² 4 500～5 000 株。最好采用宽垄栽培。施足基肥,按当地生产水平适当增施有机肥,合理增施化肥,保证土壤中有效养分和施用肥料中养分之和每 667 米² 在氮素 10 千克,磷素 4 千克,钾素 22 千克以上,可显著提高产量。生育期间保证二铲三耥、及时培土、高培土;及时灌溉,严格防治晚疫病。

【适宜范围】 适宜在华北中晚熟主产区作炸片加工原料种植生产。

## 6. 冀张薯 7 号

该品种为中熟鲜食菜用及油炸薯片型品种,由河北省高寒作物研究所育成。

【特征特性】 生育期 85 天左右。株型半直立,株高 65～75 厘米,分枝中等;茎绿色,叶浅绿色。花冠蓝色,花量多,花期较长,天然结实率中等。块茎圆形,薯皮淡黄色有网纹,薯肉白色,芽眼浅,呈浅蓝色,结薯较集中。比重 1.1013,干物质含量 24.3%,淀粉含量 16.2%,粗蛋白质含量 2.72%,维生素 C 含量 12.0 毫克/100 克鲜薯,还原糖含量 0.11%。该品种低温贮藏的糖化程度轻,回暖处理后,还原糖回降速度快,炸片品质好。植株抗马铃薯 Y 病毒、S 病毒和卷叶病毒;感马铃薯 X 病毒。对晚疫病有耐病性。一般每 667 米² 产量为 1 722 千克。

【栽培要点】 选择土壤肥沃、耕层深厚、有机质含量高的地块,避免重茬。种植密度为每 667 米²4 500～5 000 株。

【适宜范围】 适宜在北方一季作区、中原二季作区和晚疫病发生较轻的南方冬作区水肥条件好的地块种植。

## 7. 青薯 6 号

该品种为中晚熟鲜食菜用及油炸型品种,由青海省农林科学院育成。2009 年通过国家审定。

【特征特性】　生育期 115 天左右。株高 59 厘米左右,株型直立,生长势强,分枝少,枝叶繁茂,茎、叶绿色,花冠紫色,天然结实性差;薯块圆形,白皮白肉,芽眼浅;区试平均单株结薯数为 4.3个,平均单薯重 137.5 克,平均商品薯率 84.7%。植株中抗马铃薯 X 病毒病、中抗马铃薯 Y 病毒病、马铃薯晚疫病;淀粉含量 12.8%,干物质含量 23.2%,还原糖含量 0.30%,粗蛋白质含量 2.38%,维生素 C 含量 16.9 毫克/100 克鲜薯。每 667 米$^2$ 产 1 484.0～1 700 千克。

【栽培要点】　播前结合整地,重施基肥。每 667 米$^2$ 种植密度,水地 4 000 株、旱地 4 500 株。苗齐后除草松土,开花前及时灌水、施肥、培土。及时防治晚疫病。

【适宜范围】　适宜在西北一季作区的青海省东南部、宁夏回族自治区南部、甘肃省中部种植。

## 8. 抗青 9-1

该品种为中熟鲜食菜用及油炸薯片型品种,由中国农业科学院植保所和云南省农业科学院育成。2005 年通过云南省审定。

【特征特性】　生育期 104 天左右。株半直立,株高 68.5 厘米左右,茎秆浅紫色,花冠紫色,有天然结实性。结薯集中,薯形近圆形,表皮光滑,芽眼较浅,紫红芽眼,白皮白肉,商品薯率 81.4%,干物质含量 23.0%,淀粉含量 14.3%,蛋白质含量 3.14%,还原糖含量 0.07%;维生素 C 含量 21.59 毫克/100 克鲜薯。该品种表现为高抗至中抗青枯病,中抗至中感晚疫病,田间无卷叶病,轻感轻花叶病,块茎轻感粉痂病,无疮痂病和环腐病发生。每 667 米$^2$ 产 1 854 千克。

【栽培要点】　适当密植才能保证产量,为便于培土、追肥和除草等管理,冬季种植行距一般 55～65 厘米、株距 25 厘米;出苗后每 667 米$^2$ 保证 4 500～5 000 株。

【适宜范围】 该品种适宜在昆明市、德宏傣族景颇族自治州等地冬季种植。

## 9. 春薯 3 号

该品种为晚熟淀粉及油炸薯片加工兼用型品种,由吉林蔬菜研究所育成。1990 年通过吉林省审定。

【特征特性】 生育期 130 天左右。植株直立,生长势强,株高 80～100 厘米。茎粗壮,绿色,横断面为三棱形。叶片大,浅绿色,花白色,根系发达。结薯集中,单株结薯数多且分层。薯块圆形,中薯率高,大薯率低,薯皮浅黄色,并带有网纹。薯肉白色,芽眼浅,块茎含干物质 25%,含淀粉 17%～18%,含还原糖低。高抗晚疫病,抗干腐病,中度退化,抗旱性强。每 667 米² 产量为 2 000 千克左右。

【栽培要点】 高度喜肥水,要求分层培土。一般每 667 米² 适宜种植 3 500 株左右。

【适宜范围】 在内蒙古、辽宁、吉林和四川等地已开始种植,其他一季作区可试种。

## 10. 春薯 5 号(春薯 3-1)

该品种为早熟菜用和油炸薯片兼用型品种,由吉林蔬菜研究所育成。

【特征特性】 生育期 65 天左右。株型开展,生长势强,株高 60～70 厘米。茎粗壮,黄绿色,三棱形。叶片大,黄绿色,花白色。结薯集中。薯块扁圆形,薯皮白色,有斑点,芽眼浅。薯块整齐,商品率高,结薯早。薯块膨大时间长,薯肉白色,干物质含量 22.54%,含淀粉 14.7%,还原糖 0.18%。中抗晚疫病,退化速度中等,感染疮痂病,耐贮藏。每 667 米² 产量为 1 500～2 000 千克。

【栽培要点】 每 667 米² 适宜种植 4 000 株左右。

【适宜范围】　适宜一季作早熟栽培和二季作种植。在吉林、辽宁、河北、浙江和内蒙古等地已开始种植。

## (五)油炸薯条型品种

### 1. 夏波蒂

该品种为中熟油炸薯条加工型品种,加拿大育成,1986 年由河北省围场满族蒙古族自治县农业局从美国引入。

【特征特性】　株型直立,分枝较多,株高 70～90 厘米。叶大且多,茎、叶黄绿色,花浅紫色间有白色。块茎较大,长形,白皮白肉,表皮光滑,芽眼极浅。结薯集中,大中薯率高。生育期 100 天左右。薯块含淀粉 14.7%～17%,干物质含量 19%～23%,还原糖含量低于 0.2%。感晚疫病,退化快,怕涝。在我国每 667 米² 产量在 1 500 千克左右。适于机械化栽培。现代化栽培单产可达 3 000 千克以上。

【栽培要点】　适宜在肥力中上等、排灌水方便的沙壤土种植,每 667 米² 宜种植 3 200～3 600 株。防治晚疫病。机械化栽培易于达到炸条原料薯性状要求。

【适宜范围】　适宜北方一季作半干旱地区栽培。目前在河北、内蒙古、宁夏和甘肃等地种植。

### 2. 布尔班克

该品种为中晚熟油炸薯条加工型品种,1980 年由国家农业部种子局从美国引入。

【特征特性】　株型扩散,茎粗壮,有淡红紫色素,叶绿色,花白色,开花期短。块茎长形,薯块麻皮较厚,呈褐色,白肉,芽眼少而浅,干物质含量 23%～24%,淀粉含量 17%,还原糖含量低于 0.2%。生育期 120 天左右。易感晚疫病,怕涝,怕旱。耐贮性良好。在我国每 667 米² 产量在 1 000 千克左右。在适宜区域现代化栽培单产可达到 3 000～4 000 千克。

【栽培要点】 喜水肥,宜在中上等肥力的地块种植,适宜机械化作业。要注意排灌水。每 667 米² 适宜种植 3 000～3 500 株。

【适宜范围】 适宜干旱、半干旱大陆性气候区,年平均气温 7℃以上,≥10℃积温 2 600℃以上,7～8 月份日较差 12℃以上,并有灌溉条件的地域种植。在陕西北部、宁夏南部、甘肃东南部、内蒙古南部偏西等地为适宜区。

### 3. 张围薯 9 号

该品种为中熟鲜食菜用及油炸薯条加工型品种,由河北省高寒作物研究所与围场马铃薯研究所育成。2006 年通过河北省审定。

【特征特性】 株型直立较紧凑,茎、叶绿色,分枝中等,花冠白色,花量中等,花期中等,天然结实率低,块茎长圆形,薯皮褐色,薯肉白色,芽眼浅,结薯集中,大、中薯的生产率 71％～75％。生育期 87 天左右,株高 60.2 厘米,抗 PVY、PVX、PVS 病毒,轻感 PLRV 病毒,对晚疫病具有田间水平抗性;淀粉含量 16.3％,干物质含量 23.8％,还原糖含量 0.18％,粗蛋白质含量 2.78％,维生素 C 含量 14.3 毫克/100 克鲜薯,块茎贮藏性好,抗干腐病;平均每 667 米² 产 1 604.7 千克。

【栽培要点】 选择不滩不碱中等肥力以上的沙质壤土或壤土地块种植。使用优质脱毒种薯,提前催芽晒种,种薯切块 35 克左右,每 667 米² 种植 3 800～4 000 株,适宜大垄密植。提早中耕培土,注意防治马铃薯晚疫病,适当收获。

【适宜范围】 适宜在河北省北部种植。

## (六)马铃薯全粉加工型品种

用于油炸薯片和油炸薯条的马铃薯品种,均可作为马铃薯全粉加工原料。

# 第八章　马铃薯茎尖脱毒种薯的应用

马铃薯的茎尖脱毒是应用先进的生物技术进行组织培养，脱掉原植株中的病毒，获得无病的健康的植株——脱毒苗。再进行继代扩繁，得到数量较大的马铃薯块茎——脱毒种薯，脱毒种薯供生产上应用，使生产者获得高产。脱毒种薯比不脱毒种薯增产30%～60%。这一技术已在世界上许多国家应用和推广，对解决马铃薯退化问题起了很大作用。我国的马铃薯茎尖脱毒种薯生产技术，从20世纪70年代就开始了，目前，这一技术已得到普遍推广，使我国马铃薯种薯生产步入了世界先进行列。

## 一、马铃薯脱毒种薯生产简介

为了使大家了解脱毒种薯是怎样生产出来的，给今后使用和推广脱毒种薯打下基础，下面对脱毒种薯的生产过程做一简单介绍。

### （一）脱毒苗的生产

根据病毒在马铃薯植株组织中分布的不均匀性，即病毒的侵染速度稍慢于新生组织的生长速度，所以靠近新组织的部位，如根尖和茎顶端生长点、新生芽的生长锥等处，没有病毒或病毒很少的实际情况，在无菌的特别环境和设备下，切取很少的茎尖组织置于专用培养基上，经过培养使之长成幼苗。具体过程如下：

第一步，茎尖脱毒材料的选择。按照脱毒计划，应事先在田间选择具有本品种典型特征、生长健壮、肉眼观察无病症的植株，再经检测确定带病毒最少的若干植株，收获时再选择高产株中的典型块茎若干,作为准备进行茎尖剥离的材料。

第二步,高温处理钝化病毒。把选择的材料放在 30℃～40℃ 的条件下,经 30 天左右,可降低花叶病毒的浓度,提高脱毒成功率,同时也进行了催芽。

第三步,培养基的制备。茎尖组织需在培养基上进行培养,由培养基提供所需的营养。一般采用 MS 培养基。培养基中含有植物生长的大量元素氮、磷、钾,中量元素钙、镁、硫和微量元素锌、锰、硼、铜等,还有有机成分维生素,腺嘌呤、蔗糖、琼脂等,并将酸碱度调到 pH 值 5.7～5.8。根据需要做成固体培养基或液体培养基(不加琼脂),装在试管中或三角瓶、罐头瓶中,高压灭菌后放在无菌室内备用。

第四步,进行茎尖组织剥离和接种。在经过高温处理和催芽的块茎上取 3～4 厘米长的幼芽若干个,经多次自来水冲洗和多道消毒后,在无菌室内的超净工作台上的 40 倍的解剖镜下进行茎尖剥离,用解剖针剥去茎尖上边包着的幼叶,露出茎尖组织,切取带 1～2 个叶原基的茎尖组织,大小在 0.1～0.3 毫米之间。随之把茎尖组织接种到事先准备好的装有培养基的试管中,每一个试管一个茎尖。还有一种方法是把经过消毒的薯芽,直接插入培养基中,生根长成苗后,再做剥离,成活率高,效果好。

第五步,组织培养。把带有茎尖组织的试管,放在温度保持在 20℃～25℃ 的培养室的培养架上,光照要达到 2 000～3 000 勒,每天照 16 小时以上。经 30～40 天,成活的茎尖,颜色发绿,茎明显的伸长,叶原基长成小叶。之后,再将其转接到生根培养基中培养,再经 3～4 个月长成有根系的 3～4 个叶片的小单株,叫"茎尖苗"。然后按节切成段,进行扩繁,分植于 3～4 个三角瓶中(编号,如 1-1、1-2、1-3 等)培养 1 个月,又长成新的"茎尖苗",待下一步进行病毒检测。

第六步,进行病毒检测,做出鉴定。检测方法多采用酶联免疫吸附法(ELISA),检测花叶病毒、重花叶病毒和卷叶病毒。用反复聚丙烯酰胺凝胶电泳方法来检测类病毒。检测时同一编号取 1 瓶检测,根据检测结果,如果各种病毒都为 0 的,就是脱毒成功的,相同编号的苗子留下继续剪段扩繁,此苗正式称为"脱毒苗"。而仍带有病毒的苗则为失败者,要把相同编号的苗子全部淘汰掉。

第七步,进行脱毒苗快繁。经检测鉴定的的脱毒苗,切段繁成健壮的基础苗,当长到 6～8 片叶时,再切成 4～5 段,扦插在 MS 固体培养基或液体培养基中。在夜间 15℃、白天 25℃、光照强度 3 000 勒、照射 16 小时、夜间不见光 8 小时的条件下,培养 20～25 天,苗子长大,再进行第二次剪段扩繁,这样每 20～25 天扩大 4～5 倍。扩繁过程中还要检测,汰除带毒株系的苗子。按生产计划,扩繁达到一定数量,为下一步生产原原种和微型种薯做好准备。

基础苗除扩繁外,还要保留部分基础苗,为下茬生产扩繁使用。基础苗使用 2 年左右应重新进行剥离,进行更新,以保持质量。

## (二)微型脱毒种薯和常规脱毒原原种的生产

**1. 微型脱毒种薯生产** 在温室或防虫网棚中,采用无土栽培技术,把培养的脱毒苗,扦插在用蛭石或细沙珍珠岩等做基质的苗床或育苗盘上,苗期和结薯期分别喷撒促进长苗、扎根和促进结薯的营养液,也根据需要喷些清水,人工控制光、温、水、肥、气等生长条件。扦插密度一般为 3 厘米×3 厘米,或 3 厘米×4 厘米,每平方米插脱毒苗 830～1 100 株。脱毒苗在基质里生长 60 天左右即可收获一茬,每平方米可收 1 000～1 500 粒重量在 1～10 克的微型脱毒种薯。由于在防护的条件下,加上不断喷洒防虫药剂,杜绝了传毒媒介传毒,加之基质的更换,所以微型脱毒种薯质量最好,既无病毒,又没有真菌和细菌病害,属顶级脱毒原原种。微型脱毒种薯由于体积小,重量轻,贮存和运输都极为方便。微型种薯虽然个小,但它的生物学特征完全与同品种的大个种薯相同,而且生产能力很强。只要打破休眠期，在适宜条件下，发芽率在 95％以上。

脱毒微型种薯生产，由于采取了快繁技术，便于实行规范化、工厂化生产，可生产出大量原原种，比常规原原种生产繁殖系数大大提高，可以加快脱毒种薯推广速度，并提高脱毒种薯的质量水平，所以在国内发展很迅速。目前，还有许多地方试用水培、雾培等方法，进行脱毒微型种薯生产，有的已建成生产线正式生产。

**2. 常规脱毒原原种生产**　在气温相对较低的地方，建造防虫网室，网室内的土地要进行精细整理。把经过室外温度锻炼的脱毒苗移栽到土壤中，每 667 米² 植苗 6 000 株左右，缓苗后按正常肥、水管理，每隔 7 天打杀虫剂一次。在薯苗生长过程中，分别在苗期、花期、成熟期进行田间去杂、去劣、去病株，这样生产出的脱毒种薯（相对微型脱毒种薯个头大，在 50 克以上）称为常规原原种，按代数算为 0 代（或称当代）。可作为下一代脱毒种薯繁殖材料，或直接作生产田种薯（图 15）。

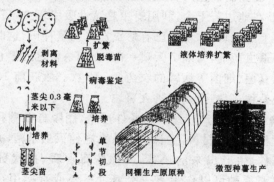

图 15　马铃薯茎尖脱毒苗、微型薯、原原种生产程序示意图

## （三）其他各级脱毒种薯的生产

经过无菌室、培养室、温室、网棚等保护设施及生物技术，无土

栽培或有土栽培等技术措施,得到的脱毒原原种(包括脱毒微型种薯),已是主要病毒和真菌、细菌病毒都为0的健康基础种薯。下一步需要扩大数量,在开放的农田中进行继代扩繁。在扩繁过程中,还应采取有效措施,防止病毒的再侵染,不然就保证不了所繁脱毒种薯的级别质量。

主要措施是繁种田必须与毒源作物有一定的隔离条件,尽量不让传毒媒介飞入繁种田。这就需要认真选择繁种地块,首先是选高海拔、高纬度、低温度、风速大、蚜虫叶蝉等刺吸式口器害虫少的地方,最好有自然隔离条件的草原、林地之间、环山地段等不重茬的地块。在马铃薯集中种植区也要与未脱毒的马铃薯及茄科、十字花科作物、烟草等有500米的距离。如果距离低于500米,应在隔离带中种50米以上的麦类等作物,使蚜虫等飞来时不直接进入繁种田。再就是出苗后,用黄板测蚜虫,即用30厘米×20厘米的纸板,一面涂满黄色广告色,上面再涂一层黄油,钉在1米高的棍子上,插在地边若干个,利用蚜虫趋黄性吸引蚜虫,每天检查,如发现黄板上出现蚜虫,说明已有蚜虫迁飞到繁种田,这时就开始在田间喷洒杀虫药剂,每隔7天喷一次,直到杀秧之前停止。同时要喷洒杀灭真菌、细菌等病害的农药8~10次。收获前10天要用药剂或机械杀秧,以减少病毒进入薯块。

**1. 脱毒原种生产** 按上述条件选地,用脱毒微型种薯或常规脱毒原原种作繁种材料,生长季节认真施药灭虫杀菌,并严格去杂去劣去病株,生产出来的块茎,叫做脱毒原种,按代数算为一代($G_1$)。脱毒原种可以作为下一级繁种材料或直接用在生产田种植。

**2. 脱毒一级种薯生产** 按既定条件安排繁种地,生长季节认真落实施药计划,严格去杂去劣去病株,用原种作繁种材料,生产出来的块茎,叫做脱毒一级种薯,按代数算为二代($G_2$)。脱毒一级种薯可以作为繁种材料繁下一级种薯,也可作为生产田用种。

**3. 脱毒二种薯生产**　仍应照上述选地条件和技术措施,用脱毒一级种薯作繁种材料进行种薯生产,生产出来的块茎,叫做脱毒二级种薯,按代数算为三代($G_3$),脱毒二级种直接用于大田进行商品薯生产。脱毒二级种生产出的块茎,只能用作商品薯,已出了脱毒薯的范围,不再称为脱毒薯,不能再作种薯使用。

## (四)脱毒种薯繁育体系新概念

我国著名马铃薯专家屈冬玉、谢开云博士等在 2007 年发表的《大力推进三代种薯繁育体系建设,提高中国马铃薯种薯质量和生产水平》的论文中,提出了实行"三代种薯繁育体系概念",主要针对全世界及全中国,种薯分级都处于混乱状态,且种薯质量高低不一的情况,建议全面采用三代种薯体系($G_1$—$G_2$—$G_3$),即从微型薯生产($G_1$ 种薯)开始,将微型薯生产得到的 $G_2$ 代种薯再种一年,得到 $G_3$ 代种薯,将 $G_3$ 代种薯用于大田商品马铃薯生产。

**1. 一代种薯($G_1$)**　是指在人工隔离条件下(温室、网室或实验室)用脱毒苗生产出的微型种薯(重量在 1 克以上,20 克以下),再次种植时不需要进行切块。可以是利用组培苗(试管苗)在无病害基质(蛭石、草炭、珍珠岩、细沙等)中得到的微型种薯,也可以是利用组培苗(试管苗)在无基质条件(水培或雾培)下得到的微型种薯,还可以是组培苗直接移栽到人工隔离条件下生产的小块茎。无论哪种方式生产出来的微型薯,都必须保证不带任何病害,即不带任何病毒、真菌和细菌病害。

**2. 二代种薯($G_2$)**　是指在自然条件好(高海拔、蚜虫少、气候冷凉)、天然隔离条件好、周边 800 米内无其他级别种薯或商品薯种植等条件下,利用原原种($G_1$)做种薯生产出来的种薯,块茎大小在 75 克以下。不带各种真、细菌病害,田间病毒(PLRV、PVX、PVY、PVS)株率不超过 1% 的种薯。

**3. 三代种薯($G_3$)**　在自然条件好(海拔较高、蚜虫较少、气候较冷凉)、天然隔离条件较好、周边 800 米内无商品薯种植等条件下,利用原种($G_2$ 种薯)做种薯生产出来的、块茎大小在 50～100克的种薯。不带各种真、细菌病害、田间病毒(PLRV、PVX、PVY、PVS)株率不超过 5%。

此繁育体系无论在我国南方或北方,都以种植次数来计算种薯级别。因为减少了继代扩繁次数,相当于以前提出的脱毒种薯早代利用,将原来种薯生产周期从 5 年缩短到 3 年,这就大大保证了种薯质量,为马铃薯生产水平的提高打下了基础。

这一建议已提交农业部,待农业部制定出新的种薯繁育行业标准后,将在全国推行实施。同时,将建立三代全程质量控制体系。在种薯生产前申请、登记,生产过程中进行室内检测、田间检验等,最后根据检测、检验结果签发合格证书及销售标签。使我国脱毒种薯生产、经营、使用步入更加规范的轨道,可大大提高我国马铃薯产业生产水平。

## 二、为什么马铃薯脱毒种薯能增产

实践证明,应用脱毒种薯增产十分显著,一般增产 30%～60%,高的增产 100%。为什么脱毒种薯能增产呢?

马铃薯退化所引起的马铃薯生长过程中的各种病症,如芽块刚刚发芽没等出苗就死掉、长出地面植株很矮小、细弱,叶片皱缩,或叶片出现黄绿相间的斑驳、叶脉坏死、叶片脱落、植株死亡、还有的叶片卷曲、发脆等,致使结的薯块少而且个小、严重减产。实际上是马铃薯植株感染了不同的病毒,破坏了植株内在的正常功能,叶片受到干扰不能正常进行光合作用、制造营养;输导组织受到破坏不能正常运送养分水分;根系受到影响,不能正常吸收水分和养分,总之植株的新陈代谢完全失常。即使满足其各种生长条件,植株也不能很好地生长,仍然避免不了严重减产的后果。

经过茎尖脱毒技术处理后,把种薯体内的病毒清理出去,使它从病态恢复到健康的水平,恢复了原品种的特性,植株健壮了,一切生理功能都达到了旺盛的状态,新陈代谢正常进行。其根系发达,吸收能力增强了,茎粗叶茂,叶片平展,色绿无斑,无黄叶无死秧。于是,马铃薯植株的生命力增强了,有机物制造的光合作用正常,无机营养和有机营养的上传下导没有障碍了,发挥出了最大的增产潜力,所以产量水平便达到了最佳状态。

在种植过程中怎样挖掘脱毒种薯内在的增产潜力,需要种植者认真研究并采取相应的技术措施,来满足其对营养面积、水、肥、光、热、气等外在条件的要求,以夺得更高的产量和更好的效益。

# 三、怎样选用和购买脱毒种薯

早代脱毒种薯由于继代扩繁次数少,在田间生长时间相对短些,这样病毒病和真、细菌病害重新侵染的机会少,健康水平高,种性强,增产潜力更大,如脱毒原种薯和脱毒一级种;而晚代脱毒种薯,继代扩繁次数相对较多,切芽块次数也多,虽然采取切刀消毒和拌种防病、自然隔离和喷洒药剂杀虫等措施,可是仍然避免不了病毒及真、细菌病害的再侵染,如二级种薯和三级种薯。所以,早代种薯在田间种植后退化株率极低,即使发病,病情也非常轻,植株生长健壮,整齐一致,增产幅度大于晚代脱毒种薯。

另外,不同马铃薯品种对病毒的抗病力不同,有的品种脱毒后很快又被病毒侵染,有的品种脱毒后再侵染就比较慢,田间退化株率一直保持在很低的水平。据调查,克新 1 号脱毒后,继代扩繁到三级种,播种到大田,田间植株发病株率仅有 0.786%。而集农 958 的脱毒三级种薯,其田间发病株率则为 1.856%。费乌瑞它的二级种薯,田间发病率高达 6.82%。从而可以看出不同品种抗退化的能力是不一样的。

鉴于上述情况,根据近年来我国马铃薯种植的整体技术水平的提升,选用脱毒马铃薯种薯时,一般应尽量选用早代种薯,特别是易感病毒的品种,更应考虑应用早代种薯;高投入现代化种植的喷灌圈也应选用增产大的早代种薯,使用原种或一级种薯为好,达到高投入高产出的效果;若以繁种为目的时则必须使用早代种薯,最好使用原原种或原种作种薯。一般农户的商品薯田,也应使用早代种薯作种,但必须加强管理,"以种促管"逐步提高管理水平和单产。

怎样购买脱毒种薯?目前,我国种薯市场较为混乱,虽然国家对种薯生产和种薯经营都有规定和具体办法,但仍有部分见利忘义的人,乘脱毒种薯知识不普及,有些种植者不懂脱毒种薯之机,把扩繁多代达到 5 代以上不属于脱毒种薯质量的商品薯当脱毒薯销售给用户,甚至把没脱过毒的商品薯拿来当脱毒种薯销售,以假乱真。国家规定,承担脱毒种薯生产的单位或个人,必须具有一定资质,并获得相应种子管理部门签发的"种子生产许可证"和"种子经营许可证",才能进行种薯生产和种薯销售。在种薯生产过程中严格执行种薯生产操作规程,同时在种薯生长季节,要申请种子管理部门的技术人员到田间进行检验,并采样做室内检测。根据田间检测和室内检测结果,签发当年生产种薯的"种子合格证"。还要请植物保护部门的技术人员到田间进行病害检疫,根据田间检疫结果,签发"种子调运检疫证书"。所以,从种薯生产部门或个人采购种薯时要认真了解上述手续是否齐全。

除种植大户外,一般用种者不可能直接与种薯生产单位和个人对接,多数是经过种薯经营单位和个体种薯经营户买到种薯。国家规定,种子经营单位和个人,也要有一定资质,持有"工商营业执照",同时有"种子经营许可证"。所以,用户购买种薯时必须清楚经销商是否具备上述条件,否则易上当受骗。

#### 表 4　各级种薯带病植株的允许率

| 种薯级别 | 第一次田检 | | | | | 第二次田检 | | | | | 第三次田检 | | | |
|---|---|---|---|---|---|---|---|---|---|---|---|---|---|---|
| | 病毒及杂株率(%) | | | | | 病毒及杂株率(%) | | | | | 病毒及杂株率(%) | | | |
| | 类病毒株 | 环腐病株 | 病毒病株 | 黑胫病和青枯病株 | 混杂植株 | 类病毒株 | 环腐病株 | 病毒病株 | 黑胫病和青枯病株 | 混杂植株 | 类病毒株 | 环腐病株 | 病毒病株 | 黑胫病和青枯病株 |
| 原原种 | 0 | 0 | 0 | 0 | 0 | 0 | 0 | 0 | 0 | 0 | 0 | 0 | 0 | 0 |
| 一级原种 | 0 | 0 | ≤0.25 | ≤0.5 | ≤0.25 | 0 | 0 | ≤0.1 | ≤0.25 | 0 | 0 | 0 | ≤0.1 | ≤0.25 |
| 二级原种 | 0 | 0 | ≤0.25 | ≤0.5 | ≤0.25 | 0 | 0 | ≤0.1 | ≤0.25 | 0 | 0 | 0 | ≤0.1 | ≤0.25 |
| 一级种薯 | 0 | 0 | ≤0.5 | ≤1.0 | ≤0.5 | 0 | 0 | ≤0.25 | ≤0.5 | ≤1 | 0 | 0 | | |
| 二级种薯 | 0 | 0 | ≤2.0 | ≤3.0 | ≤1.0 | 0 | 0 | ≤1.0 | ≤2.0 | ≤1 | 0 | | | |

注:第一次田检在马铃薯开花期;第二次田检在第一次田检后 20～30 天

　　在种薯质量方面,国家、有关省、有关地区、市的质量监督部门,颁发了"脱毒种薯质量分级标准"(表 4,表 5,表 6,表 7),作为种薯生产者和使用者脱毒种薯分级的依据。所以,种薯购买者应当掌握种薯分级标准,并向种薯出售人了解所买种薯的质量情况,最好在种薯开花期进行田间调查,来决定是否购买。所购种薯,在种植过程中,要看其级别是否与实际相符,如果种薯田间退化株率超标,或有种薯质量方面的不良表现,与所用级别相差太远,可以与售种薯者交涉,及时通过种子管理部门仲裁索赔。

#### 表 5　种薯的质量标准

| 块茎病害和缺陷 | 允许率(%) |
|---|---|
| 环腐病、青枯病 | 0 |
| 湿腐病和腐烂 | ≤0.1 |
| 干腐病 | ≤0.1 |
| 疮痂病、黑胫病和晚疫病 | ≤1.00 |
| 轻微症状(1%～5%块茎表面有病斑) | ≤5.0 |
| 有缺陷薯(冻伤薯除外) | ≤0.1 |
| 冻伤 | ≤4.0 |

注:表 5,表 6 摘自中华人民共和国国家质量标准《马铃薯脱毒种薯》GB 18133—2000

### 表6 马铃薯种薯分级质量标准

| 项 目 | | 原原种 | 原 种 | 一级种薯 | 二级种薯 |
|---|---|---|---|---|---|
| 品种纯度(%) | | 100 | 100 | 100 | 98 |
| 各种病害最大允许量(%) | 普通花叶病 | 0 | 2 | 4 | 6 |
| | 重花叶病 | 0 | 1 | 3 | 5 |
| | 卷叶病 | 0 | 1 | 3 | 5 |
| | 纺锤块茎病 | 0 | 1 | 2 | 4 |
| | 黑胫病 | 0 | 0 | 0.5 | 1 |
| | 环腐病 | 0 | 0 | 0 | 1 |
| | 青枯病 | 0 | 0 | 0 | 0 |
| | 晚疫病 | 0 | 0.1 | 0.5 | 1.5 |
| | 缺 苗 | 0 | 6 | 5 | 5 |
| 收获日期 | | 枯秧期 | 枯秧期 | 成熟或枯秧 | 成熟或枯秧 |

摘自:河北省地方标准《脱毒马铃薯综合标准》DB 13/T 164.1-4—93

### 表7 马铃薯脱毒种薯分级指标

| 级别 | 项目别 | 种薯来源 | 品种纯度 | 内在质量 | | | | | | | | | | 外观质量 | | | |
|---|---|---|---|---|---|---|---|---|---|---|---|---|---|---|---|---|---|
| | | | | 病毒最大允许株率(%) | | | | | 真细菌病害最大允许株率(%) | | | | | 块茎规格 克/个 | 不完善块茎不超过(%) | 冻烂块茎不超过(%) | 泥沙秧草杂质不超过(%) |
| | | | | 普通花叶PVX | 重花叶PVY | 卷叶PLRV | 纺锤块茎类PSTV | 总量不超过 | 黑胫病 | 环腐病 | 青枯病 | 晚疫病 | 总量不超过 | | | | |
| 基础种薯 | 原原种 | 脱毒试管苗 | 100 | 0 | 0 | 0 | 0 | 0 | 0 | 0 | 0 | 0 | 0 | 25~250 | 0 | 0 | 1 |
| | 原种 | 原原种 | 100 | 1 | 1 | 0.5 | 0.5 | 3 | 0 | 0 | 0 | 0.1 | 0.1 | 25~250 | 0.5 | 0 | 1 |

**续表7**

| 级别 | 项目 | 种薯来源 | 品种纯度 | 内在质量 | | | | | | | | | | 外观质量 | | |
|---|---|---|---|---|---|---|---|---|---|---|---|---|---|---|---|---|
| | | | | 病毒最大允许株率(%) | | | | | 真细菌病害最大允许株率(%) | | | | | 块茎规格克/个 | 不完善块茎不超过(%) | 冻烂块茎不超过(%) | 泥沙秧草杂质不超过(%) |
| | | | | 普通花叶PVX | 重花叶PVY | 卷叶PLRV | 纺锤块茎类PSTV | 总量不超过 | 黑胫病 | 环腐病 | 青枯病 | 晚疫病 | 总量不超过 | | | | |
| 合格种薯 | 一级种薯 | 原种 | 99 | 3 | 2 | 1 | 1 | 7 | 0.5 | 0 | 0 | 0.5 | 1 | 50~250 | 1 | 1 | 1 |
| | 二级种薯 | 一级种薯 | 98 | 4 | 3 | 1 | 2 | 11 | 1 | 1 | 0 | 1 | 3 | 50~250 | 1 | 1 | 1 |

注:摘自承德市地方标准《马铃薯脱毒种薯质量标准》DB 143308/T 011—1999

# 四、脱毒种薯繁殖田的建立

为了尽快普及推广应用马铃薯茎尖脱毒种薯,提高我国马铃薯生产的水平,使马铃薯种植者都能方便、及时地获得真正达到标准的脱毒种薯用于生产,在远离马铃薯脱毒中心和脱毒种薯生产基地的地方,可以建立脱毒种薯繁殖田。在本地或在外地选择海拔较高、气候冷凉、有隔离条件和水源的地方,组织技术力量和专业队伍,建立封闭式自营种薯繁殖场,专门为本地农户繁殖种薯。繁种面积的安排,可按 1∶10 的比例,即繁 1 公顷种薯,可满足 10 公顷大田用种来计划繁种面积。种薯来源,应选择马铃薯脱毒中心或有资质、有信誉的繁种基地,购买原原种或原种作繁种材料进行扩繁。繁种过程中一定要认真执行"马铃薯脱毒种薯繁种操作规程"。同时,在生长季节,要请种子质量监督管理部门及植物检疫部门的技术人员,到田间进行田间检验、取样进行室内检测及病虫害田间检疫,并签发"种子质量合格证"和"植物病害检疫证书",证明所繁种薯合格,这样所收获的块茎,就可以作为种薯,按级别以质论价供应给本地农户使用了。

# 第九章　马铃薯种植技术

## 一、不同地区马铃薯种植的特点

　　我国地域广阔,东西南北的自然地理气候状况差别显著,马铃薯的种植条件也大不相同。为了种好马铃薯,各地农民根据当地的条件及对马铃薯习性的了解,调整播种时间,采用不同种植方式,尽量满足马铃薯的生长条件要求,因而各地区都获得了较好的收成。

　　在我国北方和西北地区,气候较寒冷,无霜期短,夏季气温不太高,雨热同季,或夏季雨少,春季干旱。这些地方的农民,春天播种秋天收获,一般是4月下旬至5月上旬播种,9月份收获,土地冬季休闲,一年只种一季。这个区域称为马铃薯一季作区。

　　在中原及中南部地区,也就是黄河、长江的中下游,无霜期较长,夏季气温偏高,秋霜(初霜)来得晚,气温逐步下降。这里的农民提前至1～3月份进行早春播种,至5～6月份气温开始上升时,马铃薯已到收获期,能获得很理想的产量。这一季种植的马铃薯就称为春薯。春薯收获后虽然还有很长的无霜期,但气温高,雨水多,不适合马铃薯的生长。春薯留作翌年种薯,贮藏期长达6～7个月,又正值高温季节,很难贮存;同时,春种生产的块茎种性又不好,不宜作种薯用。于是,农民便利用秋季气温下降的这一条件,于7月下旬或8月上旬把春薯再播种下去,于10月下旬或11月上旬的冬初收获。这些块茎由于是在较低温度下形成的,又都是少龄壮龄薯,种性较好,作为翌年春播的种薯非常好,因而形成了秋季生产种薯的栽培制度。同时,秋季生产的商品薯效益也很好。

这一季称为秋薯栽培。这样,在一个区域内便出现了 1 年种 2 次马铃薯的生产,叫做马铃薯二季作区。

在华南、东南沿海和西南的东南部等地区,夏季很长,冬季温暖,长年无霜。冬季的月平均气温,大部为 14℃～19℃,而且降雨也不是很多,因而种植马铃薯非常适宜。这个季节又正是水稻田的休闲期。当地农民利用这个季节种植马铃薯,于 10 月下旬至 12 月上旬播种,在翌年 1 月下旬或 3 月上旬收获完毕。产品除供当地菜用外,还大量出口我国香港特区和东南亚等地,产值很高。这个马铃薯种植区域,叫南方马铃薯冬作区。

我国西南部纬度较低,海拔很高,气候复杂,有的地方四季如春,有的地方四季分明,有的地方比较炎热。所以,这里是马铃薯一、二季作和冬作混作区。

马铃薯的基本种植技术,在各个种植区内大体差不多,但是由于各地自然地理、气候条件、种植习惯不同,每个区域都有自己的种植技术特点,只要把握住本地的种植技术特点,就能种好马铃薯并获得高产高效。

## (一)一季作区马铃薯种植的技术特点

在一季作区,春季干旱是主要的气候特点,农谚有"十年九春旱"的说法。春天风大,气温低,积温少,≥10℃ 有效积温仅 1 900℃～2 300℃,春霜(晚霜)结束晚,秋霜(初霜)来得早,无霜期短,7 月份雨水较集中。因此,春天播种前后,保墒,提高地温,争取早出苗,出全苗,便显得非常重要。一般多采用秋季深翻蓄墒、及时细耙保墒、冻前拖轧提墒、早春灌水增墒等有效办法,防旱抗旱保播种。播种时要厚盖土防冻害。苗前拖耢,早中耕培土,分次中耕培土,以提高地温。近年这一区域农民也采用盖地膜、小拱棚等保护地栽培的方法,提温、保墒争取时间,为马铃薯丰产丰收创造条件。这里由于七八月份雨水集中,又是晚疫病流行的良好条件,所以要及时打药防治晚疫病,厚培土保护块茎,减少病菌侵害和防止冻害的发生。

## (二)二季作区马铃薯种植的技术特点

马铃薯二季作区,虽然无霜期较长,有足够的生长时间,但春薯种植仍要既考虑到本茬增产早上市,又不耽误下一茬。所以,要早播种,早收获,并选择结薯早、长得快、成熟早的品种。广大农民在生产实践中不断总结经验,改进、提高、创新,采取地膜覆盖、双膜种植、二膜一苫、三膜种植等保护地栽培方法,不仅提早了播种时间和收获时间,为下茬留下足够时间,还为提高产量和品质创造了优越条件。

秋薯播种正是 7 月下旬或 8 月上中旬,气温高、雨水多,播种后容易出现烂芽块和死苗现象。为了使秋薯出苗正常,达到苗全、苗壮,必须采取一些有效的技术措施。

**1. 要做好种薯选择、处理和催芽等工作**   可以选择 20～50克健康小种薯作播种材料,以减少感染真菌、细菌病害出现烂芽块问题。切芽块时必须认真拌种消毒。播前搞好催芽,使芽块播到地里尽早出苗,减少土壤中病菌的侵害及虫害的发生。

**2. 播种时间尽量往后推迟**   在 8 月中旬进行,同时要选择好天气,不要在阴雨或高温天播种。播种后采取秸秆覆盖等降温措施。

**3. 播种方法**   要采取浅开沟、浅覆土的办法沙壤土 8～10 厘米,壤土 6～8 厘米,使其尽快出苗,待出苗后再增加培土厚度,达到覆土厚度要求。

**4. 加大密度**   秋薯出苗后日照渐短,植株较春薯生长得矮,匍匐茎也短,所以播种密度要比春薯加密,可比春薯密度加大20％左右。特别是作为秋播留种的,增加密度,能生产出较好的小个种薯。

**5. 注意保温**　秋薯在接近成熟阶段,气温开始下降,应注意保温,许多地方采取扣小拱棚的办法延长其生长时间,可提高产量、提高质量、增加效益。

### (三)南方冬作区马铃薯种植的技术特点

种薯来源是这个区域的特殊问题。冬种后翌年 2~3 月份收获,但收获的块茎不能作种。一是因为收获的块茎是在高温下形成和生长的,种性极差;二是因为天气炎热,块茎无法贮藏至 11 月份再用于播种。所以,每年必须从北方的种薯生产基地调入合格种薯,才能保证质量,达到丰产的目的。

南方冬作马铃薯,大部分选用的土地都是冬闲的水稻田,而稻田湿度较大,有机质较高,都采取深沟高畦(沟深 20 厘米、沟宽 30 厘米、畦宽 90 厘米)种植法。将马铃薯种在畦面上,这样旱能灌、涝能排,能保证马铃薯生长条件要求。有的可以深耕细耙,有的也可以实行免耕法,只做高畦挖好排灌沟不用耕耙。

播种时间不宜过早,防止高温烂种,最理想时间是 10 月下旬至 11 月上旬。播种深度也不宜过深,5 厘米左右,或不开沟进行"摆种",然后浅覆一些土,用稻草覆盖。南方冬季易下暴雨,下过雨后及时排干沟中积水,干旱时浇水采取沟中灌水,渗透畦面,水不可上到畦面,只到沟深一半即可。1 月份低温,注意防止低温冷害。

### (四)西南混作区马铃薯种植的技术特点

我国西南马铃薯混作区,低纬度,高海拔,有的地方四季如春,有的地方四季分明,是复杂多样的立体气候区。马铃薯种植有冬作,在 10 月份左右播种,2 月份左右收获;小春作,12 月末至翌年 1 月初播种,4 月末左右收获;早春作,2 月份播种,6 月份收获;秋作 7~8 月份播种,11 月份收获;春作 3~4 月份播种,8~9 月份收获。四季都有马铃薯播种,四季都有马铃薯生长,四季都有马铃薯收获,周年都有鲜薯供应。这里具备了各种植区的特点。马铃薯品种是自成体系,基本不用从北方大调大运。这里的马铃薯品种大都具有较好的抗病性,特别是抗青枯病、抗晚疫病、抗癌肿病等。另外,西南地区地理复杂,山高坡陡,大部耕地在山上,脱毒种薯由于运输困难,有推广难度,所以杂交实生种子由于用种量少、便于运输、贮藏、自然不带病毒、抗病高产,农民易于接受,所以马铃薯杂交实生种在这里很有推广前景。

## 二、北方一季作区马铃薯常规丰产种植

马铃薯的丰产种植,是以北方一季作区农民多年实践经验为基础而总结出来的。它以"两大两深",即"大芽块、大垄、深种、深培土"为主体内容。

### (一)选地与整地

土地是马铃薯生长的基础,也是马铃薯丰产的关键前提。土地选择得当,就能为马铃薯生长提供良好的环境条件和物质基础,确保达到丰产目标。如选地不当,就会因土地不利于马铃薯生长而难以实现丰产目标。

种植马铃薯的地块,以地势平坦,土壤疏松肥沃、土层深厚,涝能排水、旱能灌溉,土壤沙质、中性或微酸性的平地与缓坡地块最为适宜。pH 值最好在 5~7.5,旱地最高不能超过 7.8,有大型喷灌条件的不能超过 8.2。因为这样的地块土壤质地疏松,保水保肥、通气排水性能好,土壤本身能提供较多的营养元素;另外,春季地温上升快,秋季保温好,不仅有利于马铃薯发芽和出苗,而且对地上部生长和地下部生长都极为有利。

选地切忌重茬,也不要在茄果类(番茄、茄子、辣椒)或十字花

科的白菜、甘蓝等为前茬的地块上种植，以防止共患病害的发生。种马铃薯的地块不宜选在低洼地、涝湿地和黏重土壤地块。这样的地块，在多雨和潮湿的情况下，马铃薯晚疫病发生严重，同时地下透气不好，水分过大，不仅影响块茎生长，还常造成块茎皮孔外翻，起白泡，使病菌易于侵入造成腐烂，或不耐贮藏。

另外，前茬用过除草剂的地块要了解清楚用的什么除草剂，如果用过对马铃薯生长有妨碍的除草剂，则应慎重，（详见第十一章，三、马铃薯草害的化学防治）。

地块选好后，整地也不能马虎。马铃薯结薯是在地下，只要土壤中的水分、养分、空气和温度等条件有良好保障，马铃薯的根系就会发达，植株就能健壮地生长，就能多结薯，结大薯。整地是改善土壤条件的最有效的措施。整地的过程主要是深翻（深耕）和耙压（耙糖、镇压）。深翻最好是在秋天进行。如果时间来不及，春翻也可以，但以秋翻较好。因为地翻得越早，越有利于土壤熟化和晒垡，使之可接纳冬春雨雪，有利于保墒，并能冻死害虫。深翻要达到 28～30 厘米。在春旱严重的地方，无论是春翻还是秋翻，都应当随翻随耙压，做到地平、土细、地暄、上实下虚，以起到保墒的作用。在春雨多、土壤湿度大的地方，除深翻和耙压外，播种前还要起垄，以便散墒和提高地温。起垄时要按预定的行距，不要太大或太小，否则播种时不好改过来。许多地方深翻是靠畜力，往往达不到要求的深度。因此，最好采用机翻，这样深度有保证，不会留生格子，耙压质量好。

如果因条件所限，非使用 pH 值在 8.0 以上的偏碱性土壤的地块时，整地过程中一定要采取相应措施，以便起到适当缓解作用。一是施用石膏改良碱土，在翻地后耙地前，每 667 米² 撒施石膏粉 100～200 千克，然后用耙耙入土中，如果用含磷石膏，用量可适当增加。因石膏溶解度较小，后效时间长，一般只施 1 次，不用重施。石膏除中和土壤溶液中的钠外，还能增加土壤中的钙、硫等营养元素。二是播种前先起垄,芽块播在垄上,减少地下水把碱带到垄上的机会。三是通过灌溉措施,把碱淋洗下去,以降低土壤溶液中碱的浓度。

## (二)种薯准备

**1. 种薯的选用** 进行马铃薯的丰产种植,必须选用脱毒种薯,而且要用早代脱毒种薯,最好选用原种或一级脱毒种薯。这个级别的脱毒种薯种性强,退化株率低,增产潜力大。

**2. 种薯的挑选** 选用某一脱毒优良品种就是选用了内在质量优良的种薯,但这还不够,还要进行外观质量的挑选,种薯外在质量好才能把优良品种的特点表现出来。如果种薯质劣,那么这一优良品种的特点就表现不出来。因此,种薯出窖后第一件事就是挑选优质种薯。要除去冻、烂、病、伤、萎蔫块茎,并将已长出纤细、丛生幼芽的种薯,也予以剔除。要选取那些薯块整齐、符合本品种性状、薯皮光滑细腻柔嫩、皮色新鲜的幼龄薯或壮龄薯。同时,还要汰除畸形、尖头、裂口、薯皮粗糙老化、皮色暗淡、芽眼突出的老龄薯。外在质量高的种薯是全苗、苗壮、苗齐的基础。

**3. 种薯处理** 种薯如不经过处理,出窖后马上切芽、播种,那么播种后就不仅会出现出苗不齐、不全、不健壮的现象,而且出苗也较晚,有时芽块要在土里埋40多天才出苗。其原因是窖温比较低(一般为3℃~4℃),种薯体温也在4℃左右,虽已贮藏几个月,过了休眠期,但仍处于被迫休眠之中。春季把它播种到地里后,地温上升很慢,芽块在地里体温上升也很慢,而且各芽块的小环境又不一致。因此,发芽慢、出苗慢,出苗先后差别大,甚至有的芽块还会烂掉,造成缺苗。为避免这些问题的出现,就要对种薯进行处理,其处理方法主要是困种、晒种和催芽。

(1)困种、晒种 把出窖后经过严格挑选的种薯,装在麻袋、塑网袋里,或用席帘等围起来,还可以堆放于空房子、日光温室和仓库等处,使温度保持在 10℃～15℃,有散射光线即可。经过 15 天左右,当芽眼刚刚萌动见到小白芽锥时,就可以切芽播种了。以上称为困种。如果种薯数量少,又有方便地方,可把种薯摊开为 2～3 层,摆放在光线充足的房间或日光温室内,使温度保持在 10℃～15℃,让阳光晒着,并经常翻动,当薯皮发绿,芽眼睁眼(萌动)时,就可以切芽播种了。这称为晒种。

困种和晒种的主要作用,是提高种薯体温,供给足够氧气,促使解除休眠,促进发芽,以统一发芽进度,进一步汰除病劣薯块,使出苗整齐一致,不缺苗,出壮苗。

(2)催芽　催芽是在播种前 40 天以前,采取措施促进种薯生芽,使其生长期提前的一种做法。

一般可采用湿沙层积法:在温床或火炕等地方,把已切好的芽块与湿沙分层堆积(即一层湿细沙上边摆一层芽块,共摆 5～6 层,高度在 0.5 米以下),堆温保持 15℃左右。当幼芽生长至 1～2 厘米,并出现幼根时,就可以播种了。另一种方法和晒种方法差不多:把未切的种薯铺在有充足阳光的室内、温室、塑料大棚的地上,铺 2～3 层,经常翻动,让每个块茎都充分见光,经过 40 天左右,当芽长至 1～1.5 厘米,芽短而粗,节间短缩,色深发紫,基部有根点时,就切芽播种,但切芽时要小心,别损伤幼芽。

因催芽时间较长,种薯内潜伏的环腐病、黑胫病和晚疫病等,都会发生不同的症状,所以催芽汰除病块更彻底,混入的杂薯也容易清除。通过催芽处理后所长成的植株可以提早成熟,其块茎能提前上市,可以躲过春旱、春寒等自然灾害。但是如果种植面积大,种薯数量多,此法便难以实施。

经过催芽的种薯,在播种时地温必须稳定在 10℃以上,而且土壤墒情要好。不然,芽苗遇到冷凉或干旱后,很容易出现缺苗的现象。

**4. 切芽块**　关于芽块大小的问题,在前面已做了说明。还有一点要注意的是：每个芽块的重量最好达到 50 克（1 两），最小不能低于 30 克（6 钱）。大芽块是"两大两深"丰产种植技术的主要内容之一，切记不可忽视。

切芽，要把薯肉都切到芽块上，不要留"薯楔子"，不能只把芽眼附近的薯肉带上，而把其余薯肉留下，更不能把芽块挖成小薄片或小锥体等。具体说，50 克左右的薯块不用切，可以用整薯作种；60～100 克的种薯，可以从顶芽顺劈一刀，切成两块；110～150 克的种薯，先将尾部切下 1/3，然后再从顶芽劈开，这样就切成 3 块；160～200 克（3.2～4 两）的种薯，先顺顶芽劈开后，再从中间横切一刀，共切成 4 块；更大的种薯，可先从尾部切下 1/4，然后将余下部分从顶芽顺切一刀，再在中间横切一刀，共切成 5 块（图 16-1）。这种切法，芽块都能达到标准，而且省工，切得快，但不注意易出现没有芽眼的盲块。

另一种切法是看芽眼切块（也称挖芽块），拿一个种薯先把顶部劈开，因顶部集中有几个芽眼，且有顶芽优势，根据薯块大小，劈开切成 2～4 个带有顶芽的芽块，然后看准芽眼，把中部和尾部切成芽块，同样不留

**图 16-1　芽块的切法**

楔子，芽块大小与前一方法要求相同（图 16-2）。这种切芽法能保证每个芽块上都有芽眼，不出或少出盲块，但稍慢一点。

无论哪种切芽块方法，所切的芽块都要均匀一致，切忌切块大小不一、薄片或细长条。

通过切芽块，还可对种薯做进一步的挑选，发现老龄薯、畸形薯、不同肉色薯（杂薯），可随切随挑出去，病薯更应坚决去除。

**5. 切刀消毒**　一些种传病害，环腐病、黑胫病、病毒病等是通

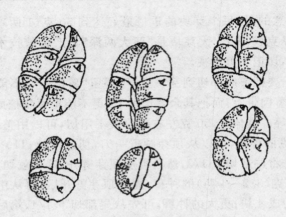

**图 16-2　芽块的切法**

过切刀把病菌、病毒传到健薯上的。据资料介绍,切着一个环腐病后,继续用这个刀切芽块,可传染 24～28 个芽块。为了减少切刀传病机会,所以要严格执行切刀消毒这一操作环节。具体做法是:每个切芽人员都准备两把切芽刀、一个装消毒液的罐子,罐内装 75％酒精或 0.5％～1％的高锰酸钾溶液(也有用 4％来苏儿,3％石炭酸,5％福尔马林),把切刀放在溶液中浸泡,切芽时拿出一把刀,另一把仍泡在消毒液中,每切完一个种薯换一次切刀。如果切着病薯要将病薯扔进专装病薯的袋或筐中淘汰掉,并把用过的刀浸泡在消毒罐中,同时换上浸泡着的切刀,继续切。

**6. 整薯作种的准备**　整薯播种可以避免用芽块播种容易出现的一系列问题,更突出的是整薯播种可比芽块播种显著增产。前人的实践证明,整薯播种比芽块播种一般可增产 20％左右,最高的可增产 1 倍。

整薯播种为什么能增产呢? 这是因为整薯播种大部分都选用小块整薯,而小块种薯大部分是幼龄或壮龄薯,生命力旺盛,而且由于整薯没有切口,体内的水分养分能较好地保持,又没病害传染,病株少,顶芽优势明显等,所以出苗整齐一致,苗全苗壮,株株长势强,能较好地发挥它的增产潜力。

另外,整薯播种还减少了分切芽块的工序,节省人工,并且适合机械化播种。

整薯播种用多大块的马铃薯最好呢? 根据研究结果和实践经验,认为以 50 克左右的小种薯为最好。这样,用种量不是太大,产量也比较高。播种用的小种薯的来源,应采取密植、晚播和早收等办法,专门生产,不应从普通种薯中选小个整薯使用,因为里边常混有小老薯和感染病毒的薯块,很难挑选出去。

整薯播种一定要提前进行催芽,以促进早熟。

**7. 药剂拌种(芽块包衣)** 为了防治地下害虫危害、芽块腐烂、细菌病害的发展及丝核菌溃疡病等土传病害的发生,切完芽块马上要做药剂拌种(包衣)。具体做法及使用的农药:每 1 000 千克芽块用滑石粉 12～15 千克,对甲基硫菌灵(新加坡利农的丽致等)550～600 克,防腐杀菌促进切口愈合;对 47%苗盛拌种剂(福美双＋戊菌隆)500～600 克、或用金纳海(福美双)500 克或用扑海因(异菌脲)50%可湿性粉剂 400 克,防治丝核菌溃疡病;72%农用链霉素 900 克,防细菌病害;再对入杀虫剂锐胜(噻虫嗪)70%可分散性种子处理剂 75～100 克。事先把选用的农药称量准确与滑石粉均匀混合成药粉,再趁芽块刀口未干之前均匀拌在芽块上形成包衣。也可选用适乐时(咯菌腈)2.5%悬浮剂,每 1 000 千克芽块用 1 升药液,适当对水用喷雾器均匀喷在芽块上后,再拌上对好其他农药的滑石粉。

将拌好药粉的芽块装袋,垛在保温且通风的地方,最好随切随拌随播种,不要堆积时间太长。如果切后堆放几天再播,往往造成芽块垛内发热,使幼芽伤热。伤热的芽块播后有的会烂掉影响全苗,有的出苗不旺、细弱发黄,像感染病毒病一样。因春季北方气温低还要注意防冻。

### （三）基肥的施用

马铃薯施肥已在第十章做了详细的阐述，但这里仍需加以强调。首先应按预计产量目标和土地肥力情况计算出足够的总施肥量，选择氮、磷、钾配比合理的化肥品种。按"基肥为主"的原则施足基肥，把总施肥量的 65%～70% 在播前或播种时施入土壤中。按氮、磷、钾分别要求，基肥中纯氮素总量的 70%、磷素总量的 90%、钾素总量的 60% 都要施入土壤中，以保证苗期马铃薯对各元素的需求，使其根系发达，幼苗健壮，叶色纯正。

近年来马铃薯单位面积化肥用量在增加，所以在基肥施用上应注意合理施用，防止施用不当造成烧芽块等不应有的损失。提倡播前地面撒肥，而后耙入土中，再行播种，尽量少用沟施的办法，如需要沟施的话，化肥千万不能与芽块直接接触，要离开 3 厘米以上，防止化肥烧坏芽块，造成芽块腐烂而缺苗减产。

### （四）播　种

"一犁定乾坤"，这是农民对马铃薯播种重要性的概括。许多保证丰产的农艺措施都是在播种时落实的，比如播种深度、垄（行）距、株（棵）距等，如把握不好，一错就是 1 年。播种搞不好，苗出不全，管理得再好也难以得到丰产。

**1. 播种条件**　播种期的安排各地气候有一定差异，农时季节也不一样，土地状况更不相同，所以马铃薯的播种时间也不能强求划一，而需要根据具体情况来决定。总的要求应该是：把握条件，不违农时。

马铃薯播种，首先要考虑的条件是地温。地温直接制约着种薯发芽和出苗。在北方一季作区和中原二季作区春播时，一般 10 厘米地温应稳定通过 5℃，以达到 6℃～7℃较为适宜。因为种薯经过处理，体温已达到 6℃左右，幼芽已经萌动或开始伸长。如果地温低于芽块体温,不仅限制了种薯继续发芽,有时还会出现"梦生薯",即幼芽开始伸长,但遇低温使它停止了生长,而芽块中的营养还继续供给,于是营养便被贮存起来,使幼芽膨大长成小薯块(图17),这种薯块不能再出苗了,因而降低了出苗率。为避免这种现象的出现,一般在当地正常春霜(晚霜)结束前25～30天播种比较适宜。一季作区播种时间大致在4月中下旬或5月上旬;二季作区播种时间大致在2月下旬和3月上旬。

其次,要考虑的条件是墒情。虽然马铃薯发芽对水分要求不高,但发芽后很快进入苗期,则需要一定的水分。在高寒干旱区域,春旱经常发生,要特别注意墒情,可采取措施抢墒播种。土壤湿度过大也不利,在阴湿地区和潮湿地块,湿度大,地温低,这就要采取措施晾墒,如翻耕或打垄等,不要急于播种。土壤湿度以"合墒"最好,即田间持水量在60％左右。

再次,要考虑采用的品种和种植目的。如果用的是早熟品种,计划提早收获上市,则要适当早播。如果用的是中晚熟品种,因为可以进行催芽也可适当晚播。

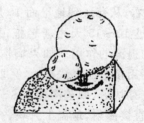

**图 17  梦 生 薯**

**2. 扩垄种植(播种密度)**　提倡扩垄种植,可以合理利用地力和空间,是"两大两深"丰产种植技术的主要内容之一。

总结农民种植马铃薯的经验,木犁种植,以垄(行)距60～70厘米,棵(株)距24～26厘米较好。每667米² 株数3 960～4 270

株,但必须根据品种特性、生育期、地力、施肥水平和气温高低等情况决定。一般说,早熟品种秧矮,分枝少,单株产量低,需要生活范围小,可以适当加密,即缩小棵距,垄距不变;每 667 米$^2$ 株数可达到 4 500～5 000 株;而中晚熟品种秧高,分枝多,叶大叶多,单株产量高,需要生活范围大一些,所以应适当放稀,加大棵距。每 667 米$^2$ 株数在 3 100～3 500 株,在肥地壮地,水肥充足,并且气温较高的地区和通风不好的地块上,植株相对也应稀植。如果地力较差、水肥不能保证,或是山坡薄地,种植可相对密一些。

　　**3. 深开沟深播种(播种深度及播种方法)**　　深种,也是"两大两深"丰产种植技术的主要内容之一。为了落实深种的技术,农民曾创造出很多办法,如套二犁深种、埯田种植等,但都很费工,而且也不是越深越好。根据实践,只要是经过深翻 25 厘米以上的土地,用畜力犁或小拖拉普通犁,就可以达到开沟深度要求。一般开沟深应达到 13 厘米左右,下部施上化肥及杀虫农药,用耢圈轻拖覆土,这样垄中坐土 3 厘米左右,在坐土上播芽块,再用犁在原垄两侧分别垄土向垄沟捧土覆盖,叫挤垄播种。这样从芽块到垄顶 15 厘米左右,从芽块到地平面 10 厘米左右,就达到了播种要求的深度了。过 10～15 天用耢轻拖,把垄背拖下 3～4 厘米,起到压实、保墒和提温的作用。如果墒情好、地温低,怕覆土厚地温上升慢,也可不用挤垄的办法覆土,采取平垄的方式。即按上述深度开好沟,点上芽块后,顺垄沟覆土 6～7 厘米厚,然后用石磙子镇压保墒。阳光直接照射,地温上升块。待苗拱土时,用犁垄垄背向垄沟苗眼捧土,称为串垄。再覆土 6～7 厘米,起出垄台,覆上的土是热土,不仅可以提高地温,还能增加土壤中的空气,也能起到灭草作用,有利于幼苗快速生长(图 18)。

　　**4. 播种沟喷施农药(杀虫防病)**　　如果拌种时没拌杀虫剂和杀菌剂,可在开沟播种同时,每 667 米$^2$ 往垄沟中芽块上喷施杀虫剂噻虫嗪 20 克,或吡虫啉 40～60 毫升。每 667 米$^2$ 用杀菌剂

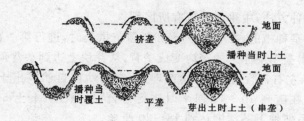

图 18  马铃薯播种方法

25％嘧菌酯悬浮剂 40 毫升，或 2.5％咯菌腈悬浮剂 150 毫升，或 50％福美双可湿性粉剂 80 毫升，可防治丝核菌溃疡病。

## （五）田间管理

马铃薯的田间管理内容较多，其主要任务是：为幼苗、植株、根系和块茎等创造优越的生长发育和保护条件。管理的重点应随当年情况的不同而有所不同，比如天旱年份要抓好保墒浇水，天涝年份需抓好排水防涝和晚疫病防治等。但不管什么情况，中耕培土都必须抓好。因此，可以说田间管理是以中耕培土为中心的。马铃薯生长前期的各阶段，时间都很短促，各项管理都应提早，要"以早促早"，最好在结薯期之前，把改善生长条件的管理都搞完。后期的管理是以"保"为主，排、灌和病虫防治，都是为了保证生长条件和保护叶片健康、延长生存时间，多制造营养，促进地下块茎的快速增重。

田间管理具体要抓好"五早"：

**1. 早拖耢**  采取挤垄种植方法的在苗前要进行拖耢，一般要在播种后 10～15 天进行，用木拖子或柴拖子把播种时的垄背拖下 3～4 厘米，起到压实、提温、保墒、灭草等作用，能促进根系发达、增加吸收能力，达到促地下、带地上、早出苗、蹲住苗的目的，为马铃薯根深叶茂打好基础。

**2. 早中耕培土**  培土是"两大两深"丰产栽培主要内容之一。

两种播种方法,中耕方法也有所区别。

平垄种植的,在有 20%～30%薯苗拱土时,进行第一次中耕,称为"串垄",使原来的垄沟变成垄背,从芽块上边到垄背顶部达到 15 厘米左右,把已拱土的幼苗埋上,之后幼苗自然拱出土。第二次中耕在苗高 10～15 厘米时进行,向苗根壅土,上土 5 厘米左右,最后使地下茎深度达到 18～20 厘米。

挤垄种植的,在拖耢后的垄台上,薯苗有 20%～30%拱土,进行第一次中耕,上土 3～5 厘米,将幼苗埋住,并形成垄背,使芽块到垄背恢复至 15 厘米左右。当薯苗生长至 10～15 厘米时,也就是在现蕾前进行第二次中耕,上土 5 厘米左右,土要培到苗根基部,两次培土后,使地下茎达到 18～20 厘米长。

早中耕培土可使土暄、地热和透气,增强微生物活动,加速肥料分解,满足植株生长的营养需要。同时,还可少伤或不伤根系和匍匐茎,创造结薯多且块大的条件,还起到灭草的作用。培土如达到要求的深度,使土培得又宽又厚,可避免后期薯块外露、减少青头、防止病菌感染、保证质量(见图 11)。

**3. 早追肥**　根据马铃薯的生育进程和对营养的需求量,即幼苗期吸肥量占总吸肥量的 16%,而发棵期吸肥量将达到总吸肥量的 30%,所以应及早补充营养,不能在营养透支后再补充。因此,必须早补,事先备好,用时就有,不误生长。应在出苗后 20～25 天,结合中耕或浇水进行第一次追肥。可以撒施,也可以用装有施肥器的中耕机顺垄施入,但注意肥不要离根太近,要在 8～10 厘米以上,防止烧苗。

中后期追肥,最好采用叶面喷施,见效快、利用率高、节省肥、效果好。

据资料介绍,用同等数量的氮肥,分别在苗期、蕾期和花期追施,增产效果分别是:苗期 17%,蕾期 12.4%,花期 9.4%。从中可以看出,早追肥的增产效果为最好。

**4. 早浇水** 马铃薯发芽时靠芽块的水分,没出苗时根系便形成了,开始吸收水分和营养,苗期吸水量虽然只占总需水量的10%,但因苗期根弱吸水力不强,土壤中必须保持一定的含水量,才便于根系吸收水分和营养,以建造强大的根系群和健壮的植株。要求苗期在40厘米深的土层内,土壤持水量要保持在65%左右,所以在出苗时就应及早补充水分,以后各生长阶段都应保持有充足的水分才能使植株生长旺盛、薯块早日形成和膨大。

**5. 早防病虫害** 马铃薯的重点病害是晚疫病,近年来早疫病也常造成危害,其他病害也有上升的趋势。对这些病害必须早动手进行药剂防治,做到防病不见病。对地下害虫、种传和土传病害更应早做处理,在切芽时、播种时就施药,提前防控。具体方法详见第十一章病、虫、草害防治部分。

## (六)收　获

当马铃薯植株茎叶由绿变黄、下部叶片开始脱落,上部茎叶开始枯萎,称为"回秧",地下部分停止了生长,薯皮老化,块茎很容易与薯分离时,正是收获的好时机。如果收得太早,薯皮太嫩易破,易感染病害,影响品质,还不耐贮藏;收得太晚则因气温下降、薯温过低,薯块也易于损伤。

用木犁收获,应在人工拔秧或割秧后进行,在翻、捡、装、卸、运各个环节中,尽量避免块茎损伤,减少块茎上的泥土、残枝杂物,防止日光长时间暴晒,防止雨淋和受冻。

# 三、农户小型机械化马铃薯种植

北方马铃薯一季作区,长期存在着播种速度慢与农时季节短的矛盾,特别是在人少地多的地方更加突出。其次就是增产显著的农艺措施,因工具不配套而得不到落实,在很大程度上限制了马铃薯生产水平的提高。为缓解上述矛盾,有的地方从国外引进马铃薯种植机械,推行马铃薯机械化种植。但这些机械机型大,只适合大面积的农场使用,不符合我国农村家庭承包制的小动力、小面积的要求。河北省围场满族蒙古族自治县农机研究所,在国外大机械的启发下,成功地研制出一套用小拖拉机牵引的单行马铃薯栽培机械,包括播种机、中耕机和收获机,机型小巧玲珑,非常适合农户使用。马铃薯种植机械的应用,可提高作业速度,节省劳力,降低成本。但必须按技术要求去做,才能达到预期的目的。

通过多年应用和对比试验证明,在正常年景使用小拖拉机单行配套机械种植马铃薯,在同等田间管理条件下,机械播种比畜力木犁播种早出苗 3～5 天,抗旱、保墒、苗齐、苗壮,每 667 米² 平均产量达到 2 100～2 500 千克,比畜力、木犁种植、管理的增产 300～500 千克,增产 30% 以上,节省投入 50 元,还能增加收益 150 元,每 667 米² 可增效益 200 元以上,是马铃薯旱作的有效增产方法。

小型机械化马铃薯种植的具体技术要点如下:

## (一)机械准备

小型机械化马铃薯种植必备的机械,要事先做好准备。

单行马铃薯播种机:播种行数为 1 行、播种深度可调 10～15 厘米,株距可调 17～27 厘米,行距可选定为 80 厘米,工作效率正常情况下每小时可播 0.2～0.27 公顷,双株率小于 5%、空株率小于 2%,靴式开沟器,带有施肥箱,开沟、施肥、下种、覆土、做垄一次完成。配套动力 10.5～13.5 千瓦。在一个作业季节里可完成 13.5～19 公顷。

或单体双行马铃薯播种机:播种行数为 2 行,小行距 30 厘米,最后形成 1.3 厘米双行大垄,平均单行距 65 厘米(图 19),播种深度为 10～15 厘米,株距 20～24 厘米,配有施肥箱,开沟、施肥、下种、覆土做垄一次成形。工作效率:每小时可播 0.3 公顷左右,一

个作业季节,可完成 24 公顷左右的播种。动力配套 10.5～13.5
千瓦小拖拉机。

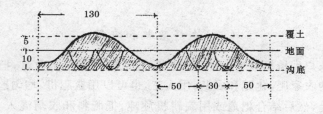

**图 19  单体双行马铃薯播种机作业效果示意** (单位:厘米)

中耕培土机:采用 10.5～13.5 千瓦小拖拉机带动,完成松土、
培土、除草等田间作业,作业行数为 2 行,行距可调范围 50～90 厘
米,中耕深度可调范围 10～15 厘米。工作效率:每小时完成0.2～
0.3 公顷,每天可完成 1.6～2.4 公顷,每个作业季节可完成20～
40 公顷的中耕培土工作。

单行马铃薯挖掘收获机:用 18.75 千瓦小拖拉机带动,靠动力
输出轴传动,带动振动筛。单行,挖掘幅宽 55 厘米,深度 20 厘米,
每小时收 0.15 公顷,每天可收获 1.2 公顷。需配备 10 人完成捡
拾、装袋等作业。起净率可达 98% 以上。

另外,还需配备小拖拉机带动整地时使用的翻地犁和旋耕机,
以及小型喷药机。

种植户可根据所经营的土地面积酌情配齐动力和机具。

## (二)选地与整地

选择机械化种植马铃薯的地块,主要应注意地势平坦,最好是
平地、梯田地、缓坡地也可以,但坡度要在 8°以下。垄向要与坡地
的等高线相垂直,也就是垄向应顺坡。切忌高低不平和斜坡。垄
头要长一些。

选定的地块要认真整地,首选是深翻,深度要达到 28 厘米以上,然后用旋耕机旋一遍,使土地松软平整,这样才能保证机播的质量。

### (三)施好基肥和农药

农户种植马铃薯,农家肥较多,应根据计划用肥数量,把用作基肥的农家肥、化肥和农药,用人工,也可以用撒肥机,均匀地撒在地面上,然后结合耙地或用旋耕机旋地,把肥料和农药混入土中。如果使用装有化肥施肥器的马铃薯播种机,农家肥、化肥和农药在播种时随播种机同时施入垄沟。但必须注意,输肥管必须紧靠开沟器,化肥撒到沟底后,回土必须将化肥盖严,回土应达到 2 厘米以上,然后芽块落在回土上面,这样就避免了芽块和化肥直接接触的问题,杜绝因化肥接触芽块而造成的烂芽块缺苗的现象。

### (四)种薯准备

种薯准备按常规丰产种植的方法执行,除选用早代脱毒种薯和做好挑选、困种外,最关键的是切好芽块。每个芽块重量应达到 35~50 克重,同时要均匀一致,不要长形或扁片状的芽块,这样可减少空株率和双株率,确保播种质量达到农艺要求。农药包衣(拌种)更要认真落实。

### (五)播　种

用马铃薯播种机播种能做到标准化、规格化,较好地落实"两大两深"马铃薯丰产栽培技术要求。其播种条件要求与常规种植完全一致。因马铃薯播种机是开沟、点芽块、覆土、做垄一次完成,所以在开播之前,必须同时把播种机的相关部件准确地调整好。"播种深度、芽块密度、覆土厚度和做垄正度"是机播马铃薯的四大关键。

### 三、农户小型机械化马铃薯种植

**1. 播种深度** 马铃薯播种深度,不同土质有所区别,一般从芽块顶部到地平面要达到 8 厘米。开沟深度又直接影响着播种深度,所以调整好开沟器深浅是关键。调整开沟器深浅,主要调两个部位。一是拖拉机三点升降悬挂臂,悬挂臂的中心拉杆调短则开沟器入土深,反之则开沟器入土浅;另一部位是开沟器的犁柱,犁柱向上调开沟器入土浅,犁柱往下调则开沟器入土深。开沟器开沟后马上有回土回落在沟底,芽块落下时,沟中已有回土,所以开沟深 11~12 厘米,芽块落入垄沟后芽块顶部距地面是 8 厘米左右。播种前要在空地、不加芽块、抬起覆土器只用开沟器开沟,多次调试开沟深度,达到要求后,固定下来,方可进入密度调试。

**2. 芽块密度** 小型马铃薯播种机,行距一般是 80~90 厘米,小双行播种机,一带(一大行)130 厘米,其中小行距 30 厘米,单行平均行距 65 厘米。不同品种播种密度不同,也就是株距有所差别。一般晚熟品种、植株高大的密度应小些,80~90 厘米行距、株距为 20~22 厘米,每 667 米$^2$ 株数为 3 360~4 160 株,小双行播种机的株距应在 24~25 厘米,每 667 米$^2$ 种植 4 100~4 200 株。而早熟品种植株矮或薯块要求小的密度应大些,行距 80~90 厘米,株距应是 15~26 厘米,每 667 米$^2$ 种植 5 200 株左右,小双行播种机的株距应在 20 厘米左右,每 667 米$^2$ 株数达到 5 100 株。

马铃薯播种机排种动力,主要靠播种机地轮轴上的主动齿轮,带动排种被动链轮,再带动种杯链(或皮带)转动,使种杯上升,带上芽块,完成播种。一般排种被动链轮都备有几个不同齿数的齿轮,更换连接排种被动链轮,就可改变株距。比如,14 齿的被动链轮,株距 18 厘米,19 齿的被动链轮株距是 24 厘米(使用时要详细阅读使用说明书)。调换齿轮后,仍需要播种机种薯斗内加上一定数量芽块,抬起覆土器,在空地入地行走 10 米以上的距离,实测芽块密度大小和空株率和双株率。如果密度大、双株率高则应加大振动器的振动,密度小空株率高则应减小振动器振动,直到达到计划密度为止。

**3. 覆土厚度和做垄正度**　一般播上芽块之后，覆土器随之覆上土做成垄。要求从芽块顶部到垄背顶部覆土 15 厘米以上，而且芽块应在垄背正中间，不能偏垄，如出现偏垄会造成减产。

覆土器（合墒器）由支架、压缩弹簧和仿形圆盘耙片组成，阻力较小，完成覆土靠它起垄作业。通过调整压缩弹簧螺母改变弹簧压力，可改变覆土深浅。通过松开圆盘耙片在支架上的固定螺丝，移动圆盘耙片角度，可改变起垄的高低和做垄的偏正度。也有铧式覆土器，通过调整犁柱上下来调整覆土深浅。铧式覆土器阻力相对大些。

**4. 开第一条垄时必须打直**　单行播种机，个个都是交接垄，行距全靠机手技术，只有交接垄得当，行距才能一致，最好播种机有划印器，按印行走，使行距相同。入地前在地头上机组要摆正，对准要播的位置，入地后及时落下播种机，地头不能漏播。作业到头后，也应播到位再提升播种机，保证种满种严。播种过程中随时扒开垄检查深度、密度、覆土和偏正，发现问题及时调整。完成一个行程要及时清理开沟器、覆土器上的杂物及泥土，并检查排种、排肥系统装置有无故障，及时处理。

## （六）田间管理

机械化种植马铃薯的田间管理，与常规种植相同。

播后 10～15 天用轻木耢或柴拖子，进行 1 次苗前拖耢，可使土碎地实，起到提温、保墒、灭草作用。

中耕培土要进行 2 次，第一次在薯苗露头 20％～30％时进行，先追肥后中耕培土，或用带施肥箱的中耕机，随追肥随中耕。中耕时培土 5 厘米左右，把刚露头的幼苗埋上。第二次在苗高15～20 厘米时进行，结合第二次追肥再培土 5 厘米左右，土一定壅到苗根，把苗眼杂草盖死，中耕机的犁铲、犁铧要调好入土角度、深度和宽窄,做到既不伤苗又培土严实,培够厚度。

小型机械种植马铃薯的大部分是旱作,有浇水条件的要及时浇水,保持土壤湿度,为马铃薯丰收创造条件。

防治早疫病、晚疫病和其他病虫害更应认真落实,杀菌剂喷洒不少于 6 次,杀虫剂也要在 2 次以上(详见第十一章马铃薯病、虫、草害防治)。

## (七)收　获

为了便于机械收获和促使薯皮老化,避免在机械收获时破皮,最好在收获前 7～10 天,用轧秧机或打秧机或人工割等办法处理薯秧。

挖掘收获机靠拖拉机带动,挖掘铲入土把垄台上的土和薯块一起挖出,堆在铲后和履带式振动筛前部,振动筛靠拖拉机动力输出轴和减速箱把动力传到振动筛的主动轮上,带动振动筛作循回转动,把土、薯向后传动。筛片下边有突轮式振动轮,振动轮的上下运动使振动筛出现振动,把土筛下去,薯块在筛片上向后移动落在收获机后边地上,再由人工捡拾装袋。

收获机入地前首先要调整好挖掘铲入土深度,入土浅会切伤薯块,下层薯块起不出来,造成丢薯;入土太深则浪费动力,同时薯土分离不好,薯块往往被落土埋上而捡拾不出来。再者是调整好振动大小,振动如果太小,土筛不下去,薯土分离不好,出现埋薯问题;振动如果太大,会使土很快筛净,光剩薯块没土垫着,出现薯块被筛片链条碰破皮的问题。应该把振动调到薯块正好落下振动筛,土正好筛没,使薯块受到保护,又不被土所埋为最好。机手应随时检查挖掘质量,到地头后及时清理收获机上薯秧杂物泥土等。注意安全,检查、清理必须在停车和停止转动后进行。

组织好捡薯人员,及时捡净,以发挥收获机的效率。

# 四、北方一季作区马铃薯现代化大型农场种植

随着我国农业现代化的发展，马铃薯产业化水平的不断提升，及国外马铃薯现代化种植技术的引进，在我国北方一季作区具备自然、地理条件的区域内，有一小批新型农民，突破马铃薯传统种植观念，实现了马铃薯现代化管理的面积在 67 公顷至 340 公顷大型农场，实行良种化、机械（电器）化、水利化、科学化、专业化等，进行加工原料薯或种薯、菜薯的生产经营。获得了突破性的单位面积产量和效益，合格品产量达到 45 吨/公顷以上，最高的达到 75 吨/公顷以上，产量水平达到或超过了马铃薯生产先进国家，逐步显现了我国马铃薯生产的潜力。

具体种植技术要点如下：

## （一）选地和基本建设

大型农场选址非常重要，一旦建场要经营多年，一些基本建设如架设电源、打井、铺设地下管道、地缆等，都不可轻易挪动，必须认真考察后确定。

应该在气候冷凉、生长季节温差较大的马铃薯适宜种植区内选地。土质疏松、土层深厚，地力较均匀的平川地或缓坡地（坡度 8°以下）沙壤土或沙土均可，土壤酸碱度为中性至微酸性（pH 值在 5～7 最佳），但北方土地大多偏碱，pH 值在 7.8～8，勉强可以利用（因喷灌可淋溶减轻碱对马铃薯生长的伤害作用）。

有较近的地上水源，或地下水源丰富。有地上水源的地方要根据地块大小建立泵站，必要时在地中心建蓄水池为喷灌机直接供水。无地上水源有地下水的需打井，依据地下水位高低打浅井或深井一眼至多眼，以满足需水量为准。一般 20 公顷面积每小时供水量应达到 80 米³，33.3 公顷面积每小时供水量应达到 120

米$^3$,66.7 公顷面积每小时供水量应达到 180 米$^3$ 以上。一眼井可满足水量要求的,井位可定在喷灌机中心塔前,多个井的可在中心打一眼,其他井相距应在 300 米以上的地内或地外定井位,以避免井间水位的互相影响。多个井需从远处井到喷灌机中心埋设管道,把水集中到喷灌机中心塔主管道,或进入蓄水池再经泵送入喷灌机管道。

地块大小的要求,要根据所用喷灌机种类决定。用卷盘式喷灌机、平移式喷灌机、滚移式喷灌机地块相对可小一点,地块长 300 米就可以。但目前大型农场多用圆形自走指针式喷灌机,这种喷灌机喷水效果好,但要求地块方正,如 20 公顷需 510 米见方地块;33.3 公顷需 670 米见方地块,66.7 公顷需 930 米见方的地块。如果地块选定后可根据地的长度、宽度设计大小不同的喷灌圈,以减少旱角面积提高土地有效利用率。另外决定农场总体面积时还要考虑喷灌圈以外的 4 个旱角的面积及轮作倒茬的问题,如果种植加工原料薯和菜薯,最低需隔年倒茬,2 年种 1 次,这样总土地面积应当是计划每年种植毛面积的 1 倍,每年轮作倒茬面积占总土地的一半。如果种植种薯,要求最低隔 2 年倒 1 次,也就是 3 年种植 1 次马铃薯,所以总面积应当是每年种植毛面积的 2 倍,每年有 2/3 的土地面积种其他作物。

选地建场还要选离电源(高压线)近些的地方,喷灌机和水泵都需要电来启动。架设高压线、安装变压器,喷灌圈外可架低压动力线,喷灌圈内要埋设电缆通向井和喷灌机的中心塔架,用多大容量的变压器和多少的电缆,需视喷灌机大小、水泵的大小等实际情况经计算决定。

选址的要求还有交通问题,最好大载重车辆能到地头,并离公路不是太远。因为每年有农药、化肥、种薯等物资运进,还有几千吨的产品运出,必须有好的交通条件才行。

## (二)机械设备的配置

在 20 世纪 90 年代初,河北省围场县从美国引进了整套双行马铃薯播种、中耕、收获机械,在承德辛普劳种薯有限公司坝上基地使用,因其能很好地落实"大垄大芽块、深种深培土"的"两大两深"丰产栽培的农艺措施,所以取得很好的增产效果,但当时只是旱作,单产达到 30 吨/公顷以上。一些种植户渴望用上这种机械,跟着一些农具制造厂家就开始了国产化尝试。目前农场使用的马铃薯栽培机械一部分是从德国、美国、荷兰、意大利等国家进口的机械,一部分则是国产的,使用效果都差不多,但国产的材质差,易坏,这是个现实。

马铃薯栽培大中型机械设备简介如下。

### 1. 马铃薯播种机

(1)马铃薯双行播种机　行距 80～90 厘米,可调株距 15～40 厘米,可调播种深度 5～20 厘米,覆土圆盘式合墒器或犁铧式起垄器,工作效率 6～8 亩/小时,每天 60～70 亩,配套动力 48.75～60 千瓦(65～80 马力)。有的带施肥装置。

(2)马铃薯 4 行播种机　行距 90 厘米,可调株距 15～40 厘米,可调播种深度 5～20 厘米,覆土为圆盘式合墒器,工作效率 10～15 亩/小时,每天可播 80～120 亩,配套动力 60～90 千瓦(80～120 马力)。有的带施肥装置。

另有 6 行、8 行马铃薯播种机,但目前在我国还不太适合。

### 2. 马铃薯中耕培土机

(1)美式中耕培土机　有双行和 4 行等不同配置。牵引杠上装有 3～5 个顺垄的犁杠,在犁杠上装有多齿小旋耕器起暄土、上土、灭草作用,后边有开沟培土犁铧。可调行距 75～90 厘米,中耕深度 10～15 厘米,仿形。工作效率,双行 0.67 公顷/小时(10 亩/小时)、4 行 1.5 公顷/小时(22.5 亩/小时),有的配有施肥箱。配套动力 48.75～60 千瓦(65～80 马力)。

(2)欧式中耕培土起垄机　牵引杠中间装有 3 个大铧,两边各 1 个半面铧和后边一组 4 个培土做垄成型器,松土、上土、起垄、成型一次完成。行距 90 厘米,可培土 5 厘米左右,行数 4 行。作业效率 1.5 公顷/小时(22.5 亩/小时)。配套动力 60～90 千瓦(80～120 马力)。该机型国产有双行、四行的,效果也很好。

**3. 马铃薯收获机**

(1)双行马铃薯挖掘收获机　作业幅宽 1.6～1.8 米,行数 2 行,挖掘深度 10～30 厘米,悬挂式机身长 2～2.5 米,链条筛为单片;拖拉式机身长 3.5～5 米,链条筛有单片也有双片的。作业效率,0.4～0.8 公顷/小时(6～12 亩/小时),视捡拾马铃薯人员配备多少决定收获机效率。配套动力以 75～90 千瓦(100～120 马力)拖拉机为最佳。还有,马铃薯收获机有带分秧装置的,可把薯秧与薯块分开,把薯秧分到侧面,只把薯块放到后边地面上,不压埋薯块,便于捡拾。也有把薯块集中放在侧面的。另外,还有 4 行马铃薯挖掘收获机,配套动力需 135 千瓦(180 马力)以上的拖拉机,目前我国用的很少。

(2)拖拉式马铃薯传输型联合收获机　作业宽度 1.5～1.8 米,可收 2 行。薯和土起上振动筛后经薯土分离后,再经过几级传送分秧后,直接吐入运输料斗车上,不用人工捡拾,需配备多辆运输料斗车。配套动力 135～150 千瓦(180～200 马力)拖拉机牵引。作业效率:1.5～2 公顷/小时(20～30 亩/小时)。目前我国只有少数特大型农场使用。

**4. 施肥机**

(1)悬挂式施肥机(撒肥机)　不同型号撒肥的宽度不同,有 10～18 米的,有 10～24 米或 36 米的。料斗容量也不同,在 800～1 500 千克。作业效率 4～5 公顷/小时(60～80 亩/小时)。靠拖拉机动力输出轴带动尾部的甩盘把肥料甩出去。靠拖拉机悬挂装置提升后行走。配套动力 60～90 千瓦(80～120 马力)。

(2)拖拉式施肥机(撒肥机)　装有承重行走轮,靠拖拉机牵引行走,料斗较大可装 2～3 吨肥料。撒肥宽度可达 36 米。作业效率:5～7 公顷/小时(80～100 亩/小时)。配套动力 60～75 千瓦(80～100 马力)。

**5. 打药机(喷雾机)**　打药机有自走式、牵引式和悬挂式等喷杆打药机。当前我国使用的都是悬挂式喷杆打药机,药罐容量为 800～1 500 升,喷杆宽度(打药宽度)为 14～24 米,有喷杆自动伸缩的,有靠人工手动完成展开和合垄的,喷头每组 1～3 个,有的自带加药罐和自吸泵。作业效率 4～5.5 公顷/小时(60～80 亩/小时)。配套动力需提升力较大的 75～90 千瓦(100～120 马力)拖拉机。

**6. 杀秧机(碎秧机)**　杀秧机一般为悬挂式,靠拖拉机输出动力驱动锤刀围轴旋转,锤刀长短按垄上、垄间高矮不同而长度不同,达到仿形效果,可将垄背、垄沟地上所有茎秆打碎。对 75～90 厘米行距的薯田都可进行作业,作业宽度 3～3.6 米,作业效率:2～2.6 公顷/小时(30～40 亩/小时),配套动力需 60～75 千瓦(80～100 马力)拖拉机。

**7. 其他配套机械**　通用型整地机械,主要有 3～5 铧翻转犁、轻型或重型圆盘耙、旋耕机等。

**8. 灌溉机械**　当今灌溉机械多为节水型喷灌设备,喷灌设备种类较多,有滚移式喷灌机、平移式喷灌机、卷盘式喷灌机、地管式喷灌机、圆形自走指针式喷灌机等。喷水效果好、操作简便的应该是圆形自走指针式喷灌机,目前我国大型马铃薯种植农场都是用的这种喷灌机。

圆形自走指针式喷灌机:根据地块大小,可选用 20 公顷,需长 255 米喷灌机(按每跨 50 米为 5 跨加 5 米悬臂);33.3 公顷,需 326 米长喷灌机(按每跨 50 米为 6 跨加 26 米悬臂);66.7 公顷,需

465 米长喷灌机（按 50 米一跨为 9 跨加 15 米悬臂）。由多跨组成，每跨有电动机作动力通过减速机带动轮子行走，围绕中心塔架如钟表针一样走圆周。每跨有若干个喷头，靠井中电动水泵的压力把水喷出。灌溉水量靠行走速度控制，行走慢则喷水量多，行走快则喷水量少。一般喷灌机主管道入口压力要在 2 个左右为好。要保证压力主要是水量足，流量大，要达到这一要求，一是井水量够用；二是电动水泵出水量达到要求、扬程够数；三是电压要达到380 伏且稳定。

## （三）机械化整地

整地要求与常规种植基本一致［请参看本章一、（一）］，但应强调翻地一定要用翻转犁，做到地内不留墒沟，以避免因墒沟造成播种、管理、收获做不到位而减产的问题。同时深度必须达到 28～30 厘米，均匀一致，没有生格子，撒施基肥后通过耙或旋耕使地面达到平整，以达到播种机正常开沟、覆土的要求，为保证播种质量创造良好条件。如果需要播前起垄的地，可用起垄器（中耕机）按预计播种行距调整好，根据播种对垄高、垄宽的要求起垄。

## （四）撒肥机撒施基肥

施肥品种和施肥数量请参看第十章，化肥品种要以氮、磷、钾配比适当的复合肥为主，总施肥量不少于 130 千克，基肥要用到总用量的 65％以上。下边重点介绍如何用好撒肥机，使施用的肥料达到均匀一致。

在撒肥前，首先应根据施用化肥品种的比重及施肥数量调整好肥量控制器，确定行走速度。再依据撒肥机撒肥的宽度决定拖拉机第一趟和第二趟行走之间的距离和行走的方法。一般撒肥时，甩盘甩出的肥料落地情况是近处密、远处稀，如不注意往往造成田间出现一条一条缺肥现象，为避免这一现象的出现有两种撒肥、行走方法：一是单"U"字形重叠压边行走法——撒肥量调到设计用量的全部。比如，用撒肥宽度 36 米的撒肥机，总共覆盖 90 厘米宽的垄计 40 条垄，从地边往地里量 18 米处拖拉机骑第十九垄和第二十垄入地，顺地向前走撒肥，到地头距地边 18 米处拐行（呈半弧状，不停止撒肥）至距第一行走中线 32.4 米处即第三十六垄处，再拐入地顺垄直行，这样撒肥覆盖面就有 3.6 米（4 行）为重叠施肥，于是就使原来化肥密度小的地方补充到和撒肥机近处大致相同的肥量。以后每趟都在 36 垄（32.4 米）处顺垄行走撒肥即可，在地头处均形成"U"字形。这样就能达到施肥均匀的要求。二是正反"U"字形套行法——撒肥量调到设计用量的 1/2。入地第一趟，同样在距地边 18 米处入地，到地头同样距地边 18 米处拐行呈半弧状，到距第一趟行走中线 36 米处再拐顺垄直行与第一趟中线平行，这样一直把半个喷灌圈撒完，等于完成施肥量一半。正面返回来，走原来"U"字形的正中间，即距原来行走中线 18 米处，顺垄直行，到头向原来的反方向拐行，到下一个"U"字形中间再拐顺垄直行，这样就形成了两个相反的"U"字形套在一起，经两次撒肥把全部设计用量的化肥撒入田间，同时两次远近交叉覆盖，使肥料达到均匀的目的。

另外，两种行走撒肥方法的地边和地头，基本上都是单覆盖，会造成肥量不足，此处的马铃薯生长不如田里边，为解决这一问题，在田里全部撒完之后，要采取"单翅锁地边"的方法：撒肥机有左右两个甩盘，分别负责两侧撒肥，撒地边肥时，可把地外边的出肥口关闭，只留下向地内的一面，拖拉机沿地边行走撒肥，把原来肥量不足的地方补充够量，这样就使全田肥量大体一致了。

整个撒肥作业完成后，要结合耙地或旋耕，使肥料和土壤充分混合，且地面平整，等待播种。

作业中必须注意安全，一般不要打开肥料箱上面的护网，需要调整或排除故障时，必须停车、停转后再进行。

## （五）种薯准备

必须使用增产潜力较大的早代脱毒种薯，级别应是原种或一级种。

在发达国家，种植马铃薯的大国，种薯切芽多用马铃薯切芽机作业，其速度较快，药剂拌种也用拌种机完成，人工只管上料、配药、封袋等。但机械切芽、出现没芽眼的盲块比例大些，可占3%～4%。我国主要是用人工切芽，较为细致，盲块不超过1%～2%。

种薯准备的技术要求和常规种植基本一致，应强调的是芽块的单块重量标准必须达到 35～50 克，且大小一致，以保证播种密度达到设计要求，均匀准确。另因马铃薯播种机作业速度较快，芽块的消耗量大，因此必须计算好每天播种面积和用种量，提前做好准备，运至地头，防止芽块不够停机等待，影响作业速度，拖后播种期。

## （六）机械播种

播种是马铃薯机械化种植的关键环节，播种质量好给其他机械作业创造了条件，为马铃薯丰产打下了基础。所以必须认真对待，机手和田间人员要密切配合，精心调试播种机，随时检查播种效果，发现问题及时补救并迅速纠正。

播种机的调试可参看本章三、（五）播种。

**1. 确认播种机行距** 多行播种机各开沟器间距离就是行距。假如使用 90 厘米行距，用米尺量好每个开沟器之间都必须是 90 厘米，不对的要调整好并加以固定。

**2. 调整播种深度** 按本章三、（五）的调整方法做，但多行播种机各开沟器的深浅必须一致。根据种植品种不同，设定不同的播种深度，一般开沟 10～12 厘米，垄沟底有 2～3 厘米的回土。

**3. 调整播种密度** 行距是固定的，调整密度，主要是调整株距。多行播种机也是靠地轮带动排种主动齿轮,再通过被动齿轮带动排种杯皮带完成排种,更换不同齿数的主动齿轮和被动齿轮就能调整株距(具体阅读说明书或播种机上的附表)。调整好齿轮后也应按小型马铃薯播种机的测试方法测试,各行的密度必须一致,测试准确后进行正式播种。田间人员应随时扒开垄查看株距的实际情况,如与要求不符要停车进行调整。检查方法:扒开3米垄背露出芽块,查块数,如果设计密度为3 200株/667米²,3米中应有芽块13块,如果少于13块应往密调,反之应往稀调。同时,还可检查播种深度和偏正、双株、空株等。

**4. 调整覆土器**　覆土要求从芽块上部到垄背顶部达到15厘米以上,所以,不管是圆盘式覆土器还是铧式覆土器都要调整到位,保证上土量,形成垄台。再就是垄要正,使覆土器的中线与开沟器的中线在一条线上,这样芽块正好在垄中央、达到不偏垄。同时,各行覆土器要调得一致,不能出现有的垄盖土深、有的垄盖土浅的问题。

**5. 调试喷水量**　带播种沟喷农药装置的播种机,事先要调试好喷水量,以便赶到地头加水加农药。一般4行播种机的农药罐容量为300～350升,喷药压力在2～3米时,每667米²合10升左右的药液。喷施的农药主要是杀地下害虫、防真菌、细菌病害的药剂,在往药罐加药前应先在小桶内先稀释好,通过滤网加入大药罐,防止杂质堵塞喷头。要勤检查喷头工作是否正常。

**6. 划印器位置**　确定好划印器位置,划出下一趟行走标记,以保证交接垄行距一致。

注意事项

①开第一趟垄前要先打好基线,以便开直标记垄,为后续垄打好基础。如果机手熟练,也可量好位置插标杆或站人当目标,机手盯住目标以便把垄打直。

②上一趟和下一趟的交接垄要与正常垄行距一致,不能忽宽忽

窄。

③拖拉机带着播种机入地前一定要摆正后再入地,到地头出地时不要过早拐弯,要等到覆土器覆上土,悬起播种机再拐弯,防止出现喇叭口和嗙嗙口垄。另外,播种机入土、出土一定在预定的边线上,防止地头里出外进不整齐。

④跟播种机人员,要认真负责,发现空种杯及时处理,如种杯皮带打滑不上种块,马上喊机手停车修理,防止造成播种"断条"、"空垄"。

⑤到地头后除了往播种机料斗中装芽块外,还要及时清理种杯,防止种杯积土带不上芽块,造成空株率高。同时,要清理开沟器上挂的杂草杂物,以及覆土器上沾的泥土等。

## (七)机械中耕的方法

前边已经介绍了美式和欧式两种机型的中耕培土机,两种机型的中耕方法也不相同,下面分别予以介绍。

**1. 美式中耕培土机中耕方法** 播种完成后 10～15 天,芽块已经萌动并在土中长到 2～3 厘米,同时杂草部分已经发芽,用轻点的木耢或柴拖子,拖耢一遍,把垄背拖下 3～5 厘米,起到提高地温、灭草、压实、提墒等作用,之后幼苗很快出土。过 1 周左右,在有 20%～30% 的薯苗已露头,并能看清垄时,用美式中耕机进行第一次中耕,培土 5 厘米左右,把薯苗培在土里,同时小杂草也被埋在土中被闷死,而薯苗却会继续生长破土而出。当薯苗长到 10～15 厘米时(出苗 20～25 天时),结合追肥,进行第二次中耕,培土厚度 5 厘米左右,要求土必须培到薯苗基部,把苗眼培严,埋死苗眼中的小草。经两次中耕培土后,从芽块顶部到垄背距离应达到 18～20 厘米。

如使用苗前除草剂时,应在第一次中耕后薯苗没出土之前施用。

**2. 欧式中耕培土机中耕方法**　欧式中耕培土机,后边装有做垄成形器,一次中耕培土可将薯垄直接做成较坚实的梯形垄台。中耕培土时间,在播种后 20 天左右,薯芽伸长离垄背还差 3 厘米左右,快要出土但还没有出土时进行,叫做"梦耕"。中耕后使垄背上土 5 厘米左右,由于做垄成形器的作用,中耕机过去后薯垄便成了非常规则表面光洁的比较坚实的梯形垄,要求梯形垄地面上的 3 个边总长度达到 1.1 米,即顶边 30 厘米,两个侧边分别为 40 厘米。从芽块顶部到垄背厚度达到 18～20 厘米。由于垄三面受光,地温上升很快,中耕后薯苗很快就出土。所以,如果使用苗前封闭式除草剂,必须前边中耕后边随着就喷施,不然就来不及施用苗前除草剂了。

注意事项

①不论哪种方法进行的中耕培土,都必须做到垄正,即要求薯芽对着垄背的正中间。如果偏了,薯苗出来也是偏的,会影响结薯造成减产,所以中耕过程中,机手要随时停车,到做完中耕的垄上扒开检查,如有出现偏垄应随时改进。

②如果薯垄在播种时已经出弯,中耕时一定随弯就弯,没必要找正。如果中耕时找正,则会造成新的偏垄现象,或出现切掉芽条,造成缺苗断垄问题。

③中耕行走中途有可能因液压变位,造成过深拖拉机拉不动,这时应当慢慢提升液压,拖拉机继续前进,将犁铧逐渐提起,避免在薯垄上出现一个大土堆,既培土过深压苗,又不美观。另外,到地头时也应逐步提升犁铧,不要一下停车,避免在地头造成一个大土堆。

④中耕机入地时,在地外找正后再进地作业,防止因入地不正出现切苗、偏垄问题。出地时更要走正,在犁铧出地边后再拐机车。

⑤中耕机进地时要提前下犁,出地时要等犁铧地边外再提起,

这样能防止地头漏培,既保证了产量,又美观。

## (八)打药及打药机的使用

**1. 打药**　病虫草害的防治是马铃薯田间管理的主要内容之一。而病虫草害的防治至今已发展到"以化学防治为主的综合防治"的阶段,所以在马铃薯生产过程中打药是必不可少的。当然要使用高效低残留的农药,并控制施药时间,以保证食品安全。虽然近年马铃薯病虫害有加重的趋势,由于有高效的农药及早预防和好的施药器械,所以防效较好。比如晚疫病,是世界上最难防治,也是造成危害最大的病害,可是近年在我国北方大型现代化农场,通过使用大型打药机施农药 8～10 次进行防治,在晚疫病流行年份也得到了控制,为什么会有这样的结果?一是打药的观念有新的转变;二是有高效低毒的好农药;三是有效果好、效率高的打药机械。

打药作业质量要求:用农药剂量准确、喷水量适当、雾滴均匀、叶面着药液均匀、植株上下覆盖基本一致、不漏喷、少重喷。

打药作业质量是防治效果的先决条件,如果作业质量不佳,药液可能接触不到防治目标,不仅防治效果不好,造成浪费,同时还会污染环境。影响打药作业质量的因素主要有:机械装备的先进性和正确安装及调试,如压力、流量、喷头等;喷雾覆盖范围,配药加药剂量,所用水的水质;天气条件,如雨、风、气温等。所以,在打药机(喷雾机)使用中一定要针对性地采取必要的技术措施。

**2. 打药机(喷雾机)的使用**　打药机的作业项目比较多,除草剂的喷洒、杀虫剂杀菌剂多次施用、部分化肥包括微量元素的叶面喷施等都得由打药机来完成的,所以在诸多机械中,打药机的利用率最高。

**(1)检查打药机压力和喷头状况**　把药罐装上一定数量的清水,发动机车,展开喷杆,输出动力带动打药机隔膜泵,观察压力表,当压力上升至 3～4 时稳定引擎转数,看压力是否稳定。同时,检查喷头是否喷水。喷头一般都是平扇形喷雾,把喷头喷雾位置调整到稍斜一点,让相临喷头喷出的扇形交叉部位错开,避免两个喷雾面相碰降低雾化程度。打开喷雾阀门,让所有喷头喷雾,查看是否有喷头堵塞和扇形雾相碰及雾滴是否合适,调整正常即可进行下步调试。

(2)测准喷药液量(升/公顷或升/亩) 药罐装准确数量的干净清水(以罐上的标尺计算),边前行边喷水,将压力设定在 3～4 之间,行走速度 8 千米/小时(挡位中三,1 500 转)走 100～200 米,停车,看罐中水剩多少,计算用去多少升水,再计算覆盖面积。用去水的升数除以覆盖面积,就得出每公顷或每 667 米² 用了多少升水(药液)。为了准确可测试 3 次求平均值。

例如:按上述压力和行走速度要求,每次走 200 米,喷杆宽度是 21 米,面积为 4 200 米²。水的喷出量 3 次平均为 191 升,这样:

$$喷药液量(升/667 米^2) = \frac{喷出水量}{面积} = \frac{191 \text{ 升}}{4200 \text{ 米}^2} \times 667 \text{ 米}^2/667 \text{ 米}^2 = 30.3 \text{ 升}/667 \text{ 米}^2$$

(3)喷药液量的调整 有的打药机直接带有一组不同型号的喷头,可直接转换,有的需单购买,用时换上。如果需要增加喷药液量,则需要更换大的喷头、并增加压力、降低前进速度;如果需要减少喷药液量,可以更换小的喷头、减小压力、加快前进速度。打药时雾滴小覆盖率高,防效好,但易飘移;而雾滴大覆盖率较差,防效则低。一般小喷头雾化好,压力大雾化好,但有可能增大喷药量。

不同时期,不同打药目的,喷药液量和雾滴大小应有所区别,比如往土壤中喷杀菌剂或除草剂药液,用量应在 200～400 升/公顷(13.3～26.7 升/667 米²),要使用中等或粗雾滴,就需选用合适的喷头。在苗后喷洒除草剂时,药液量应为 100～300 升/公顷

（6.7～20 升/667 米²）中等喷药液量。喷杆要低、雾化要好，使垄的两侧都能喷上药液，用低飘移喷头。在往团棵以后的大苗上喷洒杀虫剂和杀菌剂时，要求喷洒时有良好的叶面覆盖，喷药液量达到 200～500 升/公顷（13.3～33.3 升/667 米²）而且尽量使用有角度的雾滴贯穿力高的喷头（如先正达马铃薯喷头），能达到理想的叶面覆盖效果。

（4）**药液准确有效的配制**　根据测得的每公顷或每 667 米²喷药液量及药罐的容量，计算每罐药液可喷洒的面积，再按设计单位面积（公顷或 667 米²）用药量，算出每罐应加多少农药。经准确称量后，先加入小桶，经搅拌浸泡混合后配成原液，再倒入加药罐中进入大药罐。没有加药罐的打药机，可经过双层纱布过滤后直接加进大药罐，自动搅拌或人工搅拌均匀后即可到田间喷洒。两种以上农药，应该分别用小桶配成原液后加入大药灌。

我们打药用的水多为当地的地下水或河水，各种环境中的水，其水质，包括酸碱度（pH 值）、硬度、表面张力都不同，特别是北方的水大多为碱性或弱碱性，而很多农药在碱性环境下不稳定，药效降低，而且土壤也多为碱性，不仅降低药效，还降低肥效。另外，这样的水表面张力较大，药液很难形成细雾滴，雾滴落在薯叶片上可能被弹跳、滚落，或者聚成一个个水点，覆盖不严影响药效；水点干后形成药斑，造成烧叶，出现药害。为了解决上述问题，国内外出现了一些农药喷雾助剂，开始在农业上应用。例如，新加坡利农公司的"柔水通"，有优化各种水的水质（酸碱度、硬度、表面张力）的作用；可消除水中的盐类和碱性，避免水质分解农药；能提高药液的展着性、黏着性、渗透性，增加药效、减轻药害。再如，中国农业生产资料公司上海分公司的"好湿"，其水溶液具有极低的表面张力，铺展效果比普通水的面积大 172 倍；其水溶液具有生物活性，可以把蚜虫封住，令其窒息死亡；持效性较强，其溶液在叶面形成较低的表面张力能持续 5 天以上，当夜间空气湿度增加时叶面会吸收空气中的水分,保持湿润,对内吸性农药起到很好的作用。对作物表皮和细胞膜有极高的渗透性,其溶液在铺展的同时,会迅速地渗透或从气孔进入植物体中,并能软化硬水,减轻硬水对农药的影响,提高药效。还有北京新禾丰公司经营的美国原装产品,"展透"和"丝润"农用有机硅喷雾助剂,加在药液中起扩展、渗透作用,能促进药液通过气孔快速吸收,耐雨水冲刷。它的特点是:空气湿度小时它可以抑制蒸发;打内吸药剂时它可以促进渗透;有蜡质层的可以用它帮助湿润;风速大时它可以减少飘移;有降雨时它可很好黏着,耐雨冲刷;用它可以低量喷雾,做到省水、省工、省时间。

为了使打药效果更好,使用大型打药机时,应选用助剂。

(5)喷雾全面无隙的覆盖　打药机进地要计算好行走间隔距离,做到不漏喷,保证无隙覆盖。比如,喷杆幅宽 21 米,可覆盖 90 厘米宽的垄 23.3 条垄,从打药机中心算起与下一趟隔 22 个垄(19.8 米)就行了,这样有 1 条多一点垄(1.2 米)重喷 1 遍,为了不造成重叠地方药量过大,可将喷杆两头末端喷头换成小喷头,就能达到不漏不重的效果。还应在进地前 2 米左右打开喷头喷雾,出地后 2 米左右关喷头,做到地头不漏喷。

控制好喷头和薯秧顶部距离,以保证喷雾质量,一般喷头应距薯秧顶部 40 厘米左右,如距离过高雾滴会飘移,特别是风大时,不但不能高,还应稍低一点。另外,如果风大,要改用大点的喷头或防风喷头,放低喷杆。

打药机行走时,有可能出现马铃薯植株有半面覆盖不好,或个别地方覆盖不全。为了解决这个问题,在第二遍打药时行走方向应与第一遍行走方向相反,以后每遍打药都应改变一次行走方向,为药液覆盖均匀创造机会。

(6)打药机的维护保养　每次打药最后尽量不剩药液,然后在罐内加入清水,开泵喷雾多次,达到清洗药罐、管道、喷头的作用。并逐一清理喷头,拆开各个过滤器滤芯进行清理,之后对软管、压力表、隔膜泵、喷杆等部位都认真检查,没有问题时,入库待用。

注意事项:

①作业中要不断观察压力表变化,如有问题及时处理。

②随时查看喷头是否堵塞并及时清除。

③及时清理过滤器,保证正常工作。

④加水加药尽量赶到地头,不走空车,方便快捷。

## (九)喷灌机的运行(浇水、喷肥)

在第三章、第四章中对马铃薯需水的特点及不同生长时期对土壤墒情要求已做了介绍,不再重述。

用圆形指针式喷灌机浇水,要根据马铃薯不同生长时期需水的特点、马铃薯植株生长状况及天气降雨情况、土壤墒情等安排喷灌机喷水次数和喷水量。

### 1. 喷灌机浇水操作要点

①喷灌机整体安装完,包括管道、电路、电泵、压力表、主控箱、塔盒、行走轮、驱动电机、减速器、喷水管等之后,在正式行走前各跨要调直,使其在一条直线上。如果个别跨行走过快或过慢,整个喷灌机出弯,行走轮改变轨迹,不仅压苗子,造成喷水不均,还会损坏喷灌机。

②第一次喷水前,暂不安装喷头,开泵上水,让水从喷水管口流出,把管道内杂物冲出去,冲净后安装喷头。安装喷头时,按设计的编号,从中心塔架向外按顺序由小号到大号安装,一定要拧紧,防止喷头脱落。在同一压力内,每个喷头喷水量是固定的。

③根据需要确定喷水量。主控箱内有设置好程序的电脑,按需要下指令就可得到预期效果。以行走速度控制喷水量,行走得越快,喷水量越小,反之则喷量大(全速行走喷水量最小,而10%行走喷水量最大)。另外,各跨的塔盒中有同步系统和故障保护装置。

④喷灌机启动时,先启动水泵,喷头喷水后,压力表达到1.5~2时,再启动喷灌机行走系统。需要停喷时,要先停水泵后停行走系统。

⑤喷灌机启动正常工作后,要用小量雨筒测不同位置的喷水量是否一致,是否达到预计喷水量。如果喷水量不一致,可能喷头装配有误,要调整喷头。如果没达到预计喷水量,则应调慢行走速度。

⑥要设专人管理,随时观察喷头喷水状态、管道有无漏水、压力表压力、各跨行走情况、各跨减速器作用、行走轮轮胎气压等,发现问题及时调整,保证喷灌机正常工作。夜间要观察喷灌机首跨的工作指示灯是否亮着,如果不亮说明已停止了工作;观察尾跨指示灯,是否间歇亮和灭,如不亮或不间歇亮灭,就说明有问题了,应马上处理。

⑦喷水效果的检查,管理人员要在喷过水之后,到田间选几个点挖开薯垄,检查喷水效果,看所浇的水是否渗到了要求的位置、土壤持水量是否达到预定的目标。比如苗期,30厘米土层田间持水量应达到60%,即手攥成团,用力抖而不散,手指有湿痕;在块茎形成期和膨大期,在50厘米土层,土壤田间持水量应达到75%~80%,手捏成团,手搓成条,手指有水湿痕,手缝有水花。干物质积累期,50厘米深土层,土壤田间持水量应在60%~65%,手感与苗期相当。

**2. 用喷灌机打肥(叶面喷施化肥及农药)**　马铃薯施肥要求总施肥量的10%左右采取叶面喷施的方法施入,除用打药机喷施些小量微肥外,其余肥料要用喷灌机结合浇水进行叶面喷施,具体做法:

**(1)准备溶肥池(或溶肥箱、溶肥桶)**　如有固定蓄水池的可利用蓄水池,没有蓄水池的,可做简易溶肥池。在喷灌机中心塔架旁,挖2个深1.5米左右,长、宽各2米的方池,用棚膜衬好,从喷灌机主管道留的出水口往池中放水。两个池子轮换使用,不误时间。

**(2)准备高压泵** 一般使用压力超过喷灌机压力的高压柱塞泵(洗车机)或普通小型电泵泵的出水口连接在喷灌机主管道事先留好的入水口上,吸水龙头放进溶肥池,并搞清每小时出水多少立方米。如果出水量不清楚,可以实测准确出水量,开泵记时,一定时间后停泵,检查池中水的实际减少量,计算出一池水打净所需时间数。

**(3)计算喷灌机全速行走时每小时覆盖面积** 一般打肥都用全速,出水量小行走得快。根据不同喷灌机全速行走一圈所用的时间,计算1个小时能够覆盖多少面积。例如,500亩的喷灌圈全速走一圈需16~17个小时,那么每小时应该平均覆盖30亩左右。也可以实测。例如,在500亩圈,喷灌机总长330米,启动喷灌机全速行走,在尾部终端起点做好标记,走半个小时停止,量出起点到停止位置距离,刚好走出一个扇形(按等腰三角形计算),计算半个小时覆盖面积,例如半个小时,行走62米。计算方法:

$$喷灌机1小时覆盖面积=$$

$$\frac{尾端行走距离(底) \times 喷灌机总长(高)/2}{667 米^2} \times 2 =$$

$$\frac{62 米 \times 330 米/2}{667 米^2} \times 2 = 30.6(667 米^2/时)$$

**(4)计算往溶肥池投肥数量** 根据溶肥池一池水打净的时间,计算喷灌机全速行走能覆盖的面积,再乘上每亩计划用肥量,就是每溶肥池应加入的肥量。例如,一池水需2.5小时打净,而2.5小时喷灌机行走可覆盖(2.5小时×30亩/小时)75亩,每667米²计划喷肥4千克,一池水内应加化肥(75亩×4千克/亩)300千克。加肥最好在打肥前1小时,以便更好地溶化。下一池可在上池打肥时就加好,待上池打完马上把泵的吸水龙头换入下一池,以此类推。溶肥池加肥后应用人工或用机械进行充分搅动,促进溶化。

(5)喷灌机打肥新方法　在生产实践过程中农场工作者不断创新,研究更省工、省事、有效的方法。河北省沽源牧场林学良农场,经营有 4 000 亩地,每年种马铃薯 2 000 亩(4 个 500 亩的喷灌圈),他们研究并使用了新的喷灌机打肥的办法,即"井里注肥法"。

把井中水泵提起,下边从泵进水口开始,顺井管向上捆 1 根 8 分左右的塑料水管,直到地上,连在井边溶肥桶(无上盖的大油桶)中最小出水量的小水泵的出水口上。再从大井出来的泵管上引出一个小出水管为溶水桶加水,溶肥桶加入化肥后形成高浓度化肥溶液,开通小泵把高浓度肥液送到井中,由大泵注入喷灌机管道喷施到田间。施肥量控制同样应计算使用的喷灌机每小时喷浇覆盖的面积及计划施肥量,计算出 1 小时应加进多少化肥,操作人员在 1 小时内陆续均匀地把这些化肥全部加入溶肥桶中。溶肥桶中设法让出水和入水量大体平衡,使桶中水面积保持相对稳定的高度即可。为促进化肥溶化,颗粒状化肥可用小粉碎机加工成粉末再加在溶肥桶中。

**3. 维修保养**　减速器齿轮箱经常加注润滑油;电路电缆要定期更换,防止绝缘皮老化漏电;定期更换管道防漏垫圈;水泵定期检修。

## (十)用杀秧机打秧

为了促进薯皮老化,减少植株上新感染的病毒导入薯块和便于机械收获,在收获前要用杀秧机把秧打碎。使用较为简单。

**1. 杀秧时间的确定**　不同种植目的,杀秧时间不同,种薯需在收获前 10～15 天进行,打秧后促使种皮木栓化,停止地上营养及病毒输入薯块。菜用薯加工原料薯,在收获前 1 天杀秧或随杀随收获均可。

**2. 确定杀秧机与地面高度**　通过调整支撑轮和牵引杠的中

央悬臂,使锤刀底刃距垄面10厘米以下。如太高留茬太长,不便收获,太低往往造成锤刀打入土中把薯块打伤。

**3. 连接动力输出轴** 使锤刀由前下方向后上方旋转,将薯秧打碎散落地上。为了使地头薯秧不丢下,要求入地前提前旋转锤刀,等完全出地后再停止旋转,避免地头薯秧打不碎。

**4. 注意安全** 作业中的杀秧机后边10米之内不能有人,防止锤刀打飞石子或锤刀脱落伤人。作业时不能打开护盖。用前要检查锤刀及紧固螺丝。

## （十一）机械收获

**1. 机械收获的准备工作** 目前一般农场使用的马铃薯收获机都属于挖掘机,只能把薯块翻出经薯土分离后摆在地面上,再由人工捡拾起来。所以,收获前要准备好捡薯人员。捡薯时要分级装袋,剔除病、烂、青、伤薯块,工效较慢,因此捡拾的快慢决定每天收获面积。一般一台双行挖掘机要有50～80人捡拾,每人每天可捡薯块2.5～3吨,按667米² 产3吨左右的产量,每人每天可完成0.8～1亩地。如果捡得较快,机械正常情况下,每台收获挖掘机1天可收获50～80亩。

还要根据天气情况,提前7～10天停止浇水,防止土壤湿度过大,影响收获。

**2. 调整好收获机铲尖入土深度** 收获机铲尖入土深度应当是铲尖正好把垄台连薯块带土一起铲起来,不能太深,太深不仅消耗动力,更重要的是因土太多造成薯土分离不好,埋薯块、捡不净,丢失产量;也不能太浅,浅了会让铲尖把薯块切坏,还会漏掉下层的薯块,收获不净,造成损失。另外,铲尖的两侧深度要一致,不要出现一面深一面浅的问题。

**3. 调整链条筛片的振动轮** 要根据土壤的湿度和黏度来调整振动,如果土壤湿度大、土壤黏应加大振动,把土快些筛下去;如

183

果土壤湿度小,土又松软,振动筛应减小振动,让土慢些筛净,防止因没土垫着,链条把薯块碰破皮,影响品质。无论哪种情况,振动调到薯土进入链条筛后,土逐渐减少,当薯土到链条筛顶部时,土基本没有了,薯块也掉到机下去了,为最理想。这样既保证了薯块不破皮,又不会有土把薯块埋住。

**4. 收获机进地、出地控制**　机组进地之前必须摆正,铲尖对准垄台,进地时铲尖要提前入土,到垄台时达到深度,到地头出地时,应等铲尖超过垄台外再提起铲尖,同时铲尖不出地机车不能拐弯,这样就可以避免切坏薯块或整株漏掉。另外,到地头后不能马上停车,应减速慢慢前进,链条筛继续传动,直到筛上无薯为止。不然会造成薯土堆在一起埋住薯块。

**5. 在田间停车**　田间停车再起动时,应稍向后退一点再将铲尖入地,防止丢薯块或切坏薯块。

**6. 跟机收获人员**　随时观察收获机工作状态,当发现前部切刀两侧夹住薯秧毁草等要及时清理,不然会垫起铲尖造成入土浅而丢、伤薯块,发现问题立即喊机手停车、处理。注意安全,脚要远离切刀。收获机行走时不要到收获机上操作。

# 五、马铃薯的特殊种植

## (一)盖膜种植

生产实践证明,马铃薯覆盖地膜种植具有明显的增温、保墒、提墒作用,有促进土壤中微生物活动和肥料分解,改善土壤结构的效果,有利于根系的生长,还能增加田间光照强度,增强光合作用,从而促进植株的生长发育和提早成熟,增加产量。据报道,盖膜种植马铃薯一般比露地栽培增产 20%～70%,大薯率提高 25% 左右。

在马铃薯旱作较多的一季作区和二季作区争取提早成熟、上市的地方都推广了很大面积。但马铃薯盖膜种植,比较费工、费事,对种植技术要求也高,适合在地少劳动力多、有精耕细作习惯的地方推广。可是,近年随着农业技术的进行,不仅有"人工铺膜"种植方法,还研制成功了铺膜机械,推广了"机械铺膜"种植方法。

**1. 人工铺膜**

**(1)选地整地**　盖膜种植马铃薯,其选地要求是:地势平坦,缓坡在 $5°\sim10°$;土层深厚,达 50 厘米以上;土质疏松,最好是壤土或轻沙壤土,保肥保水性能强;有水源,并且排灌方便;肥力在中等以上的地块。不可选陡坡地、石砾地、沙窝地、瘠薄地和涝洼地。

盖膜种植马铃薯,整地要求比较严格,应当在深翻 $28\sim30$ 厘米且深浅一致的基础上,细整细耙,使土壤达到深、松、平、净的要求,具体应做到平整无墒沟,土碎无坷垃,干净无石块,无茬子,无杂物,墒情好。必要时,可以先灌水增墒,然后再整地。

**(2)施肥施农药**　盖膜种植的马铃薯,在生长期追肥太费事,因此必须在盖膜前一次施足基肥。肥料以农家肥为主,每 667 米$^2$ 要施用农家肥 4 000 千克以上。再按配方施肥的要求,用化肥补充氮、磷、钾和微量元素。按目前农民的施肥水平,每 667 米$^2$ 要施入磷酸二铵 $20\sim30$ 千克,尿素 $10\sim15$ 千克,硫酸钾或氯化钾 30 千克,硫酸锌 2 千克,硫酸锰 1 千克;或施用氮、磷、钾各为 $15\%$ 的三元复合肥 $50\sim60$ 千克,或马铃薯专用化肥 80 千克。为防治地下害虫,每 667 米$^2$ 施辛硫磷颗粒剂 2 千克或乐斯本颗粒剂 $1\sim3$ 千克。

施肥方法有两种:一是在做床前把农家肥、化肥和农药均匀地撒于地表,再耙入土中,使肥、药、土充分混合;二是在做床时,把农家肥和农药撒于播种沟内,化肥撒入施肥沟内,做床时再覆于土中。

**(3)做床**　整好地后做床,床面底宽 80 厘米,上宽 $70\sim75$ 厘米,床高 10～15 厘米,两床之间距离 40 厘米。一床加一沟为一带,一带宽 1.2 米。具体操作时采用"五犁一耙子"的做床法,即第一犁从距地边 40 厘米处开第一沟,沟深 15 厘米左右;在距第一沟中心 40 厘米处开第二沟,第一沟、第二沟为播种沟。事先没撒农家肥的,即把农家肥和杀虫剂撒进沟底,使沟深保持在 12 厘米左右。先播种后覆膜的,先把芽块播入沟中,株距为 22～25 厘米。然后,再在第一沟另一边的 35 厘米处开第三犁,在第二沟另一边同样开第四犁,并使这两犁向第一、第二沟封土。最后再在第一、第二犁(播种沟)之间,开一浅犁(深 6 厘米)为第五沟,专作化肥沟,把化肥足量施入沟内,形成床坯子。之后用耙子找细,将第一、二、五沟覆平,搂好床面,做好床肩,使床面平、细、净,中间稍高,呈平脊形。床肩要平,高矮要一致,以便喷洒除草剂和盖膜。下一个床的第一沟距前一个床的第二沟中心 80 厘米,第二沟仍距第一沟 40 厘米。以此类推,就形成了一个个 1.2 米宽一带的覆膜床。苗子长出来以后,就成为大行距为 80 厘米,小行距为 40 厘米的大小垄形式(图 20,图 21)。

(4) **喷施除草剂**　床做好后,要立即喷洒杀灭杂草幼芽的除草剂。经试验,杀草效果较好的除草剂,有乙草胺、氟乐灵、杜尔等。一般用量为:每 667 米$^2$ 用 90% 乙草胺药液 100～130 毫升,或用 50% 乙草胺药液 130～200 毫升;或用氟乐灵 48% 的药液 100～150 毫升;或用杜尔 72% 的药液 120～130 毫升。上述药量分别对水 30～40 升,喷于床上和床沟。如果只喷床上,不喷床沟,用药量可减少 1/4。

(5) **铺膜播种**　所铺塑料薄膜应选用 90～100 厘米宽,厚度为 0.005～0.008 毫米的超薄膜,每 667 米$^2$ 用膜 4～5 千克。铺膜时膜要拉紧,贴紧地面,床头和床边的薄膜要埋入土里 10 厘米左右,并用土埋住压严,用脚踩实。盖膜要掌握"严、紧、平、宽"的要领,即边要压严,膜要盖紧,膜面要平,见光面要宽。为防止薄膜被

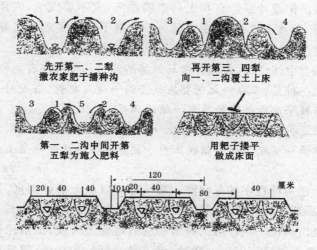

先开第一、二犁
撒农家肥于播种沟

再开第三、四犁
向一、二沟覆土上床

第一、二沟中间开第
五犁为施入肥料

用耙子搂平
做成床面

**图 20　盖膜马铃薯做床方法和规格　（厘米）**

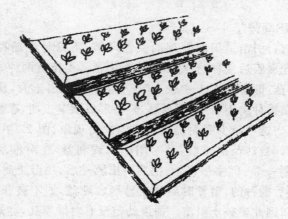

**图 21　盖膜马铃薯出苗后的状态**

风揭起，可在床面上每隔几米，做一小土埂。

先盖膜后播种的，可在铺膜后几天床内温度上升后开始播种。播种时在膜床上按中线两边各 20 厘米的线上（即小行 40 厘米），用小植苗铲或特制的打孔工具破膜挖穴,穴不要太大,穴距24~26厘米,深度为8厘米,深浅要一致。播下的芽块或小整薯,要用湿土盖严,并加以轻拍,封好膜孔,使孔不露风。

综合上述情况,盖膜种植马铃薯的连贯作业程序有两种:

第一种是:深翻→耙耪整地→开沟→施入肥料、杀虫剂→播种→封沟搂平床面→喷除草剂→铺膜压严。

第二种是:深翻→耙耪整地→开沟→施入肥料、杀虫剂→封沟搂平床面→喷除草剂→铺膜压严→破膜挖坑→播种→湿土封严膜孔。

上述两种程序各有利弊。第一种可以加大播种深度,且深浅一致,后期虽不能培土,但因播种深而仍有利于结薯和生长。它的缺点是出苗慢一点。第二种因铺膜后地温上升快,出苗比第一种快,如遇天旱还可以坐水播种,但不易达到标准深度,而且也不一致。

**(6) 田间管理**

①引苗:引苗是田间管理的关键环节,不论是先播种后覆膜的,还是先覆膜后播种的,都必须进行引苗。引苗有两种做法。一是压土引苗,即薯芽在土中长至5~6厘米还没出土时,从床沟中取土,覆在播种沟上5~6厘米厚,轻拍形成顺垄土埂,靠薯苗顶力破膜出苗。这可减少膜面烧苗造成的缺苗现象(图22甲)。二是破膜引苗。当幼苗拱土时,及时用小铲或利器,在对准幼苗的地方,将膜割一个"T"字形口子,把苗引出膜外后,用湿土封住膜孔。而先覆膜后播种的,播种时封的土易形成硬盖,如不破开土壳,苗不易顶出,因此要破土引苗。如果幼苗没有对准膜孔,在幼苗出土时也必须破膜引苗。

②检查覆膜:在生长过程中,要经常检查覆膜。如果覆膜被风揭开,被磨出裂口或被牲畜践踏等,则要及时用土压住。

③喷药:在生长后期,与传统种植一样,要及时施药防治晚疫

病。

④后期上土:在薯块膨大时,如果因播种浅,块茎顶破土露在膜内,会造成青头,影响质量。对此,可再从床沟中深挖取土培在根部,拍严,防止阳光射入,消除块茎青头现象(图22乙)。

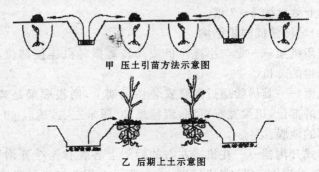

甲 压土引苗方法示意图

乙 后期上土示意图

图22 压土引苗和后期上土

**(7) 注意事项**

①掌握好播种期。覆膜种植比传统种植出苗快,一般可提早7天左右。所以,播种时间要尽量使出苗赶到晚霜之后。在北方尤应注意不能播得太早。

②覆膜种植时,种薯最好要经过催芽或困种,使种薯幼芽萌动后再播种。这更有利于发挥地膜的作用,使增产幅度更大一些。

③覆膜种植的种薯芽块要大,以每块达到40~50克为最好,也可用小整薯播种。这样做可以使单株生长旺盛,更好地发挥增产潜力。

**2. 机械铺膜** 马铃薯盖膜种植确实增产、增效,是马铃薯种植技术中一项突破性改革,但是人工铺膜作业费工、费事、费时间、费地膜,而且铺膜质量还难以保证。河北省围场满族蒙古族自治县农业机械化研究所针对上述问题,在玉米铺膜机的基础上,通过实践反复修改,研制出了马铃薯铺膜机,有人工种植和机械铺膜相结合的单体马铃薯铺膜机;还有小双行马铃薯播种机与铺膜机联体的马铃薯播种铺膜机。其优点是:作业质量好、地膜均匀受力,紧贴地面,压土严实;地膜拉得紧,比人工铺膜每 667 米² 可省 0.5 千克地膜;作业效率高,正常情况下,每天可铺 25～30 亩,是人工铺膜作业效率的 6～7 倍。

**(1)马铃薯铺膜机结构**

通用机架——是与小拖拉机或马铃薯播种机连接部位,又是安装机梁的部位。

机梁——其横梁通过插管安装在机架上,两根顺梁是其他机件安装的部位,机梁宽窄可调,调幅是 20 厘米左右,适应 90～110 厘米宽的地膜。

铧式开沟器——在机梁左右的顺梁上各装有 1 个开沟器,两铧间距、深浅均可调,深浅幅度 6～8 厘米。作业时铧子里边把土培向播种沟,起到覆土和做床肩作用,同时开出一个埋膜沟,铧外边为覆土器埋膜备土。

刮土板——在机梁的顺梁上和两个开沟器中间偏后位置,装有一横向刮土板,靠弹簧压力把地面刮细刮平,并起出 3～4 厘米的床肩。

放膜架——在刮土板后面,机梁的顺梁的中下部,由一根穿地膜卷纸芯的轴和左右两边支腿组成,当地膜抽出时地膜卷可在轴上旋转把地膜放开。其宽窄、前后、上下均可调整。

压膜轮——在放膜架后,顺梁中后部左右各装一压膜轮,轮周有泡沫塑料和帆布做的软垫,轮距宽窄可调,靠弹簧压力把已铺上的地膜压进埋膜沟中。

覆土器——压膜轮后,也就是覆膜机尾部,装有圆盘式覆土器,角度、深浅可调,角度不同上土多少不同,用弹簧压力调节深浅。

**(2)使用要点**　根据所用的地膜宽度,调整好机梁的宽度。

根据地松软程度,确定开沟器深度,要求两个铧深浅一致。按地膜宽度确定两铧之间宽度,如果膜宽 90 厘米,两铧尖之间应距 70 厘米;膜宽 110 厘米,两铧尖之间应距 80 厘米。

调节刮土板弹簧压力,使刮土板正好把地刮平,不能壅土太多,也不能悬起来不起作用,同时要将刮土板摆正。

上地膜,把成卷的地膜面朝下穿进放膜架的轴上,并锁在正中间,调整高度,使地膜紧贴地面;当地膜用少了时,地膜卷小了,应往下降放膜架,保持地膜紧贴地面。

调整压膜轮,使左轮右轮和开沟器左铧右铧分别在一条线上,压力弹簧的压力适中,应正好把地膜压进埋膜沟内,如果压力小膜压不实,易被风揭开。

两个圆盘覆土器应比两个压膜轮宽度再稍宽些,以便把垄出去的土收回并覆平埋膜沟埋严地膜。覆土器角度要调好,角度小覆不上土,角度大可能会把地膜刮出来,或上土太多减小床面宽度。

铺膜机后边,左右各跟一个人,随时查看,地膜边上若有没埋严的地方,要用锹埋好。同时,在膜床面上每隔 1.5 米横着压一溜土,防止风揭膜。

入地时先由人拉紧地膜在地头埋好,然后铺膜机再向前走进入正常作业;到地头后停车,由人工把膜剪断并埋好,再进入下一趟作业。

(3)注意事项 整地要求与人工铺膜一样,必须深翻、细耙、细旋,做到土暄、土细、无坷垃、无茬及杂物等。

除草剂可用人工喷,但必须掌握好时机,应喷在刮土板后,地膜架前。最好使用除草膜,可省去喷除草剂的操作程序。

膜床必须做正做直,地头长短要一致。行间距离掌握准,不能宽窄不一。

田间管理中压土放苗和中后期培土与人工铺膜要求一样,及时上土,可以人工上土,也可以用犁上土。

## （二）二季作区马铃薯双膜一苫种植和三膜覆盖种植

在我国马铃薯二季作区,都把春作作为主要种植季节,但早春气温低,不能种得太早,如果种得晚,马铃薯生长往后推迟,到块茎膨大期又会赶上气温上升,这就限制了薯块的生长,不但产量上不去,还会影响下茬,抢不上行情最高时的市场。为此,广大农民和科技工作者,特别是在早春马铃薯种植面积较大的山东省,他们认真研究当地的环境、气候、季节变化等,实践并总结出了许多改变小环境、争抢季节及配套的技术措施,取得了很好的效果,使山东省近年马铃薯单产水平一直保持在全国第一位。

**1. 马铃薯双膜一苫种植**　所谓"双膜一苫"就是地膜覆盖加棚膜(大拱棚)加草苫。

**（1）种薯准备**　首先是选用脱毒的优良品种,近年都用费乌瑞它(也叫荷兰15号、鲁引1号、津引薯8号、荷兰7号等)的脱毒早代薯块(原种或原种一级)做种薯。这个品种本身属早熟品种,结薯早、膨大快、高产、优质,增产潜力大。第二是催芽,保护地栽培的马铃薯,催芽是一关键技术措施。这一措施可以争取时间和保证苗齐、苗全、苗壮。一是直接堆积催芽,把经浸种处理的薯块晾干后,在空屋或大棚内堆在一起,或在网袋内摞2～3层,上面盖上2～3厘米的湿细沙或草苫保湿、遮光,将温度保持15℃～20℃,过7～10天进行检查,当芽长到0.8～1厘米时,打开见光锻炼后,进行切芽。二是先切芽,后层积催芽(也称沙培法)在空屋或大棚内、温室内,铺一层清洁细沙,放一层经拌种或喷药消毒的芽块,上边盖2～3厘米湿细沙,再放一层芽块,上边再盖湿细沙,共放3～4层,上边用草苫盖好,保温、保湿,将室温保持在15℃～20℃,随时检查。当薯长到0.5厘米左右时,揭开草苫,让其见光锻炼后,就可以播种了。催芽时间,如果是从北方调入的种薯可在播种前20

天开始催芽;当地秋播留种的,因收获晚、打破休眠晚,须在播前35~40天开始催芽。第三是切芽块,切芽块方法与前边所述一致,要强调切刀消毒。第四是芽块消毒,可采取滑石粉掺甲基硫菌灵、苗盛或扑海因粉剂、农用链霉素拌芽块,防真菌、细菌性病害,用锐胜等防虫害。也可用适乐时、戴挫霉、扑海因悬浮剂、高巧等对水给芽块喷雾消毒,晾干后播种。

(2)土地准备和施基肥  要选择地势平坦、土层较厚、土壤肥力中等以上、土质疏松、通透性好的沙壤土,同时水源方便、易灌易排的地块;前茬是马铃薯或其他茄科作物的忌用,前茬用过妨碍马铃薯生长的除草剂的忌用。

上茬收获后,及时灭茬,清理地面。在上冻之前(11月上旬立冬前)深翻30厘米左右,耕层化冻(1月末2月初立春之前)及时耙糖或旋耕,做到土碎无坷垃,干净无碴子,使土壤达到细、松、平、净的要求。做畦(床)前灌水增墒。

打垄做畦(床),按大行距90厘米,也就是畦距(床距)90厘米,畦(床)面70厘米打垄做畦(床),畦(床)面上种2垄马铃薯,小行距25~30厘米,畦(床)高20厘米左右。做好畦(床)等待铺地膜(先覆膜后播种的)和扣大拱棚。

应在秋收后翻地时取土样送土壤肥料部门或化肥厂家进行测土,根据目标产量提出施肥配方,按配方进行施肥。一般施肥量每667米$^2$应达到农家肥3 500~4 000千克,并施用15—10—20的马铃薯专用复合肥150~200千克,硫酸锌2千克,硫酸锰1千克,硼酸1千克。农家肥在耙、旋地前撒于地面,化肥在做畦(床)时均匀混入土中,这样可使化肥充分溶于土壤中,避免播种时施用造成的化肥烧芽块、烂芽问题的出现。

防治地下害虫的农药,如辛硫磷颗粒剂每667米$^2$2~3千克,或乐斯本颗粒剂每667米$^2$1~3千克。也可和化肥一起在打垄做床时均匀撒于畦(床)面,然后混入土中。

**（3）扣膜提温**　做好畦（床）马上扣膜，因当时正是 1 月末 2 月初（立春左右），虽已开始解冻（日化夜冻），但气温、地温都是最低的时候，为争取时间提早播种，必须提前扣膜，快速提高棚内气温和地温。

一般是先扣大拱棚，大拱棚骨架要选用钢体架或竹木结构架。拱棚的走向以南北方向为好，受光时间长，且受光均匀。棚宽 8～10 米、高 1.8～2.2 米，长度可视地块长短决定。采用 0.01～0.012 毫米厚的棚膜。每个大拱棚覆盖 9 个 0.9 米的畦面。扣膜时先扣底膜，即在棚架两侧分别把 1～1.5 米高的棚膜固定在棚架的中部，下边接地，把膜埋进沟中压严。然后扣棚架上面的顶膜，顶膜两侧垂下来，压上底膜约 0.5 米，用压膜线固定，这样就完成了扣膜。通风时往上推顶膜，往下拉底膜，根据情况掌握空缝大小来调节通风大小。铺地膜，如果是先铺膜后播种的，在扣好大拱棚同时把地膜铺好；如果是先播种后铺膜的，要等地温提高后，播完种再铺地膜。

大拱棚上边，夜晚覆盖草苫，白天揭开接受阳光。

**（4）播种**　扣棚后地温很快上升，经 4～5 天，地温上升 5℃～7℃时就可播种了。此时，正值 2 月上旬。比正常播种提早 30 天左右。

播种方法有两种，一种是先铺膜后播种的，要先按株行距要求，顺垄打 10～12 厘米深的坑（两垄坑要错开，成拐子形），把芽块芽眼朝上按到坑底，上边用湿土封好。一种是先播种后铺地膜的，要先用镢头按株、行距要求在畦面上开相距 20～30 厘米的两条播种沟，深 10 厘米左右，把芽块芽眼朝上播到沟中，打垄时没撒农药的可把农药撒上，进行覆土起垄，覆土从芽块到垄面 15 厘米左右。垄面搂平喷除草剂后铺地膜。

播种密度，要据品种、地力、施肥量、用途来考虑。一般极早熟品种，每 667 米² 5 000～5 500 株（90 厘米双行、株距 27～30 厘米);早熟种 4 000～4 500 株(90 厘米双行、株距 33～35 厘米);中熟种 3 500～4 000 株(90 厘米双行、株距 35～37 厘米)。

(5)田间管理

①破膜引苗:播种后 15～20 天出苗,这时要及时破开地膜引苗,防止由于晴天膜温高把苗烫坏,影响生长或造成烂叶,苗引出后用细土把膜孔堵住。如遇寒流,要在寒流过后再引苗,此时如晴天要用草苫遮住阳光、防止地膜温度过高,烫坏薯苗。

②棚内温度调控:播种后一个阶段内以增温、保温为重点,需要在晴天的白天揭开草苫,夜晚覆盖草苫,阴天白天不揭草苫保温,尽早将棚内温度白天控制在 18℃～20℃,上午 10 时左右,当棚内温度超过 18℃时及时通风;夜间要控制在 12℃～14℃;下午 15 时左右,棚内温度降至 15℃左右时,关闭通风口。此阶段天气渐热,阳光更足,白天注意适当通风,具体做法是:在拱棚背风一侧把顶膜向上推,使其与底膜之间放开一道缝隙,实现通风。如果大气最低气温稳定在 8℃～10℃时,夜间可不盖草苫。

发棵期(薯块形成期)以后(大约 3 月中旬以后),要注意地温,此阶段地温应控制在 21℃以下,以利于薯块形成、膨大、干物质积累。要放宽通风口,夜间大气温度稳定在 10℃以上时,夜间可不关闭通风口。后期大气温度上升快,要采用双面通风,使棚内形成对流,降温效果好。4 月份以后气温回升更快,棚内要加大通风量,可把棚膜全部卷起来,昼夜通风,但暂不撤膜,准备一旦再有寒流,便于覆盖防冻。正式撤棚膜要在最后一次寒流过后的 4 月中旬以后。

③水肥管理:播种时墒情如果很好,出苗前一般不用浇水,如果干旱需要浇水,要通过畦(床)沟小水渗灌。幼苗期、发棵期要适量浇水,保持土壤湿润促进肥料吸收。膨大期需水量最大,但不能大水漫灌,要小水勤浇,水不要漫过畦面,既使土壤湿润,又保持畦内土壤的通透性,利于薯块生长。在收获前 5～7 天应停止浇水。

如遇大雨天,要进行排水,绝不能让棚内积水。

如发现基肥不足,要适当补施氮、磷、钾配比的复合肥料,不能施用单质氮肥。必要时可通过叶面喷施磷酸二氢钾或硝酸钾。

④病虫害防治:由于有拱棚保护,棚内小环境与外界不相同,既有有利于马铃薯生长的优良环境,也有有利于病菌生长流行的条件,特别是当棚内湿度较大时非常利于晚疫病的发生,所以要将晚疫病防治列为重点。为控制种薯带病形成中心病株,要在现蕾期开始每 667 米$^2$ 用克露 100 克喷雾第一次,以杀死薯苗上的病菌。隔 7～10 天后可用保护剂(代森锰锌类如大生、新万生、安泰生等),每 667 米$^2$ 用 100～150 克对水适量施 2 次。再后要用玛贺、金雷多米尔(甲霜灵加代森锰锌)、银法利等隔 7～10 天施一次。

防虫主要应使用菊酯类杀虫剂,这类杀虫剂具有高效低残留、环保的优点。如敌杀死、虫赛死等。

⑤预防低温及补救:早春气温变化大,棚内 1℃～5℃ 时生长受抑制,—1℃～—2℃ 时则会受到冻害,所以有降温预报后,可采取浇水或加盖草苫等措施预防。如果受了冻害,要保持棚内湿度,促进茎叶恢复生长,调控温度保持 15℃～20℃,不宜过高。补充含有氨基酸之类营养,增加植株免疫力,如菲范等,还可喷植物生长调节剂类农药,如赤霉素等。加强防病,配合施杀菌剂和微量元素。

⑥收获:正常情况叶片发黄,薯皮老化到了成熟期,就应及早收获上市。但遇到好行情,可提前收获,不等茎叶枯黄,薯块达到商品标准也可收获。收获时要细心,避免镐伤,轻拿轻放,不摔不碰,保持薯皮光滑完整,分级包装,上市或入库。

收获时间是 4 月下旬至 5 月上旬,比正常收获早 1 个月,正是马铃薯上市淡季,可明显提高种植效益。

**2. 三膜覆盖种植** 马铃薯三膜覆盖种植,就是在两膜的基础上,于大拱棚下面,再加上一层小拱棚把地膜畦(床)扣上,形成上、中、下三层保护,即地膜上扣小拱棚,小拱棚上套大拱棚,这样保温、保湿效果更好。

这种种植模式,各技术环节与"两膜一苦"完全一样,只是扣膜多了一个程序,现重点予以介绍。

打垄做畦,仍按 0.9 米一畦,小拱棚为竹木结构棚架,高0.8~1.2 米,棚宽 2.7~3 米,覆盖 3 个地膜畦(床),用 0.008 毫米厚的地膜。大拱棚,用钢架或竹木结构架,棚高 1.8~2.2 米,棚宽 8.1米,刚好覆盖三个小拱棚,用 0.01~0.012 毫米厚的棚膜。

建拱棚要在打垄做畦(床)后,先建大拱棚,在棚两侧装好底膜,再盖棚上顶膜,用压膜线封好,也可同时把下边小拱棚建好,迅速提高地温,当地温稳定在 5℃~7℃时,在大拱棚里,扒开小拱播种,铺地膜后再把小拱棚扣好。或建好大拱棚,暂不建小拱棚,待地温合适后,播种铺地膜后,然后再建小拱棚,这样比较省事,但地温上升稍慢一点。

随着节气的过渡,气温不断上升,至 3 月上旬(惊蛰以后),防止棚内温度过高,影响块茎形成和生长,可以撤掉小拱棚,变成两膜覆盖,大拱棚逐步加大通风,到昼夜通风和全部卷起,待最晚寒流过去再撤掉。

## (三)马铃薯稻草覆盖免耕种植

笔者曾在 20 世纪 80 年代初去广东省作种薯跟踪服务时,看到农民用稻草覆盖马铃薯田,但他们是浅种覆土后再用稻草覆盖,出苗全、长势壮、产量高、质量好。现经南方各省、自治区农业科技人员,总结、改进、提高,赋予新的科技含量,发展为"稻草覆盖免耕栽培"的新方法,尤其是广西壮族自治区研究创新了一套"马铃薯免耕栽培"体系,"摆一摆、盖一盖、拣一拣"。在南方二季作区(包括早春作、秋作)、冬作区、二季作冬作混作区推广,这不仅扩大了我国马铃薯种植面积促进马铃薯产业的发展,在提高我国马铃薯生产技术水平方面都有很大的贡献。

马铃薯稻草覆盖免耕种植,改"翻耕"为"免耕";改"种薯"为"摆薯";改"挖薯"为"捡薯",省工、省时,每 667 米$^2$ 可省工 6～8 个,省投资 150 元以上。还能改善马铃薯生长的环境条件,起到保水、抗旱、保土、保肥、保温和防寒的作用。据广西大学 2008 年测试,在地表温度 7℃ 以下时,盖稻草的地表温度是 7.8℃,露地种植的马铃薯为 5.2℃;而在超过 25℃ 高温时,盖稻草的地表温度为 21.2℃,露地种植的地表温度是 31.2℃。稻草覆盖,利用了过去需焚烧的稻草,起到了秸秆还田、改善土壤肥力、保护生态环境的作用。增产增收,保证薯块质量,由于生长环境条件得到改善,有利于薯块形成和膨大,收获不用机具,只用手扒开稻草一捡就行,没有机械创伤,薯皮光滑无泥土,商品率高、卖价高,比露地种植每 667 米$^2$ 增产 10%～30%,增收 200 元以上。抢农时、早播、早收、早上市,水稻收获后,不需整地,随收获随播种,争取了时间。稻草覆盖选地可不受土质限制,黏性土壤、板结土壤都可以种植马铃薯,因为只有根系扎进土壤,结薯是在稻草下边,所以对产量、质量均没影响。稻草覆盖对杂草有一定的抑制作用,播前、苗前、苗后均可不用除草剂,同时病虫害也轻,可减少施药次数,从而减少了农药残留,减少了对环境的污染,可谓之环境友好型栽培技术。

现将马铃薯稻草覆盖免耕种植技术要点总结归纳如下。

**1. 选地** 要选用上茬水稻,旱能浇、涝能排、不积水、肥力中等的冬闲地。土质要求不严,沙壤土、黏土、板结土都可以。准备种植马铃薯的地块,收获水稻时,稻茬不能太高,5 厘米以下为最好。不然覆盖稻草时会被稻茬顶住盖不严,影响保温、降温、保湿、防冻、抑制杂草的效果,同时透光,影响薯块形成,薯块易青头。

不能选用上茬种植茄子、辣椒、番茄、烟草等茄科作物和甘薯、胡萝卜等块根和根茎等作物的地块,以防止共患病害的传播。

**2. 开排水、灌水沟**　在稻田里种植马铃薯,应该种上垄,也就是种在床上,所以上茬水稻收获后,要马上在田里顺垄拉线,划出床印,用拖拉机或畜力拉犁,开出床沟。根据各地习惯,床面1.2~1.5米,有的地方床面 4 米,沟深 0.15~0.30 米、沟宽 0.25~0.4米,还可以每 3~4 个床,开一条主沟,沟深 0.3 米,开好边沟,做到沟沟相通。床要正、边要直,便于覆盖稻草。

**3. 种薯准备**

**(1)选用中早熟脱毒优良品种**　无论是秋作、冬作、早春作都要选择抗病、高产、优质、抗逆性强的、结薯早、成熟早的中、早熟品种,秋冬作的还要注意选用休眠期短的品种。经各地筛选认为:费乌瑞它、东农 303、尤金、早大白、克新 1 号、克新 4 号、克新 18 号、中薯 1 号、中薯 2 号、中薯 3 号、中薯 4 号、大西洋等,还有川芋 56、川芋早、会-2、渝马铃薯 1 号等品种都可以依据市场需求选用。每667 米$^2$ 备种薯 150~200 千克。

**(2)切芽块和药剂芽块拌种、浸种**　切芽块前要认真进行挑选,剔除病、烂、畸形等不正常的薯块及杂薯。单薯重 50 克左右及以下的薯可整薯作种。60 克以上薯块要据薯块大小切成 2~4块。切芽时一定从顶芽劈开,发挥顶芽优势,芽块重量 30~50 克。切芽块必须实行切刀消毒,以防止病害扩大传播,特别是防止细菌性病害传播。做法同前,见本章二、马铃薯常规丰产种植(二)、5。

药剂浸种和拌芽块。据广西壮族自治区农技推广总站李如平等报道,他们采取"两步消毒法"效果很好,具体做法:第一步,整薯表面消毒(浸种)。在播前 10~15 天,经挑选后,用 72％克露可湿性粉剂 100 克、37.5％泉程(氢氧化铜)悬浮剂 100 毫升、72％农用硫酸链霉素可溶性粉剂 2 000 万单位(相当于 20 克)对水 50 升,浸薯块 15~20 分钟,之后放在通风见光处晾干后进行催芽或切块。也可以在晾晒种薯时,选以上药剂用喷雾器均匀喷在薯块表面上。第二步,药剂拌芽块(拌种),芽块切好后立即用克露(约为种薯重量的 0.1％）、甲基硫菌灵（约为种薯重量的 0.3％）、多菌灵（约为种薯重量的 0.3％）、新植霉素（约为种薯重量的 0.01％）与中性石膏粉混合拌芽块。以上农药可以单用也可选 2～3 种混合用。

（3）催芽　通过催芽，可以尽早打破休眠期、淘汰病薯、达到早出苗、出苗齐、出全苗的目的。催芽的方法很多，最实用最便于种植者使用而且效果最好的是沙床催芽法（有的地方叫层积催芽法），即把清洁干净的湿细河沙或硅沙，在通风阴凉的室（棚）内做催芽床，然后把切好或 50 克以下的小整薯块并已拌过药剂的芽块，密密的平铺于催芽床面，之后上面盖上一层 2～3 厘米厚的湿细河沙或湿硅沙，在沙层上面再铺一层拌过药的芽块，上面再盖上一层湿沙或湿硅沙，这样一层层到 3～4 层，厚度 15 厘米左右就可以了。然后上边盖上稻草遮光和保温，将床内湿度保持在 20℃左右，当薯芽长出 0.5 厘米左右，就可揭开稻草，让薯芽受光，变为紫色短壮芽，就可以播种了。上述方法也可以用稻草或苇子做成草床进行催芽，但应注意保持湿度。也有使用赤霉素（920）浸种催芽的，用 0.5 毫克/千克溶液浸芽块 15 分钟后，将层堆放在温暖的空屋之内。此法发芽快、出苗早，但浓度不好掌握，使用时必须谨慎。

**4. 施　肥**

（1）施肥品种和施肥量　要根据种植的品种，土地的肥力，计划产量目标等来确定施肥量。为适应一次性基肥的需要，化肥品种应当选用氮、磷、钾各 15％的复合肥每 667 米$^2$75～100 千克，再加硫酸钾 20～30 千克（纯氮素 11.25～15 千克，纯磷素 11.25～15 千克，纯钾素 25～26.25 千克）；或施用氮、磷、钾为 13—8—24 的复合肥，每 667 米$^2$110 千克，（含纯氮素 14.3 千克、纯磷素 8.8 千克、纯钾素 26.4 千克）。另外，还可以考虑使用其他马铃薯专用化肥。不论施用哪种化肥每 667 米$^2$ 都要配合施用腐熟的农家肥 1 500～2 000 千克。

（2）基肥施肥方法　在播种（摆种）前或播种（摆种）后，一次性把计划施用的基肥全部施入田间。施肥按预计行距拉线条施,施在摆种行的侧面,要离开摆种行 3 厘米以上。可以 1 行肥料 1 行种薯,也可以 1 行肥料 2 行种薯,不管怎样,肥料不能接触种薯。

**5. 摆种(播种)和覆盖稻草**

(1)摆种(播种)时间安排 应根据秋作、冬作、早春作不同情况合理安排摆种(播种)时间。本着不影响产量和效益,不影响下茬种植的原则安排,不宜太早,也不宜太晚。秋作一般在 8 月上旬至 9 月上旬;冬作在 10 月中旬至 12 月上旬;春作要在 1 月下旬至 2 月上旬。具体到某一地方应根据本地区实际情况进行科学安排。

(2)摆种(播种)密度、方法 根据床(畦、厢)宽度安排每床(畦、厢)摆种行数,一般一床(畦、厢)摆 4～5 行,床(畦)边留 20 厘米,行距 25～30 厘米,株距 20～25 厘米。要按中熟、早熟等不同品种植株生长特点合理安排密度(株行距),一般春作每 667 米$^2$在 4 500～5 500 株,而秋冬作,每 667 米$^2$ 要种到 5 700～6 700 株。

摆种方法是按计划行距,在施肥行两侧,芽眼朝下,按计划株距串空(品字形)摆开,再用力把芽块摁在土中(或按北方的方法用脚踩一下把芽块踩入土中),使芽眼和土紧密结合。勿使芽块直接与化肥接触。如果是先摆种后施化肥的,把化肥施在两行种薯之间,更应注意化肥别撒到芽块上。土壤湿度如果不大,也可以用床沟中的土盖上芽块和化肥,盖土 2 厘米左右即可。

(3)覆盖稻草 摆好芽块(或摆好芽块盖好土)后覆盖稻草,大多采取稻草横着铺在薯垄上,稻草尖对尖或根压尖都可以,也有的地方稻草顺垄向铺,草根压草尖一节一节的。铺草厚度 8～10 厘米,要铺均匀,不能有露缝的地方,稻草上边和接茬的地方还可以用土压上,防止风刮。据生产实践,每 667 米$^2$ 用干稻草 1 000 千克左右,按面积计算每 667 米$^2$ 马铃薯田,需 1334 米$^2$ 水稻田的稻草来覆盖。

在没有稻草或稻草不足的地方,也可以用玉米秸、麦秸、甘蔗叶、茅草等作覆盖物,只要盖够厚度、盖严、压好,也可以达到理想的效果。

**6. 田间管理**

(1)清沟压土　播种(摆种)盖草后要及时清理床(畦、厢)沟(排灌沟),将清理出的土打碎均匀压在稻草上,压紧稻草保湿遮光,防止风揭草移。

(2)引苗　在出苗时(播后 30 天左右)要进行人工引苗,因为覆盖在苗上面的稻草纵横交错拉拉扯扯,有的可能把苗卡住,出现"卡苗"现象,苗要长出来很困难,要人工扒一下把苗引出,让其正常生长。

(3)追肥　因稻草覆盖的马铃薯都是一次性施入基肥,一般看苗情如不会出现脱肥问题,可不追化肥。有脱肥可能的,可在生长中后期,每 667 米$^2$ 用磷酸二氢钾 150 克加 250 克尿素对 50 升清水进行叶面喷施,视情况喷 2～3 次。

(4)水分的控制　稻草覆盖种植马铃薯都在南方雨水较多的地方,而且都种在冬闲的湿度较大的水稻田,所以,既需注意防旱,又得重视排涝,必须种上垄(床、畦、厢)并做好排灌沟。土壤水分不足时要通过床沟渗灌,水层要浅,水面不要超过床(畦、厢)面,让水渗透到土壤中去,保持马铃薯各个生长时期所需的水分,不能忽干忽湿。雨水较多的时候,要及时排水,绝不能让田里积水,也不能让稻草湿度过大,防止烂薯。收获前 7～10 天停止灌水,保持田里干松,便于收获。

(5)防治病虫害　当地湿度较大,有利于真菌、细菌性病害发生。主要以防晚疫病、早疫病等真菌病害和青枯病、环腐病等细菌性病害为主。以防为主,所以苗期就应开始用药剂防治,防晚疫病每 667 米$^2$ 可选用 72％克露(霜脲氰加代森锰锌)100 克,甲霜灵加代森锰锌(金雷多米尔、玛贺)用 100～150 克或 60～80 毫升;防治早疫病可用氢氧化铜(37.5%泉程、可杀得等),每 667 米² 用 100 克或 500～1 000 倍液,封垄后可用金力士(丙环唑)667 米² 用 6～9 克对水喷雾;防治细菌性病害,用 72%农用链霉素可湿性粉剂,每 667 米² 用 15～20 克。以上药剂可单独使用,也可复配使用,每隔 7 天喷洒 1 次,每生育期施 6 次以上。

防治地下害虫主要用毒土或颗粒剂,如辛硫磷颗粒剂每 667 米² 3 千克,或毒死蜱颗粒剂每 667 米² 用 3～4 千克。防治蚜虫主要用吡虫啉可湿性粉剂,每 667 米² 用 10～20 克;还可选用菊酯类杀虫剂消灭一些鳞翅目、鞘翅目害虫。

(6)收获 收获时间应依据生长情况和市场需求来决定,一般应在正常成熟时收获,但市场价好时,只要薯块达到商品成熟也可收获,产量虽差点,但产值可以提高。收获前 7～10 天要割掉薯秧。收获时只需扒开稻草人工捡拾、分级装包就行了。但应注意,轻拿轻放,不要人为造成创伤,影响品质。收获的块茎要防雨淋、防暴晒、防冻。装车运送过程中,人不要到薯块上蹬踩。

### (四)脱毒马铃薯循环芽快繁芽栽种植

有的农户引进了市场上很抢手的马铃薯新品种的原种或一级种,很想尽快繁殖,早日用于生产发挥效益。但是,马铃薯繁殖倍数太低,一般只有 10 倍,而要大量购买原种或一级种投资又太大。解决这个矛盾的办法,是应用循环切芽快繁技术。这样,可以把马铃薯繁殖倍数提高到 60～70 倍。

**1. 晒种催芽** 在晚霜结束前 60 天开始,方法同前。把种薯上的幼芽晒到由黄绿色变成紫绿色即可以了。

**2. 建造阳畦** 在种薯催芽的同时,选择背风向阳、管理方便的地方建造阳畦,按每 75 千克种薯,建长 5 米、宽 1.3 米、深 0.7 米的育苗阳畦 1 个。另建同样大小的假植冷床 1 个,深度为 0.3 米。育苗阳畦底下铺 20～30 厘米厚的生马粪或羊粪,浇水使之含水量达到 60％，上部再铺过筛细土 10 厘米厚并整平。冷床不放马粪。

**3. 育苗**　在晚霜结束前 40 天开始，把经过催芽的种薯，按照薯块大小，顶端朝上地挨个摆一层于育苗阳畦畦面上。摆完后，给种薯灌水，至不渗水为止。然后，在种薯上面再覆一层 5～6 厘米厚的风沙土，在畦上搭好拱形塑膜棚，并压好封严，使畦内 7 厘米深处地温保持在 17℃～18℃。要注意不能使温度过高。在夜间，要用草帘覆盖保温。经 20 天左右，种薯就能出苗。

**4. 切芽与假植**　出苗后 4～5 天，芽高 4 厘米左右时，取出母薯，在芽子带一节不定根处，用快刀将芽切下，把它假植在冷床营养土上。然后把母薯放回原处，并立即浇水，覆上棚膜，让其继续生长。当苗高又达 4 厘米左右时，再切第二次，这样可连续切 3～5 次。晚霜结束后切下的芽子，可以直接定植到田间。

**5. 移栽定植**　晚霜结束后，可把假植的苗子定植到大田。定植田要有隔离条件，即周围 200 米内没有未脱毒的马铃薯。另外，要有浇水条件，地也要整细。栽时要随栽随浇水，第二天还要浇水封埯。栽苗密度为：每 667 米$^2$，头茬 2 500 株，二茬 3 300 株，三茬 4 500 株。最后，可将母薯切成芽块种于地里，每 667 米$^2$ 约种 5 000 株。

**6. 苗田管理**　幼苗移栽后，在 1 个月内生长很慢。因此，要及时浇水、追肥和中耕，以促其生长。现蕾期要培土。苗期要注意防治地下害虫，7 月份开始防治蚜虫，并注意去杂、去劣和去病。还要及时收获，单贮留种。

### （五）马铃薯埯田种植

在劳力充足，土地较少，马铃薯种植面积不太大的地方，常采取埯田种植的方式，有的地方叫坑种。这种方法由于要挖种植埯，所挖局部土壤疏松，保墒蓄水；播种较深，培土较厚；施肥集中，营养面大;空间合理,改善了小环境,因而非常有利于马铃薯地上部和地下部的生长。同时,由于用小整薯播种和顶芽大芽块播种,因而不仅能抗旱保苗,而且其顶端优势可使苗子长势强,植株繁茂,每墩可长出 3～4 个茎,各墩组合,形成丰产的群体。单墩产量可达 1.5～2 千克。同时大薯率高,商品性好。具体种植方法如下。

**1. 选种催芽,健薯下地**　确定品种之后,除挑选无病薯块外,还要按小种薯规格(30～100 克)选薯块,然后进行整个薯催芽,培育短壮芽。在室内或大棚、温室内的散射光条件下,地上垫木板或铺上草,上面平摆 2～3 层薯块,保持气温 20℃～25℃,等芽眼萌动,也就是露小白锥时,每天把薯块翻动一次,让种薯均匀受光,同时发现病块随时淘汰。幼芽受光后变成紫色,又短又粗壮,节数多,节间短,芽基部长很多突起的小点,是早期分化的根点,当芽子长到 1.5 厘米左右,就可以进行播种了。播种前再做一次处理,60克以下的一律整薯播种,60 克以上的用消毒的切芽刀,把尾部切掉,只留顶部,重量在 50 克左右,这样就成为顶芽大芽块。这样催出的芽无病又健壮,播到地里遇到湿润温暖的土壤,很快长出根子,吸收水分养分,加上母薯水分、营养充足,就会长出健壮的薯苗。

**2. 深翻整地,拖耢保墒**　最好进行秋季深翻,深度要达到 30厘米,随翻随拖耢,使土层上实下虚,接纳雨水,保存底墒。

**3. 把握实际,确定墩数**　根据土地肥力情况和所使用品种的丰产性、成熟期等,合理确定挖墩密度。应掌握:"壮地晚熟种稀点,薄地早熟种密点"的原则。一般行距 60 厘米左右,墩距 50～55 厘米,每 667 米² 挖 2 000～2 200 墩。按每墩长出 3 个有效茎计算,每 667 米² 有效茎数量可达 6 000～6 600 个。

**4. 挖墩施肥,精细播种**　按预计的行距和墩距挖墩,相邻垄的墩要插空错开,形成锅撑腿状,有利于通风透光,空间面积合理,同时还便于取土。墩的直径 30 厘米左右,墩深 30 厘米,表土挖出单放一边,下部土挖出放在一边,然后把表土回填并把事先备好的化肥、农家肥施入,与土混合均匀,埯中土面距地面 10 厘米,然后把种薯芽子朝上慢慢按入埯中,覆土 15 厘米左右,使地面形成小土堆,用锹轻轻拍实。

**5. 分次培土,加强管理** 苗高 10 厘米左右,结合灭草浅培土一次,培土 3 厘米左右;苗高 20 厘米以后再进行两次培土,两次厚度 7～10 厘米,最后使芽块距地上茎基部 25 厘米左右,土堆要宽大。有浇水条件的应适时浇水,也要按常规要求施药防虫防疫病。中后期要进行叶面喷施硝酸钾、磷酸二氢钾等肥料。

### (六)马铃薯的间套种植

由于马铃薯有棵矮、早熟、喜冷凉、在地下生长和根系为须根系等特点,因而成为较广泛的间套种作物。它可与高棵作物搭配,用光互补;也可与晚熟作物搭配,错开播期,减少共生期;还可与地上结实作物搭配,不同它争营养面积和空间等。我国农民在生产实践中利用这一规律,创造出多种多样的马铃薯与其他作物的间、套种形式,在充分利用土地、增加复种面积,提高产量和产值,提高经济效益方面,起了很大作用。

**1. 薯粮间套种形式**

(1)2∶2 间套种 许多地方的实践经验表明,马铃薯和玉米以 2∶2 间套种最合理,也最成功。

在北方地区,大多数的做法是将马铃薯、玉米同时在 4 月下旬播种,属于间种。马铃薯选择早熟品种。在前期,玉米和马铃薯生长高度差不多,接受光线互不影响。后期玉米长高了,而马铃薯正需要温差大的生长条件。当马铃薯收获后,又为玉米提供了通风透光的良好空间。一般是 1.8 米宽一带。两行玉米之间的距离为 50 厘米,两行马铃薯之间的距离为 60 厘米,马铃薯和玉米之间的距离为 35 厘米。玉米的株距为 24 厘米,每 667 米$^2$ 种植 3 000

棵,马铃薯的株距为 22 厘米,每 667 米² 种植 3 370 棵(图 23 甲)。

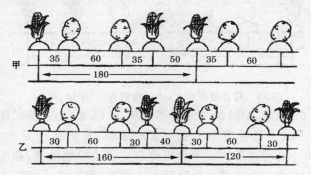

**图 23   马铃薯玉米 2∶2 间套种模式**  (单位:厘米)

在中原地区及东部沿海地区,用两垄马铃薯与两垄玉米套种,即 2∶2 套种,1.6 米宽一带。两行马铃薯之间相距 60 厘米,两行玉米之间相距 40 厘米,马铃薯与玉米之间相距 30 厘米。3 月上旬播种经过催芽的马铃薯,选用费乌瑞它、早大白、东农 303 等品种,株距为 25 厘米,每 667 米² 种 3 330 棵。播马铃薯时,第二垄和第三垄间隔 1 米,以给玉米留垄。4 月上旬播种玉米,选用中单 2 号、丹玉 13 号等品种,株距也是 25 厘米,单位面积棵数与马铃薯的相同(图 23 乙)。

**(2)大带距间种**    以马铃薯为主的大带距间种,在北方一季作区应用较多。马铃薯 4 垄、玉米 2 垄,行比是 4∶2,一带总宽 3 米。马铃薯、玉米所有行距均为 50 厘米,4 行马铃薯占 2 米,2 行玉米占 1 米。马铃薯株距 24 厘米,每 667 米² 种 3 700 棵;玉米株距 20 厘米,每 667 米² 种 2 200 棵。马铃薯与玉米同时播种(图 24)。

**(3)秋播马铃薯与冬小麦、春玉米间套种**    在中原地区和西南山区,有用秋播马铃薯与冬小麦、春玉米间套种的做法。实施时,冬小麦为 4～5 行,马铃薯为 2 行,2 米宽一带,两行马铃薯间

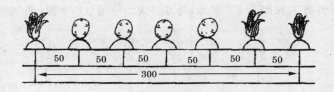

**图 24　马铃薯玉米 4：2 间种模式**　（单位：厘米）

距离为 55 厘米，马铃薯与小麦垄间距 35 厘米，小麦垄间距 25 厘米。为了减少马铃薯与小麦用水的矛盾，马铃薯行要做成高垄（床），将小麦种在下边。所种马铃薯应选用早熟品种，株距 20 厘米，每 667 米²3 300 棵。马铃薯在 8 月初播种，冬小麦在 10 月上旬播种。马铃薯收获后冬闲，待翌年小麦扬花时再在原马铃薯垄上播 2 行玉米（图 25）。

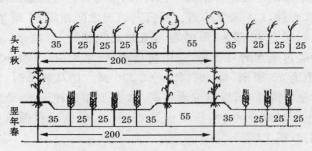

**图 25　马铃薯冬小麦春玉米间套复种模式**　（单位：厘米）

**2. 薯棉间套种形式**　薯棉间套种在黄淮地区发展很快，因为这种种法既保证了棉花的种植面积，又增加了农民的收入。农民对这一种植形式非常欢迎，他们称赞薯棉间套种"棉花不少收，土豆有赚头"。

**（1）一垄棉花与两垄马铃薯套种**　即马铃薯棉花 2：1 间套种，1.2 米一带。马铃薯选择早熟品种费乌瑞它、早大白等，于 3 月初催芽播种。两垄马铃薯间距 50 厘米，与棉花垄间距 35 厘米，使马铃薯形成行距 50 厘米和 70 厘米的两种规格（图 26 甲）。其株距为 22 厘米，每 667 米² 种 5 000 株。棉花采取育苗移栽的办法，在 4 月初育苗，5 月初移栽定植，栽在马铃薯大垄中间，使棉花行距为 1.2 米。其株距为 30 厘米左右，每 667 米² 栽 1 800 株。6 月中下旬收获马铃薯后，棉花的生长空间和营养面积增大，非常有利于生长。另外，也可按带宽 1.3 米的规格进行薯棉的间套种，具体的种植规格如图 26 乙所示。

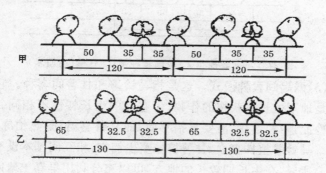

**图 26　马铃薯棉花 2∶1 间套种模式** （单位：厘米）

**（2）两垄棉花与两垄马铃薯间套种**　即马铃薯棉花 2∶2 间套种。马铃薯两垄间距 60 厘米，与棉花垄间距离 40 厘米，棉花两垄之间距 40 厘米，形成 1.8 米宽的一带。马铃薯和棉花的株距都是 20 厘米，每 667 米² 都种 3 700 棵。一般播种马铃薯要比播种棉花早 30 天左右，待马铃薯出齐苗后再播棉花。行株距可根据马铃薯及棉花品种进行适当调整（图 27 甲）。

还有一种做法是 1.6 米宽为一带，同样按 2∶2 间套种。马铃薯催大芽后在 3 月初播种，先播成大、小两种垄距，小垄距为 50 厘米，大垄距为 110 厘米（也可以盖上地膜），其株距为 17 厘米左右，每 667 米² 种 4 800 株。4 月中旬播种棉花，播在马铃薯大距垄间，距马铃薯垄 30 厘米，两行棉花间垄距 50 厘米，株距 24～30 厘米，每 667 米² 种 2 700~3 400 株（图 27 乙）。

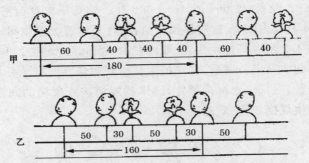

**图 27 马铃薯棉花 2：2 间套种模式** （单位：厘米）

**（3）两高间套种模式** 这是指马铃薯和甘薯间套种。它们虽然都是地下生长收获物的作物，但它们的生长特性不相同。马铃薯喜冷凉，耐寒怕热，需要早播早收；而甘薯喜温，耐热怕冻，需要晚栽。马铃薯植株直立，甘薯植株蔓生匍匐，相互间基本没有遮光问题。所以，在生长期较长的地方，可以充分利用早春土地闲置的时机，实行两高间套种，以创造更高的产量和效益。

经各地多年实践选择，马铃薯与甘薯间套种的行比，以1：1或2：1为佳。

①马铃薯和甘薯按 1：1 间种：先播种马铃薯，行距为 74 厘米，株距 20 厘米，每 667 米² 种 4 500 株。当马铃薯培土后，把甘薯栽在马铃薯行之间，这样使所有的行之间都成为 37 厘米的距离。甘薯株距 33 厘米，每 667 米² 种 2 700 棵（图 28）。

②马铃薯和甘薯按 2：1 间套种：在整地时，先按 1.4 米的行距，打成宽 40 厘米、高 15 厘米的大垄（或叫高畦），准备栽甘薯用。在两条甘薯垄之间，播种马铃薯两垄，各距甘薯垄中心 40 厘米，两条马铃薯垄间距 60 厘米。其株距为 20 厘米，每 667 米² 种 4 700 株左右。在马铃薯培土后，根据气温情况决定在大垄上栽甘薯的

**图 28　马铃薯甘薯 1∶1 间套种模式** （单位：厘米）

时间。栽时株距为 20 厘米，每 667 米$^2$ 种植 1 600 株(图 29)。

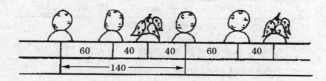

**图 29　马铃薯甘薯 2∶1 间套种模式** （单位：厘米）

　　（4）薯菜间套种模式　在以蔬菜种植为主的地方，许多农民利用马铃薯早熟喜低温的特点，与喜低温或喜高温的蔬菜进行间套种，以充分利用地力和无霜期。他们创造了各式各样的间套复种形式，种成了一年三收、四收甚至五收等模式，产量和效益都非常可观。如马铃薯与生长期较长的爬蔓瓜类间套种，与生长期长的茎直立的茄科蔬菜间套种，与耐寒又速生的叶菜类间套种，与耐寒生长期长的其他蔬菜间套种等(图 30)。

# 六、炸薯条、炸薯片原料薯的种植

　　我国饮食文化博大精深，可以把马铃薯做成各种各样色、香、味俱全的菜肴和主食，但是法式炸土豆条和炸土豆饼的餐桌食品，以及炸成土豆片的消闲食品，还是近年来从国外引进来的，一引进来，就受到很多消费者的欢迎。同时，一些外国薯条、薯片加工的厂商也进入了我国，独资或合资建立以加工薯条或薯片为主的食

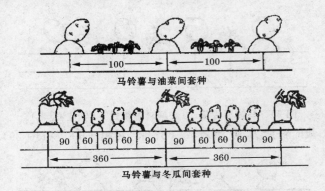

马铃薯与油菜间套种

马铃薯与冬瓜间套种

**图30 马铃薯蔬菜间套种模式** （单位:厘米）

品加工公司,为我国马铃薯销售又开辟了一个市场。

但是炸薯条、薯片对原料薯都有些特殊的要求。如炸薯条,要求原料薯为长形大个头,长度在7.5厘米以上或重量在125克以上;芽眼浅、便于清洗;美国要求白皮白肉的品种,欧洲则用黄肉品种;含干物质要高,在19.6%以上,有的要求在20%以上;炸出薯条挺而不软;含还原糖低,在0.2%以下,炸出薯条为白色,否则炸薯条发红,不合格。20世纪80年代初,美国麦当劳要在中国大陆开辟市场,前期工作就是寻找达到炸薯条要求的原料薯品种,并派马铃薯专家到中国马铃薯之乡河北围场搞原料薯的选择试验,当时笔者以中方专家身份与美国专家合作,搜集中外马铃薯品种30余个,进行长达7年的筛选试种。国内品种虽然适应我国北方的气候条件和种植技术水平,但多为圆形、干物质低、还原糖高,均未被选中,最后筛选出加拿大品种夏波蒂,其能满足炸薯条要求,但对当地的种植水平不太适应,必须良种良法,改进种植技术,适应其要求,才能达到丰产高效的目的。同时,选出了美国品种布尔斑克,这个品种非常适宜炸薯条,但当地气候条件因积温低、无霜期短还不能满足其生长要求,拟逐步西移找到其适宜种植区域。炸薯片原料则要求圆形薯块,中等个头,芽眼浅,白肉或浅黄色肉,含干物质高,还原糖低。国外主要用大西洋、斯诺顿和切普顿等品种。

## (一)炸薯条品种夏波蒂的种植技术要点

**1. 选择适宜气候区域** 通过多年实践证明,该品种应选择北方一季作半干旱地带,≥10℃有效积温 2 000℃～2 300℃,无霜期 100～120 天的地区种植,其对温度很敏感,结薯期遇高温薯块膨大受影响,不适宜在二季作区种植。在内蒙古自治区中部、东部,河北北部接坝及坝上地区,山西和陕西北部,宁夏回族自治区及甘肃省东南部,黑龙江省西南部等地较适宜。

**2. 严格选地、精细整地** 该品种喜排水、通气良好的沙壤土和沙土地,最好土层深厚,地力中等以上的平地、上岗地,切忌在涝洼地、盐碱地种植。为适应机械化、现代化种植,地块要大,地中无障碍物,有充足的地上水源或地下水。其他要求与常规种植相同。要求深翻达到 30 厘米,且无生格子,均匀一致;及时耙压或用旋耕机旋地,使之达到土暄、细软、平整。

**3. 加大肥量、供足营养** 本品种喜肥,土壤中有足够的营养才能满足它的生长需要。要达到每 667 米² 3 吨以上产量,每 667 米² 土壤供营养量要达到:纯氮素 17～19 千克、纯磷素 14～16 千克、纯钾素 22～26 千克。还要有一定数量的锌、锰、硼、硫、钙等微量和中量元素。要达到上述要求,应大量施用农家肥,每 667 米² 农家肥施用量应在 3 500 千克以上。化肥要采取配方施肥的方法。基肥施用量要达到总用肥量的 65%,第一次追肥用量要达到总量的 20%,下余 15%分 3～4 次以叶面喷施的方法追入。

参考用量:

**(1)基肥** 每 667 米² 可用 12—19—16 硫酸钾型复合肥 90 千克,硫酸镁 8～10 千克,硝酸铵钙 10 千克;追肥用 20—0—24 高氮、高钾复合肥 40 千克,其中 25 千克在出苗后 25 天左右撒于行

中，随后喷水，同时喷入硫酸锌 2 千克、硫酸锰 1 千克；余下的 15
千克高氮、高钾复合肥分次通过喷灌机喷入植株。花期后还可根
据长势苗色，喷入 7～8 千克硝酸钾，如果有贪青现象可喷 400～
500 克磷酸二氢钾。

（2）自己配肥　每 667 米² 施磷酸二铵 35 千克、尿素 20 千克、
硫酸钾 45 千克、硫酸镁 10 千克、硝酸钙或硝酸铵钙 20 千克、硝酸
钾 10 千克、硫酸锌 2 千克、硫酸锰 1 千克。磷酸二铵、尿素、硫酸
镁及部分硫酸钾作基肥，其余作追肥和叶面肥。

**4. 大芽深种、密度适当**　要在选用原种或一级种薯等早代脱
毒种薯的基础上，采用大芽块。芽块单块重量应在 40～50 克，带
1～2 个芽眼，这样 1 个芽块可长出 2～3 个有效茎。播种深度，从
芽块顶部到地平面 8 厘米左右，覆土深度，即从芽块顶部到垄背顶
部应达到 15 厘米以上。

夏波蒂植株较高，块茎个头大，需要较大的土壤营养面积和空
间面积，要创造这样的条件，必须密度适当，不能过密。多大密度
合适，通过实践得知，每 667 米² 在 3 200～3 600 株较为适宜。根
据加工厂需用原料薯规格来决定具体密度，如加工厂需要大块原
料，不限制大薯块数量，每 667 米² 密度可保持在 3 200 株左右，即
90 厘米行距、株距要在 23 厘米左右，这样有效茎可以达到 6 500～
7 000 个，块茎有向单个发展的可能。而加工厂限制太大的薯块的
要求，则每 667 米² 可种到 3 600 株左右，有效茎可能达到 7 000～
8 000 个，块茎个数较多，生长均匀，限制了单个块茎的膨大，群体
长势好。

**5. 早培土深培土、或分次培土**　夏波蒂坐薯早，在现蕾前就
有块茎形成，块茎长形又斜着朝上生长，极易露出地外造成青头，
所以应早培土、厚培土。一种是在没出苗前进行"梦耕"，用有做垄
器的中耕机，在薯芽长到离垄背表面 3 厘米左右没出土时中耕培
土，培好后从芽块顶部到垄背顶部土面 18～20 厘米为好。另一种

是分次培土,第一次应在 20％～30％幼苗露土时进行,培土 5 厘米左右,把已出来的幼苗埋住;第二次要在苗高 15～20 厘米时进行,培土 5 厘米左右,经两次培土后,从芽块顶部到垄背顶部土面仍要达到 18～20 厘米。

**6. 浇好水,保证水分供给**　夏波蒂对水分要求较高,如果缺水,不仅影响产量,还会影响大薯比例及干物质积累等一系列问题。所以,要充分利用好喷灌机,根据其不同生长阶段需水要求满足供水量。苗期土壤最大田间持水量应保持在 60％～70％(含水量 16％～17％);发棵期(块茎形成期)最大田间持水量应保持在 70％～80％(含水量为 17％～18％);块茎膨大期最大田间持水量应保持在 80％～85％(含水量为 18％～20％);干物质积累期最大田间持水量应有所降低,保持在 60％左右,特别是收获前土壤水分不宜过大,要在收获前 7～10 天停水,总的掌握整个生育期地面不见干土,地下总是湿润的,就能保证水分的供应。

**7. 早用农药,预防病害发生**　近年马铃薯病害种类有增加的趋势,除了晚疫病、早疫病外,丝核菌溃疡病、镰刀菌枯萎病等真菌病害及环腐病、黑胫病等细菌性病害都有所抬头,夏波蒂也不例外。因此,必须严加防范,施用农药做好预防。可用适乐时、阿米西达、金纳海、扑海因、农用链霉素等作芽块包衣或沟喷,防治种传、土传的真菌、细菌等病害。从 6 月下旬开始可选用保护剂、保护兼治疗剂交替使用防晚疫病、早疫病等,如大生、新万生、安泰生、克露、金雷、玛贺、金纳海、金力士、易保、抑快净、银法利、科佳、福帅得、可杀得、世高、安克等,生育期内每 7～10 天喷施 1 次,视情况喷 8～10 次,控制病害发生、保障植株正常生长,保护薯块不受侵害(详见第十一章马铃薯病、虫、草害防治)。

## (二)炸薯条品种布尔斑克的种植技术要点

**1. 选择适宜区域**　应择在干旱、半干旱大陆性气候区,≥

10℃有效积温在 2 600℃以上,年平均气温 7℃以上,无霜期 140 天以上,7、8 月份温差在 12℃以上、光照时间长的区域种植。在陕西省北部、宁夏回族自治区南部、甘肃东部、内蒙古自治区南部偏西等地应该是适宜区域。

**2. 实行现代化栽培**　脱毒种薯早代化、增量施肥配方化、田间作业机械化、适时浇水喷灌化、病虫草害预防化,全套管理程序化(见本章三、北方一季作区马铃薯现代化大型农场种植)。本品种不适宜使用我国传统种植方法。

**3. 合理的密度**　应特别提出的是该品种植株高大,株高 70～90 厘米,茎粗壮、块茎大且多,不宜种植太密,以每 667 米$^2$ 3 000 株左右为宜,90 厘米行距,株距 24 厘米以上,配合早代脱毒种薯和 50 克左右的大芽块,每 667 米$^2$ 有效茎在 6 000～7 000 个,就可保证理想产量。

**4. 增施肥料**　本品种增产潜力大,消耗营养多,只有满足肥料供应,才能获得高产。要在测土的基础上,施用氮、磷、钾合理配比的复合肥料,基肥、追肥、叶面肥总量每 667 米$^2$ 应在 150 千克以上,施用的纯氮素要在 20 千克左右、纯磷素在 18 千克左右、纯钾素在 26～28 千克左右,同时要有纯镁 2 千克,其他微量元素也不可缺少。生长季节应做叶柄检测,测出营养是否平衡,根据情况及时补充。

**5. 及时足量浇水**　布尔斑克需水量大,如果水分不足块茎畸形,大薯率降低,产量降低。在生长季节里,土层 30～50 厘米最大田间持水量应保持在 65%～85%(含水量在 17%～20%),而且不能忽干忽湿,土壤墒情应平稳、均匀,防止出现畸形和空心现象。

**6. 其他作业及技术要求**　如选地整地、切芽、拌种、播种、中耕、防病等,与夏波蒂种植及现代化农场种植相同。

## (三)炸薯片原料薯种植技术要点

炸薯片原料薯品种以大西洋为代表,薯形圆、结薯集中,属中熟种。适应性较广,在一季作区、二季作区、冬作区均可种植。种植技术与炸薯条品种大致差不多,但有以下几点应特别注意:

**1. 大密度种植** 因炸薯片原料要求,个头不能太大,要在300克以下、60克以上的中等个头。要在保证单位面积产量的前提下,满足块茎大小的要求,不能减少水肥供给,只有加大种植密度才能解决。实践得知,一般地力,水肥供应充足,每667米² 在5 200～5 500株(有效茎在8 000～10 000个)较为适宜。如果机械化种植,90厘米行距,株距应在14厘米左右;如果用木犁种植,行距60厘米,株距可为20厘米;行距70厘米,株距可为18厘米。大西洋本身个头大的易空心,控制个头同时也能控制空心率。

**2. 早期大肥、后期控施** 炸薯片品种多为中熟种,植株发育早、块茎形成早,所以必须做到早施肥而且要多施,总肥量要大,每667米² 要用高钾复合肥120千克以上,基肥要占70%以上,出苗后20天追肥占20%,其余10%在开花期施入,有条件的要分次叶面喷施,在收获前40天把所有的肥施完,以后基本不再施肥,确保块茎稳步增长,控制空心。

**3. 前期水足不断、后期小水常有** 在发棵期(块茎形成期)及以后水分必须满足最大田间持水量保持在80%～85%(含水量18%～19%)。水分必须满足,而且不能间断,促进块茎形成和膨大。在干物质积累期,浇水量要小,田间持水量应保持在60%左右(含水量16%左右),不能忽高忽低,要均匀平衡。

**4. 品种选择** 炸片厂家当前主要使用大西洋、斯诺顿,1533等品种,据说百事公司新引进了自有品种1867,该品种抗病、高产、空心率低,品质优于大西洋。国内适于炸片的品种陆续育出,如春薯3号、春薯5号、优金、鄂马铃薯3号、冀张薯7号等,需加大应用力度,逐步推广。

## 七、马铃薯种薯生产技术的特殊要求

### (一)马铃薯种薯生产地域和地块的选择

**1. 地域选择**　马铃薯病毒在温度较高的地方繁殖速度快,植株内病毒的积累多;更重要的是温度高的地方传毒媒介多,如蚜虫、跳蝉、椿象等,特别是有翅蚜虫中的桃蚜,其迁飞、取食、传毒活动适宜气温为 23℃~25℃,也是传播马铃薯重花叶病毒(Y 病毒)效率最高的温度。所以,在这样的温度条件下,马铃薯的退化率加快,则种性就差。而气温在 15℃ 以下时,蚜虫起飞困难,不利于繁殖、取食活动、迁飞,而这样冷凉的环境又特别适宜马铃薯生长。另外,地势较高、风速较大的地方蚜虫很难落脚取食,就减少了它传毒的机会。因此,马铃薯繁种需要选择高海拔、高纬度、气候冷凉、风速较大的地方。科学家提出了"高山繁种"的理论。一般说,≥10℃有效积温在 1 900℃~2 300℃、年平均气温 2℃~3℃ 的地方最适宜。我国东北西北部、华北北部、西北北部纬度较高、地势较高的地方都适合马铃薯种薯生产,正因如此,20 世纪 80 年代,我国形成了马铃薯种薯"北种南调"、"南用北繁"的格局,至今仍是主流。

**2. 地块选择**　地块应选在 3 年没种过马铃薯和其他茄科、十字花科作物的地上,最低也要相隔 2 年,主要是防止土传病害及马铃薯植株残体带病传染真菌、细菌病害。还要有清洁的小环境,必须与种植一般马铃薯(非脱毒或代数不够的)、茄科作物有一定的隔离带,一般应在 500 米以上(有的提出 3 000 米、1 000 米、800米,但集中繁种区很难做到)。隔离的目的是防止有翅蚜虫迁飞传毒。土质最好是疏松的通透性好的沙壤土,中性或微酸性,不宜过碱,不宜选低洼、涝湿地。为提高繁种保证系数,最好有水浇条件。

## (二)繁种材料的来源

种薯生产所用的繁种材料,必须是真正的早代种薯,其级别(或代数)必须清楚、明白、准确,无论是自繁的还是采购的都要准确的知道。必须坚持用原原种(微型种薯)繁原种,用原种繁一级种薯,也就是要用基础种薯繁合格种薯。

繁种户或繁种单位想保证给用户提供优质脱毒种薯,最好自己从原原种(微型种薯)开始繁,自繁、自留、自用,繁成合格种薯(一级种薯)直接提供给用户,进行大田生产,这样才能保证信誉,越做越好。

原原种和微型种薯的采购,应当选择技术和设备先进、责任心强、讲诚信、有信誉的专业生产单位或专业户。采购前在生产季节最好到田间(温室、网棚)、试验室进行考察,了解所繁微型薯是哪个株系及表现情况,然后再决定是否采购,确保所用的基础种薯的质量。

## (三)严格把住播前去杂去病关

**1. 微型薯种薯** 微型种薯虽然不用切芽,但在困种或催芽前要挑选和分级,挑出由于机械混杂造成的杂薯粒和严重失水已皱缩或在贮存过程中染病的薯粒,并据大小分级,1～3克、3～5克、5～8克、8～15克等。分级后,播种时分别种植,这样出苗一致,苗子整齐,便于有针对性地进行管理,达到高质、高产、增加繁种系数的目的。

**2. 大种薯** 在网棚内生产的脱毒原原种或露地生产的脱毒原种都需要切芽块播种。切芽块过程中除认真执行切刀消毒外,还要严格把住去杂、去劣、去病块这一关,确保高质量的切出芽块,为繁出高质量的脱毒种薯打下基础。在切芽块过程中,通过看薯

第九章　马铃薯种植技术

块皮色与切开看肉色淘汰杂薯和有病斑的薯块,看外观淘汰畸形薯块,确保下地芽块均为纯度高的健康芽块。

### (四)适当推迟播种期

种薯生产不宜播种过早,在一季作区,播种早、地温低、出苗慢,易感土传病害;二季作区秋播,播种太早气温太高易烂种,这是其一,更主要的是播种早,块茎形成早,有可能加大块茎的时间年龄,而生理年龄是与时间年龄相平行的,这样生理年龄会加大或长成衰老薯,进而影响种性。所以,应当适时晚播,块茎形成相对晚一点,这样就缩短了所结块茎的时间年龄,相应就保证了块茎生理年龄的年轻化,防止了生理年龄的老化或衰老,从而提高了所繁种薯的优良种性。

在内蒙古、河北坝上、黑龙江等地在 5 月上中旬播种较为适宜。二季作秋播留种也要适当安排,按收获时间向前推 3 个月左右播种就可以,不要太早。

### (五)加大种植密度、增加有效茎数

国家马铃薯种薯质量标准中对种薯重量规格要求,单个块茎重量要在 50~200 克,在实际执行中有的放宽到 250 克,再大的要挑出去。为什么种薯不要块头过大的呢? 一是块头过大的有可能是最早形成的块茎,有可能生理年龄、老化,二是块茎芽眼数量大小薯块基本一样,切芽块时,大薯块要剩下薯楔子,造成种薯利用率不高。所以,种薯薯块不宜过大。怎样才能生产出块茎大小适中的种薯来呢? 只有合理的种植密度和足够的有效茎数才能控制薯块的大小,同样水肥条件,密度大则营养面积和空间面积小,薯块密则薯块小,并能保证单位面积产量。

多大密度合适? 这要根据不同品种的生长特点来安排。比如,克新一号、夏波蒂等丰产性好,植株高大的,每 667 米² 要达到

4 200株以上(90厘米的行距、株距17～18厘米;80厘米行距、株距19厘米左右),每667米² 有效茎数达10 000个左右。早大白、大西洋等植株不太高大的,每667米² 要达到5 200株左右(90厘米的行距,株距14厘米左右;80厘米行距,株距16厘米左右),每667米² 有效茎数达12 000个以上。费乌瑞它每667米² 要达到4 600株左右(90厘米行距,株距16厘米)。

增加有效茎的做法,主要是采取大芽块,50克以上,或用整薯播种,催芽等方法,使每株有3个左右有效茎。

### (六)及时防蚜灭蚜,减少传毒媒介

压低传毒媒介(蚜虫等)的虫口密度,减少病毒株率的增加,是确保种薯质量的重要一环。所以,种薯生产过程中必须及时尽早采取措施消灭传毒媒介。

怎样才能做到及时消灭?可采用"黄板诱测"的方法,掌握蚜虫的发生起始时间,尽早施药杀灭。具体做法:用30厘米宽、40厘米长的纸板,板面用黄色广告色涂满,再用机用黄油均匀覆盖一层,用支棍固定好。出苗后在马铃薯田边出入方便较开阔的地方,牢固插到地上,让纸板下沿距地面60厘米左右,面向东西南北各1块,每块相距50米左右。每天观察是否有蚜虫黏住。因蚜虫有趋黄色的特性,以此黄板引诱迁飞来的蚜虫,蚜虫落在板上会被黏住。如果发现有蚜虫被黏住,查数记载并把已黏住的蚜虫摘掉,第二天再观察、记载。从发现蚜虫开始打第一次杀虫剂,每隔7天打1次,直到杀秧前7天为止(详见第十一章马铃薯病虫草害防治)。如果继续观察记载,还可掌握当地蚜虫迁飞规律,为以后防蚜灭蚜提供依据。

### (七)田间去杂去劣去病株

马铃薯种薯有国家质量标准和地方质量标准,无论是国家标

准还是地方标准,对种薯纯度、主要病害的病株率都有具体规定,所生产的种薯都必须达到标准,所以搞种薯生产必须在生长季节里做田间去杂、去劣、去病株这项工作,而且必须坚持。

这项作业在全生育期不能低于三次。

第一次在苗期,要根据苗色、长相等拔除与本品种不相同的植株,和已表现出的病株(包括退化株),既减少病株率,又减少了田间病毒的毒源。病株除拔除地上植株外,还要把地下带病的种块扒出,同病株一起带出地外、埋掉。

第二次在花期,此期间一般的病毒病、真菌、细菌性病害的症状表现明显,异品种花色不同一目了然,非常容易辨别,作业人员一定要认真细致、负责地拔除,同时把病毒病、黑胫病等植株带出地外。另外,黑胫病拔除后,株穴要用农用链霉素 2 000 倍液浇注,以杀死土中残菌。杂株结薯早的品种也应把结的小薯挖出带出地外处理。

第三次在收获前,这期间一些后期表现的病害植株表现更加明显,如环腐病、镰刀菌枯萎病、病毒病等,而且地下的薯块已长大,作业人员要带锨、镐,拔除病株,挖出薯块、装袋带出地外。

经过这样三次去杂、去劣、去病株作业后,田间纯度、主要病害的病株率都能达到种薯质量标准,提供给用户才能放心,也能提高繁种户及种薯经销商的信誉。

## (八)进行田间质检和田间检疫

经两次田间去杂去病株后,繁种户要按种薯质量田间标准及检疫要求进田间自检,自己认为合格后,向种子管理部门和植物检疫部门提出申请,由种子管理部门、植物检疫部门安排专业技术人员,到田间进行多点调查,对繁种户所繁种薯,分别做出种薯质量和病害情况,特别是有无检疫对象发生情况的评价,作为开具种薯合格证、种薯调运检疫证的依据。

## （九）提前杀秧

在收获前 10～15 天通过药剂催枯杀秧或机械杀秧，终止植株生长，控制块茎的大小和品质，提高块茎的一致性，促进块茎表皮老化，避免损伤。更重要的是快速杀秧催枯，减少或断绝了植株上的病毒向块茎传导的机会。药剂催枯杀秧还有杀死植株上、地表上病菌的作用，这样也减少了病菌侵染块茎的机会。机械杀秧只是把薯秧打碎散落在地面上，薯秧上的病菌和地表的病菌不能杀死，为了消灭这些病菌，给块茎清洁的环境，可在杀秧前 5 天，用金纳海＋鸽哈或可杀得、全程、必备或瑞苗清＋霜能灵等喷雾 1 次，起到杀死薯秧和地面上的真菌、细菌的作用。人工割秧也可使用此办法。杀秧后打碎的薯秧及地表土壤中很可能残存一些疫霉菌、镰刀菌（干腐病）、丝核菌、细菌等，为避免黏附在种薯上，也可在杀秧后喷洒相应的杀菌剂。具体用药有：加收米（2％春雷霉素）70 毫升＋霜能灵（5％亚胺唑）100 克/667 米$^2$ 或加瑞农（2％春雷霉素＋45％王铜）80～100 毫升/667 米$^2$，或金纳海（福美双）100 克＋鸽哈（甲基硫菌灵＋百菌清）100 毫升/667 米$^2$，进行地面喷洒，能起到杀死真菌、细菌，防止块茎伤口被侵染，防止种薯带病。

药剂杀秧，使用的农药有 20％立收谷（克草快）每 667 米$^2$ 用 200～250 毫升药液，对水 30 升，喷洒在植株上；或用 20％克无踪（百草枯），每 667 米$^2$ 用 150～200 毫升，加水喷雾。还可用硫酸铜 1％水溶液每 667 米$^2$30～50 升进行植株喷雾。

## （十）收获和贮藏

种薯的收获应比大田适当早收，还应特别注意防止破伤，以免病菌感染，还应认真挑选，汰除杂、病、烂块，严防机械混杂，这是保证种薯质量的最后一关。

种薯贮藏的优劣关系到种薯使用的质量，也涉及到种薯的生理年龄是否保持年轻状态，所以必须保持良好的贮藏环境。入窖前有分选机、输送机、上垛机等条件的可用 2.5% 适乐时（咯菌腈）给块茎喷施，采取超低量喷雾，在分选机、输送机或上垛机上进行，使每个块茎全部沾上药液。用量大致是 1 千克适乐时，处理 2.5 吨左右块茎，可有效防除干腐病、黑志病等贮藏病害。贮窖要保持适当温度、湿度和通气条件。温度要保持在 3℃ 左右，不能超过 4℃。如果超过 4℃，当度过休眠期后，芽眼开始萌动，并逐渐伸长。如果低于 2℃，长期在 0℃～1℃ 时，虽然种薯不会受冻，但低温冷害会影响芽块发芽，出芽细弱丛生，0℃ 左右种薯也没有受冻表现，但播到土壤中不出芽，芽块逐步烂掉。相对湿度要保持在 90% 左右，还要经常通风换气，保证种薯呼吸所用的氧气。

在二季作区，种薯冬贮时间较短，为 3 个多月；贮窖温度可稍高一点，保持在 4℃ 左右，有利于种薯早日打破休眠。

## 八、马铃薯杂交实生种子的利用

在 20 世纪 60 年代初我国农业科学家就对马铃薯实生种子的利用进行了研究，发现实生种子对某些病毒有排除作用，种植后较同一品种的块茎种植有增产表现，但田间植株有分离现象存在。到 70 年代初，培育了品种间杂交实生种子，利用其杂交优势，结果块茎产量比天然实生苗产量高 20%～50%。从 80 年代开始研究利用新型栽培种和普通栽培种杂交，或用雄性不育的普通栽培种作母本进行杂交，得到的杂交实生种子，产生显著杂交优势，较品种间杂交种子增产 30%～40%。在 80 年代末先后育出了中熟和早熟组合东农 $H_1$、东农 $H_2$、呼 $H_1$、呼 $H_2$、呼 $H_3$、克 $H_1$、克 $H_2$、中蔬 $H_1$ 等在生产中使用。

使用杂交实生种子有哪些好处？

①杂交实生种子具有较强的杂交优势，后代分离小，可以增加

产量,比天然实生种子增产 20％～30％。

②实生种子可排除纺锤块茎类病毒和安第斯的潜隐病毒以外的大部分病毒,解决种薯病毒性退化问题,而增加产量。

③实生种子很轻,便于携带运输、省种子,其千粒重只有0.5～0.6 克,每 667 米² 只用 5～6 克实生种子就够了,降低了大量种薯的调运压力和资金投入。特别是在西南山区,山高路远、交通不便,种薯调进、产品调出极不方便,使用杂交实生种子,最起码解决了种薯调入和携带上山的困难,同时还降低了种薯成本的投入。

④杂交实生种子易于贮藏:在一般干燥条件下可贮存 5 年仍有发芽能力。在密封干燥条件下可贮存 10 年。

怎样种植马铃薯杂交实生种子?

## (一)实生种子催芽

马铃薯杂交实生种子粒小,休眠期长,据资料介绍,充分成熟的实生种子,休眠期要 6 个月左右,当年采收的实生种子出芽率仅为 50％～60％,贮藏 1 年以后可提高发芽率。在播种前必须进行催芽,其发芽适宜温度 18℃～25℃。

## (二)实生苗的培育

实生苗的生育期较长,实生种子发芽慢、幼苗生长慢,早熟种从出苗至收获需 130～140 天,中晚熟种需 150～170 天。必须采取提前在温床或温室内育苗的办法。播种必须仔细,苗床整平整细、湿度合适,把已出芽的种子掺些细沙,撒播在苗床上,每 3 米² 撒种子 5 克,上边筛 0.5 厘米厚的细沙覆盖。温度保持 10℃～20℃。大约 1 个月后,实生苗长到 4～5 片真叶时,移栽假植到冷床或营养钵内,待晚霜结束后,再定植到大田。

### (三)利用实生种子生产实生微型种薯

把在育苗床上长到 4～5 个真叶的实生苗,按每平方米 80～100 株,移栽到微型种薯育苗盘的基质中,及时浇营养液、清水,诱导结薯,使每平方米结 6～15 克微型薯 400～500 个,供扩繁或大田用种。

### (四)实生种子直播

在无霜期长达 150～170 天,降雨量大,1 000 毫米以上的地方,也可以将实生种子经催芽后,土地精整理,进行实生种子直播。

### (五)注意事项

马铃薯杂交实生种子的生产很复杂,一般不能生产,只有特定的科研单位和正式种子生产单位才能生产。采购杂交实生种子要到这些地方,才能购得真正的马铃薯杂交实生种子,来源不清的实生种子不能购买。也不可随便采收一般品种的天然实生种子应用。

## 九、植物生长调节剂在马铃薯种植中的应用

### (一)双吉尔(GGR)绿色植物生长调节剂
### 在马铃薯种植中的应用

双吉尔绿色植物生长调节剂(GGR-10)系列,是中国林业科学院王涛院士,继 ABT 生根粉(增产灵)之后又研制出来的更新换代高科技产品。它是一种无公害非激素型的植物生理活性物质,易溶于水,可常温贮存,无污染,使用方法简便。为农作物增产开辟了新途径。该生长剂主要通过生化作用,激发植物本身生理活

性,使植株根系发达,枝叶繁茂,更有效的利用水、肥、土、光、热、气等环境条件,促进本身生长发育,增加光合效率,增加免疫力、增强抗旱、抗寒、抗倒伏等抗逆性,使农作物达到增加产量、改善品质的目的,在马铃薯上生产应用中表现为根多、苗壮、茎粗、死秧晚,比不用双吉尔的同一品种增产20%以上,投入产出比达到1:9~20,很受农民欢迎。双吉尔8号在国际技术交流合作中,也得到国外的认可,在我国"十五"期间就被列入国家科技成果重点推广计划。

双吉尔剂型为水溶性粉剂。包装袋内又分大小两包,均为双吉尔有效成分,配药时现用现配到一起溶入水中。

在马铃薯上的具体使用方法:每667米²用药1克。做法是"一拌一喷"。

"一拌",即150千克芽块(每667米²用种量),用双吉尔生长剂0.5克(两种有效成分),先加少许净水溶成母液,充分溶化后再加到2.5升左右的水中搅拌均匀,装到喷雾器中。把芽块放在硬地面或塑料布上,用喷雾器一边向芽块喷雾,一边用板锹翻倒芽块,使每个芽块都沾上药液,然后把芽块堆放在一起,用麻袋或塑编袋等覆盖闷种12~20个小时,马上播种。

"一喷",即在马铃薯开花初期,用上述方法把余下的0.5克双吉尔生长剂溶为母液后,加到25升左右的水中,在不下雨、无风天的早、晚时间,用喷雾器均匀喷在667米²的马铃薯植株上。

注意事项:①用清水直接溶解。②配药液时不能用金属容器,只能用塑料或陶瓷容器。③现用现配,用不完的药液,可在冷凉处短时保存。④原药在常温下或5℃左右条件下,有效期两年以上。

## (二)膨大素在马铃薯种植中的应用

膨大素,是江苏省淮阴市农科所发明的一种植物生长调节剂的复配剂。它能提高叶片制造营养的能力,增加光合效率,较多地把制造的营养运送到薯块里去。它还能促进根系生长,增强抗旱能力。据许多地方的试验资料显示,马铃薯施用膨大素后,可增产10%～30%,一般能增产15%左右,并能提高大薯率5%左右,增加切干率0.2%～1%。

　　膨大素使用简便。河北省秦皇岛市农业技术推广总站推行的使用方法是"一蘸一喷"。"一蘸",就是用膨大素1包(10克),对水20升,溶化后加黏性土适量,和成稀泥浆,蘸在150千克左右(即667米² 地用种量)的芽块上,使每个芽块都均匀蘸上泥浆,然后堆在一起,用麻袋或塑料布覆盖12～24小时。最后进行催芽或直接播种就可以了。据调查,蘸膨大素的芽块比不蘸膨大素的提前3天出苗,且出苗整齐一致,苗全苗壮。"一喷"就是在马铃薯开花前5～7天,用1包膨大素(10克)对水20～30升配成水溶液,用喷雾器将它均匀周到地喷在667米² 地块的马铃薯秧子上。也可根据情况灵活掌握,只蘸不喷或只喷不蘸,同样有增产效果,但增产幅度要小一些。

　　据其他资料介绍,用1包膨大素对水3升左右,用喷雾器把它喷在150千克芽块上,并随喷随翻动,使所有芽块都均匀着药。喷后堆积芽块,用麻袋、塑料布盖严,闷种12小时,晾干后播种,效果也很好。

　　四川省国光农化有限公司生产的马铃薯专用的国光膨大素,只能用于喷施植株,严禁用于拌种。

### (三)多效唑在马铃薯种植中的应用

　　多效唑,是一种较强的生长延缓剂。它有明显的抑制植株疯长(也叫徒长)的作用,可以调整植株结构,使植株高度降低,生长紧凑,茎秆变粗,叶色深绿,叶片增厚,增加营养物积累。

　　马铃薯在开花期进入块茎增长时,地上部生长已达到高峰,不宜继续增长,营养分配应主要面向地下的块茎,做到"控地上,促地下"。可是往往由于天气因素及管理不当等原因,使地上部分仍继续旺长,因而影响了地下块茎的增长和干物质的积累。在这时喷施多效唑,就可以抑制植株生长,起到"控地上,促地下"的作用,保证产量的增加。

有的专家对马铃薯喷施多效唑问题的研究表明:多效唑使马铃薯增产的机理,在于它能改善叶子的光合性能和条件,增加叶绿素的含量,提高光合能力,抑制和延缓叶片的衰老,改变营养物质在植株各部位的分配,促进向块茎运转,使产量提高。据各地示范资料介绍,喷施多效唑,可使马铃薯产量增加10%~20%。

其具体使用方法是:多效唑剂型为15%可湿性粉剂、25%乳油。施用时期在花蕾期为最佳。喷施浓度为90~120毫克/升。喷施剂量为每667米²15%粉剂24~32克,25%乳油14.4~19.2毫升,对水40升。施用时,用喷雾器把对好的药液,均匀喷在马铃薯茎叶上。

使用多效唑的注意事项:①喷施时期不能过早或过晚,不然效果不好。②浓度一定要准确,以保证效果。③喷药时,注意不要把药液喷在地上,以防止对下一茬作物产生不良影响。

## (四)赤霉素(920)在马铃薯种植中的应用

赤霉素(920)主要用来打破马铃薯种薯休眠期,或催芽。

具体方法:主要方法是用赤霉素溶液浸种,配赤霉素溶液之前要用少量酒精先把赤霉素溶化后再加水配制。赤霉素浓度一般是2~10毫克/升,如果浸芽块浓度可小一点,即3毫克/升;如果浸整薯(包括制微型种薯)赤霉素浓度要大一点,用到5~10毫克/升,浸种时间5~10分钟。捞出后放入湿沙中,保持20℃左右温度即可。另外,也可以将配好浓度的赤霉素溶液,均匀喷在小整薯或芽块上,然后放入湿沙中催芽。

注意事项:严格掌握赤霉素浓度,浓度过大,催出的芽子数量多,而且细长、瘦弱、叶子小,生长不好,影响产量,而浓度过小则不起作用。

## (五)"7∶3∶1熏蒸法"打破马铃薯休眠期

所谓7∶3∶1就是用二氯乙醇7份、二氯乙烷3份、四氯化碳1份,把三种化学药剂混合成熏蒸液,用以熏蒸种薯,起到打破休眠的作用。北种南调的种薯,有时从收获到播种时间较短,往往因休眠期未过,出苗晚或出苗不齐,可用此法熏蒸,打破休眠,出苗早、出苗齐。微型种薯当年2~3月份收获,5月份就得播种,休眠期未过,不出苗,采用此法熏蒸,可保证及时播种。用量:每千克种薯用7∶3∶1混合液0.5~1毫升。具体做法是:如果种薯数量少,可用缸、桶等容器,把计算好数量的熏蒸液用瓷盘装好放在底部,上边架起来,把种薯放进去,然后盖好并用胶带封严,达到不漏气。种薯数量再多可用大木箱或集装箱等,下边放托架,架下放熏蒸液,托架上放种薯,种薯上边留有一定空间,而且要求上边高度一致,外边所有缝隙都用胶带封严。种薯数量太大可用封密的房间,种薯装量不超过容积的1/2,下边托架要15~20厘米高,以便用风扇强制空气循环,熏蒸液盘放在上下不同位置。无论哪种容器或房间,处理时温度要保持在25℃左右。熏蒸时间,不同品种有所差别,一般在60~72个小时。

注意事项:

①此熏蒸剂对人有高度的毒性,操作过程中,必须注意安全,采取一定的防护措施。

②熏蒸液不能离种薯太近或直接接触种薯,否则会造成种薯腐烂。

近年来,除上述几种药剂外,还有许多植物生长调节剂和叶面肥,被应用在农业生产上,如叶面宝、喷施宝、助壮素、矮壮素和健生素等。根据当地条件,这些药剂均可以试用。但试用时必须注意:产品必须是正式厂家或科研单位研制的;有效成分含量准确,并在说明书上做了标明;使用时掌握好用量,配准浓度;正确把握施用时间,防止出现不良后果。

# 第十章　马铃薯施肥及配方施肥

## 一、马铃薯施肥

马铃薯是高产作物,对肥料需求量较高,特别是脱毒种薯生长势旺,吸收力强,增产潜力大,所以肥料的供应必须得到保证。俗话说:"有收无收在于水,多收少收在于肥"、"庄稼一枝花,全靠肥当家",说出了肥料的重要作用。那么,马铃薯施肥有什么具体要求呢?

### (一)马铃薯施肥的原则

从肥料种类讲,"以农家肥(有机肥)为主,以化学肥料为补充";从施肥时期讲,"以基(底)肥为主,以追肥为辅"。

为什么要以农家肥为主? 马铃薯种植的主体是广大农户,而农家肥(有机肥)在广大农村肥源很广,数量很大,成本很低,农家肥中不仅含有马铃薯生长所需的氮、磷、钾三大肥料要素和中、微量元素,还含有一些具有刺激性的有益微生物,有利于肥料的分解和马铃薯的生长。同时,农家肥中含有大量的有机物质,在微生物的作用下,进行腐殖化、矿质化,并释放出大量二氧化碳气,既能供给马铃薯吸收,又能使土壤疏松肥沃,使土壤团粒增多,增加透气性和保水性,适宜块茎膨大,使块茎整齐、表皮光滑。另外,农家肥无污染、无残留、无公害,是生产绿色食品、有机食品的最佳肥料。使用农家肥的种类,以腐熟捣细的厩肥(牲畜圈粪)、绿肥(堆肥)、沼气碴肥、草木灰等为最好,马铃薯田禁止使用大粪(人粪尿)和带有玻璃碴子、玻璃纤维、铁渣子等垃圾肥。施足农家肥后,再根据情况施用适当数量的化肥。

## （二）马铃薯施肥数量的掌握

根据马铃薯对营养物质的要求，[即每生产 1 000 千克块茎，需吸收纯氮元素 5 千克、纯磷元素（$P_2O_5$）2 千克、纯钾元素（$K_2O$）11 千克]及种植者产量的追求目标和当地土地肥力情况、种植的品种，以及自己的施肥经验来决定施肥数量。

我国马铃薯平均单产，在 2006 年每公顷只有 14.8 吨（折每亩 0.987 吨），每 667 米$^2$ 产量总在 1 吨左右徘徊。世界产量水平，2006 年每公顷平均为 16.734 吨，我国平均单产比世界平均单产低 14.2%。单产之所以低，施肥量不足是主要原因之一。所以，增加施肥量是增加产量的重要措施。

农家肥施用量，根据地力和粪肥种类，每公顷施到 37.5 吨至 45 吨（折每亩 2 500 千克至 3 000 千克）。

化肥施用量要依据地力和施用农家肥种类和数量来决定。一般在北方较肥沃的壤土地并施用了足够的农家肥，每 667 米$^2$ 要施用化肥补充纯氮素 8～9 千克、纯磷素 7～8 千克、纯钾素 14～15 千克。在中等肥力以下的沙壤或沙土地，并且施用了足够的农家肥，每 667 米$^2$ 要施用化肥补充纯氮素 11 千克左右、纯磷素 10 千克左右、纯钾素 18 千克左右。在不施任何农家肥的田中，壤土每 667 米$^2$ 要施用化肥补充纯氮素 15 千克左右、纯磷素 13 千克左右、纯钾素 20 千克左右。在沙壤或沙土地块，每 667 米$^2$ 要施用化肥补充纯氮素 17～19 千克、纯磷素 14～16 千克、纯钾素 22～26 千克。

## （三）马铃薯施肥时期和方法

根据马铃薯生长规律，前期，即幼苗期到发棵期，主要是根、茎、叶的建造、匍匐茎和块茎的形成，此时茎叶生长量占总生长量

的 75％～80％,营养吸收占总吸收量的 46％,正是促进营养生长,
茎叶健壮,使株形成杯状,早坐薯多坐薯的时候。中期,即块茎膨
大期,此期营养吸收占总吸收量的 41％,地上部分生长基本稳定,
正是催动地下块茎迅速膨大的时期。后期,即干物质积累期,此期
营养吸收占总吸收量的 13％,应保护叶片,保持叶面的光合效率,
保证薯块淀粉等干物质足够的积累,收获高质量的薯块。从上述
情况看,马铃薯生长前期和中期是吸收营养的关键时期,而且提供
的营养成分必须提前到位才能确保生长时的需要,不能等到营养
出现“透支”,植株有缺肥表现时再补肥。因此,对施肥有“前重后
轻”和“以基肥为主、以追肥为辅”的说法。

从马铃薯地上植株生长最佳状态的控制方面看,要达到“前
促、中控、后保”的要求。前期促茎叶生长,如前所述,中期控制地
上植株茎叶不出现疯长,转入地下部块茎的生长和膨大;后期提供
一定的营养,保证叶绿且不脱落,使光合作用正常进行,制造更多
的有机营养。

从马铃薯地上、地下生长转换的角度看,做到“前促蔓、中催
蛋、后保块”与前所述也是一致的,但更突出促进块茎生长的需求。

施肥的具体操作:

**1. 农家肥**　农家肥施肥总量的 100％都要作基肥使用,在播
种前整地时,均匀撒于地表,用圆盘耙或旋耕机充分与土壤混合,
待播种;或在播种时集中进行沟施。

**2. 化　肥**

**(1)基肥重施**　要把化肥施肥总量的 65％左右在播种前撒在
地面上,然后用圆盘耙或旋耕机使肥土混合,待下步播种。也可以
在播种时沟施,但必须注意,任何化肥都不能和芽块直接接触,必
须隔开 3 厘米以上,以防化肥烧坏芽块造成芽块腐烂而缺苗。

在易造成肥料流失的沙性土壤地块,可以把 65％左右的基肥
分成两次施入,其中 45％左右在播种前撒于地表再耙入土中,其

中的 20％左右，在没出苗前的中耕前撒于地面，中耕时培入垄中。

根据马铃薯生长对氮、磷、钾的需求，在基肥中应施入氮素总量的 70％左右，磷素总量的 90％以上，钾素总量的 60％左右，这样就能保证马铃薯生长前期对营养的吸收。

**（2）追肥（第一次）早施** 马铃薯生长各个阶段都很短暂，特别是幼苗期和发棵期，是高产的基础期，为下一阶段生长形成框架做好准备，所以追肥要及早进行。一般出苗后 20～25 天，现蕾前，匍匐茎顶端开始膨大，要进行第一次追肥，可以把总施化肥量的 25％左右的肥撒入田间，然后结合浇水（最好是用喷灌），使肥料溶化渗入土中；也可以顺垄条施，但不要靠植株太近，离开 5 厘米左右，结合第二次中耕培入垄中。

按氮、磷、钾三元素施用计划，应再施入氮素总用量的 20％、磷素总用量的 10％、钾素总用量的 30％。

**（3）叶面肥（追肥）分次喷施完成** 根据田间苗色在出苗后 40 天左右时，把施肥总量 10％的化肥分 4～5 次，每隔 7～10 天，用喷灌机或打药机或背负式机动喷雾器或手动喷雾器，结合打农药进行叶面喷洒。中后期马铃薯植株相对较高，施肥量也较小，采取叶面喷施节省化肥、经济高效，吸收迅速，避免碱性土壤对肥料的拮抗作用，提高利用率，如有脱肥现象可以快速得到缓解，与病虫害防治同时进行，既省工又省时。

中后期叶面追肥以氮、钾为主，各占氮、钾元素总用量的 10％，一是保持叶子的健壮和活性，二是增加干物质的形成和积累。

**（4）及早喷施微量元素** 马铃薯吸收微量元素虽然量很小，但作用很大，如果缺少微量元素会使叶片出现不同的病态（在第四章有详述），所以要提前施用微量元素，不能出现缺素症状后再补充，这样会造成产量损失。特别是在易缺锌、锰、硼等的地块应及早施用。施用微肥必须叶面喷施，喷施时期应在出苗 20～25 天开始，分 2～3 次喷完,最好用打药机结合打农药喷施,效果较好。

## (四)化肥品种的选择

**1. 大量元素(氮、磷、钾)**　一般调整氮元素(N)多选用尿素(含氮量 46%)、硫酸铵(含氮量 21%、含硫 24%)、硝酸铵(含氮量 34%～35%)、硝酸钙(含氮量 12%～17%、含钙 26%～34%)。调整磷元素($P_2O_5$)的用量主要选用过磷酸钙(也称普通磷酸钙,含磷 12%～20%、含钙 18%～20%)、重过磷酸钙(含磷 40%～54%、含钙 19%～20%)、磷酸二铵(含磷 46%、含氮 18%)、磷酸一铵(含磷 44%、含氮 11%)。调整钾元素($K_2O$)的用量,一般选用的化肥有硫酸钾(含钾 50%、含硫 13%)、氯化钾(含钾 60%、含氯离子)、硝酸钾(含钾 45%、含氮 13%)。可以根据土壤条件,农家肥施用情况来选择不同种类和不同品种的化肥,尽量避免只用单一的单质化肥。

目前复合肥、复混肥品种很多,如通用型的氮—磷—钾为 15—15—15、16—16—16 等,马铃薯专用型高氮、高钾的如 15—10—20、16—8—18、15—9—21 等,还有基肥、追肥配套使用的专用肥,如基肥 12—19—16,追肥 20—0—24 等。

**2. 中量元素(钙、镁、硫)**　需补充钙元素的,除选择含钙的化肥,如硝酸钙、硝酸铵钙、普通过磷酸钙、重过磷酸钙外,还可施用石膏(含钙素 26%～32%),不仅增加钙素,还可中和碱性土壤。另外,生长季节还可叶面喷施些易于吸收的螯合钙和甘露糖醇钙等,如果蔬钙肥(含纯钙 14.6%)、汽巴瑞培钙等。需镁元素的,一般多用硫酸镁(也叫泻盐,含氧化镁 15.1%～16.9%)。硫元素一般不特别缺硫的地块,不用特殊补硫,因为使用的带硫酸根的肥料就能得到解决,如硫酸铵(含硫 24%),硫酸钾(含硫 16%～18.4%)、硫酸锰(七水硫酸锰含硫 11.6%)、硫酸锌(七水硫酸锌含硫 11.0%)、硫酸镁(泻盐,含硫 13%)、石膏(含硫 15%～28%)等。

**3. 微量元素（锰、锌、硼、铜、铁、钼）**　微量元素对马铃薯产量和质量方面都起着重要作用。实践证明，锰、锌、硼的作用更加重要。常用微量元素肥料如下表。

表8　马铃薯常用微肥

| 肥料名称 | 有效成分 | 含量(%) | 肥料名称 | 有效成分 | 含量(%) |
|---|---|---|---|---|---|
| 硫酸锰 | 锰 | 31 | 硫酸亚铁 | 铁 | 17.5 |
| 硫酸锌（七水） | 锌 | 21.3 | 硫酸铜 | 铜 | 25.5 |
| 硼砂（硼酸钠） | 硼 | 11 | 钼酸铵 | 钼 | 54 |

以上均为无机态微量元素，有资料介绍，无机态微量元素作物吸收困难，而有机态、螯合态、糖醇态极易被吸收。近年来国内外市场出现多种形态的单元微肥和多元微肥（由5～6种微肥组成），可供马铃薯种植者选用。例如：北京新禾丰公司的禾丰系列叶面肥产品，禾丰硼（含硼20.5%）、禾丰锰（含锰15%）、禾丰锌（含锌70%）、禾丰铁（含铁6.5%）、禾丰铁（Ⅱ型新型螯合铁，含铁6%）、禾丰钼（含钼1.0%）；瑞士汽巴精细化工公司的汽巴微肥系列产品，汽巴瑞绿（含铁6%）、汽巴瑞培硼（含硼21%）等单元微肥。另外，还有新加坡利农公司的斯德考普（含铁5%、含锌2.48%、含铜1.0%、含锰3.5%、含硼0.65%、含钼0.3%）、瑞士汽巴瑞培乐（含铁6%、含锌2%、含铜0.5%、含锰2.5%、含硼2.5%、含钼0.25%，其中铜、铁、锌、锰为螯合态，硼、铜为有机态）、北京新禾丰公司的全佳福（含铁2.4%、含锌2.4%、含铜0.3%、含锰1.9%、含硼1.0%，另外还含镁1.3%、硫1.8%、钼0.03%）等多元微肥。

有人提出，补充微肥尽量使用单元微肥，一是有效成分比多元微肥含量高，二是施用时几种单元微肥现用现混配，可以避免出现各微肥之间的拮抗作用，可提高利用率，增加肥效。这种提法确有一定道理。

# 二、马铃薯测土配方施肥

测土配方施肥也就是国际上推广的平衡施肥。

## （一）马铃薯配方施肥的意义

种庄稼以前有一句俗语"粪大水勤，不用问人"，这句话只说对了一半，因为施肥量与作物产量之间，不是简单的、机械的增减关系。可是长期以来，广大农民在生产中认为施肥多多益善，所以出现了靠经验盲目的多施肥、滥施肥的现象，只大量施用氮肥或磷肥，忽视其他元素，造成作物的营养失去了平衡，结果不但不能增产，反而出现贪青、倒伏、病虫害严重等问题，而造成减产。不仅浪费了肥料、增加了成本，还会造成土壤、水体等环境污染问题，对产品质量安全也产生了不利影响。所以，施肥要讲究科学，必须根据作物、土地情况来决定施肥品种和数量，"施肥不在于多，而在于巧"，达到"精准施肥"。近年，马铃薯种植同样存在上述问题，要使上述问题得到解决，最好的办法就是实行"测土配方施肥"。

马铃薯的配方施肥，与其他作物的配方施肥是一样的。即根据土壤和所施农家肥中可以提供的氮、磷、钾三要素的数量，对照马铃薯计划产量所需用的三要素数量，提出氮、磷、钾平衡的配方，再根据配方用几种化肥搭配给以补充，来满足计划产量所需的全部营养。这样，既保证了马铃薯生长和形成产量的需要，又节省了肥料和资金，还避免了因某元素施用过多而造成减少产量的问题。

在一些农业发达的国家，配方施肥早已成为一种常规的农业技术，被普遍应用。我国当前的农业经济基础还比较薄弱，特别是马铃薯主产区的农民还不富裕，同时我国的化肥产量还满足不了生产上的需求。通过配方施肥技术的推广应用，实行合理施肥、科学施肥,就能有效地减少营养成分的损失,提高肥料的利用率,不仅节省了肥料,减少了生产投入,降低了生产成本,还使有限的化肥得到充分利用,取得理想的产量。同时,还能改良和培肥土壤,使地力不断提高,为农业生产连续丰收,创造可靠的物质基础。

国家对测土配方施肥很重视,2005年中央一号文件明确提出"要努力培肥地力、推广测土配方施肥,增加土壤有机质"。并在国内确定很多测土配方施肥项目县,相信能很快把这一科学种田技术在全国推开,为实现农业现代化做出贡献。

### （二）马铃薯测土配方施肥的理论依据

**1. 养分归还(补偿)学说** 土壤是马铃薯生长所需营养的源泉,马铃薯收获就带走了土壤中的养分,导致土壤肥力下降,要恢复地力保证土壤中养分充足,为下茬作物提供足够的营养,就必须通过施肥,把带走的营养归还给土壤,保持土壤养分支出和收入的平衡。为了提高产量水平,除要补充外,还应该为土壤增补一定数量的养分。

为了农业的持续发展,施肥时不仅要考虑大量元素,还要想到中、微量元素、有机质等,做到用地、养地,逐渐培肥地力。

**2. 最小养分律** 马铃薯生长发育过程需从土壤中吸收13种养分(另从空气中吸收三种养分),而制约马铃薯产量的,则是土壤中对马铃薯需要量相对含量最小的那种养分,这种养分在一定范围内增减又左右着马铃薯产量高低的变化。如果不注意这个因素,就是再增加其他营养成分,也很难把产量提高上去,而且还会降低施肥的经济效益。只有把最小那种养分增加上去,产量才能得到提高。

对同一块地,同一区域马铃薯的最小养分不是固定的,而是随着上茬作物、施肥品种和数量以及雨量情况等条件变化而变化的。

**3. 营养元素同等重要和不可替代律** 马铃薯生长所需要的

不管是大量元素、中量元素还是微量元素，在植株体内都有各自的生理功能，各元素的营养作用都是同等重要的，缺一不可；而且每种营养元素的特殊生理功能，都是其他元素不可替代的。所以，什么营养元素不足，就必须施用含本元素的肥料进行补充。

**4. 肥料报酬递减律**　早在 18 世纪后期欧洲经济学家就提出了"报酬递减律"这一基本法则，而这一规律同样适用于肥料的投入上。土壤中某一必需养分不足时，增施该种肥料用量，马铃薯的产量会增加，但单位肥料增加的产量，却随着肥料的增加而递减，也就是施肥的回报率下降。有资料显示，我国 20 世纪 60 年代，每千克氮肥可增产粮食 4 千克左右，到 80 年代每千克氮肥只能增产1.5 千克粮食。

通过配方施肥，确定最经济的肥料用量。增加肥料的增产量×产品售价如果等于增施的肥料量×肥料价格的话，为最佳施肥量。

**5. 因子综合作用律**　马铃薯生长发育受到水分、养分、光照、温度、空气、品种、脱毒级别、栽培管理各种条件因素的影响，单一项技术措施是不可能获得高产的，要发挥肥料的增产作用和提高肥料的经济效益，必须与其他农业技术措施密切配合才行，如种植密度、施肥时期和施肥方法、浇水等。另外，各种养分的比例要协调，不能单一偏施某一元素，发挥各养分之间的相互促进作用，维持植株内营养平衡，才能最大限度地发挥肥料的增产作用。

### （三）马铃薯测土配方施肥的实施

进行马铃薯测土配方施肥，既要考虑到马铃薯需肥的特点，又要考虑到当地的土壤条件、气候条件和选用肥料的特性及每种元素的当年利用率，特别还要考虑当地的生产技术水平、施肥水平、施肥习惯和经济条件等综合因素。具体实施方法有地力分级配方法、目标产量配方法（养分平衡法、地力差减法）、效应函数法（肥料效应函数法、养分丰缺指标法)、氮、磷、钾比例法等。一般国际应用较广的是目标产量配方法中的养分平衡法。养分平衡法的原理是：在施肥条件下，马铃薯吸收的养分来自土壤和肥料，马铃薯的总需肥量(纯元素)减去土壤中可供肥量(纯元素)，所得的差数就是计划目标产量需用化肥补充的肥量纯元素。其具体步骤如下。

第一步：土壤有效营养成分及农家肥中有效营养成分的测定和换算：

**1. 采集土样和农家肥样**　土壤要用土钻取耕作层 0～20 厘米多点混合样，农家肥取有代表性的肥样。

**2. 送检验室检验**　得到土壤中和农家肥中有效营养成分(氮、磷、钾)的含有量，一般用毫克/千克来表示。土壤中养分含量称为土壤养分测定值。

**3. 换算**　把土壤中有效营养成分(氮、磷、钾)换算成每 667 米$^2$ 地中可以供应马铃薯生长需用的营养成分，称为土壤养分供应量，用千克/667 米$^2$ 来表示。其换算公式：

土壤养分供应量(千克/667 米$^2$)＝土壤养分测定值(毫克/千克)×0.15×校正系数

式中，0.15 是每 667 米$^2$ 耕层 0～20 厘米土壤中含有养分换算常数，乘上 0.15，再乘以校正系数后，土壤养分测定值(毫克/千克)就变成每 667 米$^2$ 地含养分数量(千克/667 米$^2$)。

式中，土壤养分校正系数，实际是养分利用系数。在配方施肥中要按土壤养分测定值和田间肥料空白试验求出比较正确的土壤养分校正系数。

根据土壤肥力情况，该系数可能大于 1，也可能小于 1。一般情况，土壤养分测定值很低的贫瘠地，校正系数大于 1；土壤养分测定值很高的肥沃地，校正系数小于 1。校正系数不是一个固定数值，必须通过田间试验取得。其公式：

$$土壤养分校正系数=$$

$$\frac{空白田产量 \times 马铃薯单位产量的养分吸收量}{土壤养分测定值（毫克/千克） \times 0.15}$$

例如：马铃薯空白田每 667 米$^2$ 产 950 千克，每生产 1 000 千克块茎吸收有效磷（$P_2O_5$）2 千克。

土壤测定有效磷含量为 7 毫克/千克。

其土壤校正系数 $=\dfrac{950 \times 0.002}{7 \times 0.15}=\dfrac{1.9}{1.05}=1.8$

第二步：确定目标产量，计算达到目标产量所需的养分（氮、磷、钾）数量，减去土壤、农家肥养分供应量后，是需要用化肥补充的养分数量。此计算需要有目标产量、单位产量养分吸收量、土壤和农家肥养分供应量等参数。计算公式为：

目标产量所需养分的总数量=目标产量×单位产量吸收养分数量

需施用化肥补充的养分数量=目标产量所需养分总量－土壤（农家肥）养分

单位产量吸收养分量，依据资料得知：每生产 1 000 千克马铃薯块茎，需吸收纯氮（N）5 千克、纯磷（$P_2O_5$）2 千克、纯钾（$K_2O$）11 千克。

第三步：计算每 667 米$^2$ 需要施用某种化肥数量，称土壤施肥量（千克/667 米$^2$）。其计算公式为：

$$土壤施肥量（千克/667 米^2）=$$

$$\frac{需施用化肥补充养分数量}{某种化肥有效成分含量 \times 肥料当季利用率}$$

式中肥料利用率，为了简便可查表取得。

综合第一步、第二步、第三步计算公式，养分平衡法计算公式可以直接写成：

$$施肥量（千克/667 米^2）=$$

$$\frac{目标产量所需养分总量-土壤（农家肥）养分供应量}{某种肥料养分含量×肥料当季利用率}=$$

$$\frac{目标产量×单位产量养分吸收量-土壤养分测定值×0.15×校正系数}{某种肥料有效成分含量×肥料当季利用率}$$

通过以上公式算出每 667 米$^2$ 需不同养分化肥品种的数量。

第四步：对第三步计算出的含不同养分化肥品种每 667 米$^2$ 施用的数量，根据以往施肥经验及当地施肥水平进行调整，提出配方，并确定基肥、追肥等不同时期分别施用的化肥品种、数量及施用方法。

整个配方施肥的过程，前半部分叫测土，后半部分叫配方施肥。一个配方的适用范围，可以大一些，也可以小一些。在一个土壤肥力均匀和施肥水平相近的区域内，适用范围可以大一些，但需要进行多点取土样，才能获得有较广泛的代表性。因此，最关键的是依靠经验和过去的试验结果，其最后的配方基本是由分析和估算而得出来的。这种方法适应于生产水平差异小，而基础较差的地方使用。统一进行选点测土和提出配方，可减少农民的麻烦，农民易于接受。而以一家农户的地块，或几家农户连片同质量的地块为测土配方单位的，适用范围则可以小一些。这样，代表面积虽小，但越小越准确，因为差异小，测土和配方都更接近实际。不过代表面积虽小，也得按程序做一遍，比较麻烦。

测土、配方过程比较复杂，目前实施中，应请土壤肥料技术指导部门的专家，或请化肥公司的专家进行具体操作，提出配方，提供化肥，种植者在田间执行就可以了。

例如：某农户或某村，计划种植马铃薯，确定的目标产量为，每 667 米$^2$ 要达到 2 500 千克。

①经查表得知每生产 1 000 千克块茎，需吸收纯氮（N）5 千克，纯磷（P$_2$O$_5$）2 千克，纯钾（K$_2$O）11 千克。2 500 千克产量需从

667 米$^2$ 地的土壤和肥料中吸收纯氮（N）总量为 12.5 千克，纯磷总量为 5 千克，纯钾总量为 27.5 千克。

②经请土壤肥料工作站的土肥专家，取土样和农家肥样，进行室内检验测定，并按营养平衡法的公式进行计算得出：每 667 米$^2$ 土壤中和施用的农家肥中的有效养分供应量为纯氮（N）5.1 千克、纯磷（$P_2O_5$）2.2 千克、纯钾（$K_2O$）16.8 千克。

③计算达到目标产量需用化肥补充养分的数量。就是用目标产量所需养分总量（①的结果），减去 667 米$^2$ 土壤和农家肥中的有效养分供应量（②的结果），得出生产 2 500 千克块茎还需用化肥补充纯氮（N）7.4 千克、纯磷（$P_2O_5$）2.8 千克、纯钾（$K_2O$）10.7 千克。

④计算土壤施肥量，也就是计算每 667 米$^2$ 需要施用某种化肥数量。一般习惯使用磷酸二铵、尿素、硫酸钾或氯化钾等化肥。计算时应知道不同化肥种类中不同元素的含量和当季有效利用率（查表可得知）。计算过程中应先计算多元素的复合，然后再计算单质肥料。

先计算磷酸二铵用量：含磷（$P_2O_5$）46％、氮（N）18％，磷当年利用率 20％，氮当年利用率 50％，由③得知，每 667 米$^2$ 需补充纯磷（$P_2O_5$）2.8 千克、纯氮（N）7.4 千克。按前面土壤施肥量公式：

$$需磷酸二铵数量（千克/667 米^2）=\frac{2.8 \text{ 千克}}{0.46 \times 0.2}=30.43 \text{ 千克}$$

30.43 千克磷酸二铵中含可利用的氮量为：

$$30.43 \text{ 千克} \times 0.18 \times 0.5 = 2.74 \text{ 千克}$$

再计算尿素用量：含氮（N）46％，氮当年利用率 50％，由③得知每 667 米$^2$ 需补纯氮 7.4 千克，减去磷酸二铵中提供的有效氮 2.74 千克，还需要用尿素补充纯氮 4.66 千克。

$$需尿素数量（千克/667 米^2）=\frac{4.66 \text{ 千克}}{0.46 \times 0.5}=20.26 \text{ 千克}$$

然后计算硫酸钾（或氯化钾）用量：硫酸钾含钾（$K_2O$）50％（氯化钾含钾 60％），钾当年利用率 50％，由③得知需补充纯钾 10.7 千克。

$$需硫酸钾数量（千克/667 米^2）=\frac{10.7 千克}{0.50×0.5}=42.8 千克$$

$$或需氯化钾数量（千克/667 米^2）=\frac{10.7 千克}{0.6×0.5}=35.7 千克$$

⑤确定配方。对前边计算出的各种化肥用量，按施肥水平和施肥经验加以调整，提出 667 米² 产 2 500 千克块茎目标产量的施肥配方：

| | |
|---|---|
| 磷酸二铵 | 30 千克 |
| 尿　素 | 20 千克 |
| 硫 酸 钾 | 43 千克 |
| 或氯化钾 | 36 千克 |

另外，适当补充些中、微量元素：硫酸镁 8～10 千克，硫酸锌 2 千克，硫酸锰 1 千克。总施用化肥量为 97～106 千克。

按"以基肥为主，追肥为辅"的施肥原则，施肥量的 65％～70％ 应作基肥施用，下余部分（20％左右）在出苗后 25 天左右追施，剩下 10％左右在出苗后 40 天左右，分 2～3 次进行叶面肥喷施。

# 三、马铃薯专用化肥的使用

测土配方施肥是农业生产现代化的重要组成部分，今后我国大部分农作物施肥都将采取这一做法。但目前我国化肥产量较少，品种单一；农民的经济基础又薄弱；土壤养分的检验检测设备又不普及，普遍采用测土配方施肥还有一定的困难。可是又不能等到一切条件都具备了以后再普遍推广。因此，根据"地力分区配方法"的原理，在比较大的范围，地力非常相近的行政区或自然区域内,按多点取样的土壤检验资料及当地的施肥水平,参照某种作物的需肥特点,用计算和估算相结合的方法,提出适应面较大的区域性配方。然后集中在有设备、有技术力量和有原料的生产单位,统一成批的配比,再用机械混合或化学合成方法,制成某种作物的专用肥料,分别供应区域内农户和农业单位应用。经施用效果也很好,很受农民的欢迎。实质上这种专用化肥,就是针对我国国情的一种配方施肥。它既解决了化肥品种不全无法配方的问题,又解决了范围大、用户多和土壤检验搞不过来的实际问题,还起到了配方施肥、降低成本和不浪费肥料的作用。所以,按这种方法配制的专用化肥,在近期还是大有前途的。

马铃薯专用化肥,就是在这样一个前提下搞出来的。河北省围场满族蒙古族自治县,历年马铃薯种植面积为3万公顷左右(45余万亩),由于多年来施用单一的氮肥,导致土壤营养成分失调,肥料的投入产出比下降。20世纪60年代每千克氮肥可增产4千克左右的粮食。到80年代每千克氮肥只能增产1.5千克粮食。要扭转这一局面,在种马铃薯时就必须实行配方施肥,可是却又面临着土壤检验规模小、力量不足,钾肥又不能保证供应的实际问题。早在1992年,这个县便酝酿开发使用马铃薯专用化肥项目,与承德市农业局、唐山开滦复合肥厂合作,经反复研究,依据围场历年来土壤化验资料、当地农民施肥水平、马铃薯吸肥规律以及造粒技术等实际情况,确定了氮—磷—钾含量为13—7—15和15—10—20的配方,并配加锌、锰等微量元素肥。1993年,他们试验、示范施用生产出的第一批马铃薯专用化肥,结果显示出了专用化肥的明显作用,得到了群众的认可。

近年来,该地区施用马铃薯专用肥的面积不断扩大,施用面积达到马铃薯播种面积的70%以上。其他马铃薯种植区也纷纷使用马铃薯专用肥,收到了很好的效果。许多化肥生产厂家,也抓住了这一商机,依据不同地区土壤条件生产出高钾型不同配方的马铃薯专用化肥,如氮—磷—钾配比为 15—10—20、16—8—18、15—9—21 等配方,还有基肥、追肥配套使用的马铃薯专用化肥,如:基肥 12—19—16、追肥 20—0—24 及基肥 12—18—15、追肥 20—0—24 等配方。已在马铃薯种植区广为应用。

马铃薯专用化肥使用简便易行,只需按土地肥力情况和用肥经验,计算一下所需氮、磷、钾数量,再选用某一配方的马铃薯专用肥和使用数量就可以了。也可根据情况适当添加单一元素肥料做小幅度调整就能达到预期效果。

## 四、马铃薯可以适量施用含氯化肥

以前,人们认为氯元素影响马铃薯块茎品质,所以把马铃薯列入"忌氯作物",在马铃薯生产中从不使用含氯化肥。马铃薯对钾肥需要量最大,而市场上常见的含钾化肥只有硫酸钾和氯化钾、硝酸钾几种。硫酸钾的价格是氯化钾的 2 倍,货源又比氯化钾紧缺。所以,生产者宁可让马铃薯缺少钾肥,也不买昂贵的硫酸钾,同时也不敢使用价格便宜的氯化钾来补充钾元素。20 世纪 80 年代以来,人们开始重新研究和认识"马铃薯是忌氯作物"的问题,国内外许多专家学者对"马铃薯施用含氯化肥的问题进行了大量的研究"。

据黄国正(1993)田间试验结果,每 667 米² 施氯离子 633 毫克/千克以下,块茎水分和淀粉含量略高于对照区,对块茎质量并无不良影响。据李济辰等(1993—1996)试验表明,马铃薯施用含氯化肥,氯离子浓度 570 毫克/千克以下范围内,有增加产量的作用。且块茎质量不受影响。试验结果还表明,适宜的氯离子浓度为 100 毫克/千克,即每 667 米² 施用氯离子 15 千克左右;而最佳用量为 60~70 毫克/千克,即每 667 米²,可施用氯化钾 36 千克,或含氯的马铃薯专用肥、氯基复合肥 125 千克左右。最佳量:每 667 米²,可施用氯化钾 21~25 千克,或含氯的马铃薯专用肥、氯基复合肥 75～88 千克。以上是理论数量，如果整体施肥量超过上述量，可以考虑加施部分硫基马铃薯专用肥或硫基其他复合肥。

　　另据专家研究结果，含氯化肥的氯离子在土壤中移动性很大，易于淋失。同时，在北方石灰性土壤中，连续施用 10 年含氯化肥，也没有明显的氯离子的积累。南方多雨地区，有雨水的淋溶，氯离子更无明显增加。这也告诉我们，马铃薯田在控制量内施用含氯化肥，连续使用也是安全的。

# 第十一章　马铃薯病、虫、草害的防治

马铃薯在整个生育期中,非常容易受到病虫草的侵害,就是在贮藏阶段也要受到病害的威胁。一旦病虫草害发生并流行,不仅影响产量,块茎质量也难以得到保证。在种薯生产中,有的病害不但影响当年的产量和质量,由于种薯携带病原,如果处理不当,下年的田间在适宜发病条件的情况下,就会成为田间发病的病原,给生产造成损失。为了防止损失或把损失降低到最小限度,就必须采取一些有效的防治措施。

## 一、马铃薯主要常见病害的防治

### (一)马铃薯病害的综合防治措施

马铃薯病害分非侵染性病害和侵染性病害两种。非侵染性病害,病因主要是环境条件、气候条件、田间管理及遗传变异等,如空气污染、化学物质伤害、低温冷害、黑心、空心、田间高温伤害、内部坏死、雷击伤害、营养失调、缺素症和元素过量症等。这种病害不会扩大传染。而侵染性病害,病因是真菌、细菌、病毒、类病毒、线虫等侵染而引起的病变,如果防治不当,就会扩大流行,造成严重损失。

马铃薯病害的防治原则是"以防为主、综合防治","防重于治",要做到"防病不见病"。马铃薯病害的防治发展到现在,已形成了"以化学防治为重点的综合防治"的格局。虽然以化学防治为重点,但其他综合防治的技术措施也不能忽视,综合防治关键是早期预防,多种措施结合在一起,对病害就能更有效的进行控制。综合防治的措施具有以下几点内容：

**1. 马铃薯种植用地及土壤**　种植马铃薯的耕地，必须实行轮作，要间隔 2～3 年，因为有的土传病害的病菌能在土壤中存活 3 年左右。轮作忌上茬茄科作物、十字花科作物，根茎、块茎作物，因为它们与马铃薯有共患病害。疏松透气的土壤，避免黏重土和碱性土壤，碱性土块茎易得疮痂病。

**2. 种薯选择及种薯处理**　首先要选用抗病品种，同时要用脱毒种薯的早代种薯，如原种或一级脱毒种薯。在贮藏前、切芽前剔除病薯。尽量用小整薯播种，可避免切刀传病。切芽块一定要进行切刀消毒。切出的芽块必须进行药剂拌种杀死芽块上所带的病菌。进行催芽或晒种、困种，以便剔除病薯，出壮苗。

**3. 适时播种提高播种质量及认真培土**　不要播种过早，如果在地温低时播种，出苗慢薯芽在土里埋得时间长，增加感病机会。播种时要细致准确，覆土适当，不能过浅或过深。中耕培土要达到要求厚度，起到保护块茎少受病菌侵染的作用。

**4. 加强肥水管理**　充足的营养和水分，能促使薯苗生长旺盛，增强对病害的抵御能力。肥过大也不好，特别是氮肥过多，茎叶生长太嫩，易感染病害。如果水分过多，会造成小气候湿度过大，有利于发病。

**5. 清洁田园**　在精耕细作的园田和保护地栽培的田块，马铃薯收获后一定要把残枝落叶，病烂薯块清理出地外深埋掉。如果残留在地里，将成为发病的侵染源，因为很多病菌可在马铃薯茎叶、块茎残体里生存越冬。

**6. 种薯生产搞好隔离**　使所繁殖的种薯远离病源和毒源，减少受侵染和发病的机会。

**7. 正确选用针对性有效的杀菌剂**　根据病害预报和经验，有针对性并全面安排使用的药剂，防止只顾一种病害而忽视另一种病害，造成顾此失彼，药钱没少花还出现了病害，造成减产减收。

还要选用高效低残留的环保型农药,确保食品安全。

**8. 正确施药**　选择高效的打药机械,确定较准确的施药时期,准确的用量,遵守施药间隔和安全隔离期。

## (二)真菌性病害

### 1. 晚 疫 病

【病症识别】　在田间识别晚疫病,主要是看叶片。一般初侵染典型症状是暗绿色、不规则的、水浸状的小斑点,当湿度较大时病斑迅速扩大,病斑一般在叶尖或叶缘出现,病斑外围有褪绿稍黄的晕圈,然后再扩大,病斑如开水烫过一样,墨绿色,发软,叶背面有白霉,是晚疫病的分生孢子梗和孢子囊。空气继续保持湿润,病斑会向全叶扩展,变为墨绿色(如果空气干燥、阳光充足,病叶则干枯呈黄褐色)。叶柄和茎部感染后经一段时间症状才表现,顺茎出现褐色条斑,严重时也产生白霉,之后全株叶片萎垂、腐烂、枯死。孢子梗随雨落在地上,渗入土中侵染薯块,块茎感病后,表皮出现褐色病斑,起初不变形,后来随侵染加深,病斑向下凹陷并发硬。有人把这种症状叫铁皮子。如果湿度大,软腐病菌入侵又变软腐烂,呈梨渣子样(图31)。

【传播途径】　晚疫病是一种真菌病害。初侵染源,是带病种薯,有时带病种薯没有任何表现,或很轻微,很难挑选,播种时把这样的芽块播进地里,有可能在幼芽萌发后就被感染,成为田间新生苗最初的侵染源,之后再把病菌传给健康植株,引起茎部感染,但症状不明显,很难检查到。当遇到空气湿度过大并较凉爽时,或雾天、阴雨连绵即空气湿度连续在75%以上,气温在10℃～20℃。叶子上就出现病状,形成中心病株,病叶上产生的白霉(孢子梗和孢子囊)随风、雨、雾、露和气流向周围植株上扩展。有一部分落在地上,进入土中,侵染正在生长的块茎。这样循环往复,不断传播。

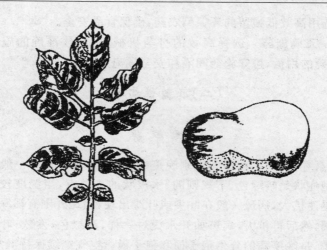

**图 31　马铃薯晚疫病症状**

所以,国外一些专家认为,晚疫病可以在马铃薯生长各个时期发生,只是流行需高湿、凉爽的环境条件。

科学家近年发现,在自然界中存在晚疫病交配型卵孢子（$A_1$型和 $A_2$ 型）,在恶劣环境条件下的土壤中及残体中也能存活,接触土壤的叶片常常首先被侵染。这就又增加了一个初侵染源,给防治带来困难。

有时虽然发生了中心病株,但由于天气干旱,空气干燥,湿度低于 75％或不能连续超过 75％,便不能形成流行条件,被侵染的叶片枯干后病菌死亡,因而就不会大面积流行。

【防治方法】

（1）消灭种薯携带的病菌,降低初侵染源

①种薯生产者要在杀秧前 5～6 天,每 667 米$^2$ 用金纳海（福美双）80 克＋鸽哈（甲基硫菌灵＋百菌清）80 毫升喷施,可有效防止植株带病而侵染块茎。或在杀秧后收获前,用硫酸铜、可杀得（氢氧化铜）、泉程（氢氧化铜）、必备（80％波尔多液,其中含水胆

矾、石膏)等铜制剂,喷洒田面,杀死地表、残秧上的晚疫病菌,减少其进入薯块的机会。保证提供的种薯翌年少带或不带晚疫病菌。

②播种前药剂拌种做包衣,用甲基硫菌灵(甲基托布津)500～600 克及百菌清 500 克,均匀掺在 12 千克滑石粉中,拌在 1 000 千克芽块上,形成药粉包衣。

(2)生长季节杀菌剂的施用　在用药策略上,应根据所用种薯状况来决定,如果所用种薯在上年生产季节没有晚疫病发生,同时防病喷施杀菌剂次数到位,也就是种薯基本上不带病。本年早期应先以保护性杀菌为主,保护薯苗不受病菌侵染;中期是湿度较大的危险期,应以治疗剂兼保护剂为主,保持叶片正常生长和进行光合作用;后期以保护为主,也要兼顾治疗,特别是要用对块茎有保护作用的药剂,保护块茎不受病菌侵害。如果所用种薯状况不好,有带病菌的可能,早期就应使用治疗加保护剂型的药剂,杀死初侵染源;中期比较安全了,可使用保护性杀菌剂;后期仍使用保护兼治疗药剂。如果田间发现病株(或周边有别人田里出现病株),除采取措施处理外,要缩短打药间隔时间,加大剂量施用不同治疗内吸剂,不仅要控制地上茎叶病情不发展,还要尽量多地杀死病菌,防止病菌落入土中侵染块茎。

具体做法:根据田间情况,未发病时和已发病时要采取不同处理方法。

(3)未发病时晚疫病的药剂防治方法　首先应掌握苗高 10 厘米左右时天气情况,来决定第一次打药的时间,在北方一季作区大约是在 6 月上中旬,如果降雨量大,空气湿度大,第一次打药应早一些,在 6 月 20 日左右开始,反之则可推迟到 6 月 27 日左右开始打第一次药。二季作区和冬作区可根据薯苗的高度来决定第一次打药时间,如果天气湿度大,要在苗高 10 厘米左右打一次药,反之要在 15 厘米时开始打第一次药。

第一次打药,如果种薯有带病的嫌疑,要用内吸治疗兼保护剂,如克露(霜脲氰＋代森锰锌)72％可湿性粉剂 100 克/667 米$^2$,或玛贺悬浮剂(甲霜灵＋代森锰锌)60 毫升/667 米$^2$,或菲格(4％精甲霜灵＋40％百菌清)500 倍液等。如果认为种薯不带病菌,则可用保护性杀菌剂,如大生 80％可湿性粉剂、新万生 80％可湿性粉剂、安泰生 70％可湿性粉剂、猛杀生 75％干悬剂、喷克 80％可湿性粉剂、美生 80％可湿性粉剂、大生富(代森锰锌悬浮剂)等代森锰锌或丙森锌类药剂,任选其一,每 667 米$^2$ 用 80～150 克。也可以用有特殊保护作用兼杀细菌病害的金纳海(福美双)80％水分散粒剂,每 667 米$^2$ 用 80 克。

第二次打药,仍可用上述代森锰锌类保护性杀菌剂及金纳海。

第三次打药,根据第一次用药情况安排,如果第一次用的是治疗兼保护剂,这次还可用代森锰锌类保护性杀菌剂。如果第一次用的是保护性杀菌剂,这次可选用保护兼治疗的阿米西达(嘧菌酯)25％悬浮剂,20 毫升/667 米$^2$;或用具有强渗透能力的保护剂百泰(吡唑醚菌酯＋代森联)60％水分散粒剂,40～60 克/667 米$^2$;或凯润(吡唑醚菌酯)25％乳油,20～40 克/667 米$^2$ 易保(噁唑菌酮)68.7 克水分散粒剂,75 克/667 米$^2$。

第四次到第七次打药,可分别选用克露、金雷(瑞毒霉＋代森锰锌)、玛贺、抑快净(霜脲氰＋噁唑菌酮)52.5％水分散粒剂,用量为 40～50 克/667 米$^2$;银法利 687.5 克/升悬浮剂(霜威盐酸盐＋氟吡菌胺),用量为 80～100 毫升/667 米$^2$;安克 50％可湿性粉剂(烯酰吗啉)用量 30 克/667 米$^2$;瑞凡(双炔酰菌胺)25％悬浮剂,用量为 20～40 毫升/667 米$^2$;杀毒矾(噁霜灵＋代森锰锌)64％可湿性粉剂 110～130 克/667 米$^2$。

第八次、第九次、第十次打药,以保护地下块茎为主,兼有保护茎叶作用。主要用科佳(氰霜唑)100 克/升悬浮剂,每 667 米$^2$ 用药 53～67 毫升;福帅得(氟啶胺)500 克/升悬浮剂,每 667 米$^2$ 用药 27～33 毫升。应在收获前 7～10 天停止用药。还可用可杀得

101、可杀得 2 000、泉程等铜制剂预防真菌、细菌通过土壤裂缝侵染薯块。

为了防止病菌对农药产生抗性、降低防效,用药时最好交替使用。

因为低毒、高效、低残留农药不断出现,所以用药品种可随之更新,可根据实际情况,选用效果好、价格低,使用方便的农药。

每次打药的间隔时间一般是 7～10 天,具体应根据所用药剂的药效持续时间的长短、马铃薯生长速度的快慢、周围马铃薯田有无发病、天气及空气湿度等情况来安排。特别是要掌握好天气状况,多看天气预报。如果赶上打药日,预报有降雨,就要提前 1～2 天把药打上,以掌握主动。如果等降雨过后再打药,有可能给疫病的发生、发展留下机会,造成被动局面。

**(4)有晚疫病发生的特殊情况下如何进行防治** 在马铃薯旺盛生长时期,如果天气阴雨连绵,空气相对湿度在 75% 以上,前期防治不力或周边马铃薯地块发生晚疫病,有大量菌源存在,很有可能在田间出现初发病株或病区,一旦出现必须采取紧急措施、力争控制病害发展流行,避免造成危害。具体要做好 3 件事。

第一件事:处理好中心病区。安排专职人员,穿上塑料鞋套和塑料套裤,进初发病区,对只感染叶片的要摘除病叶,严重的要拔除病株,装在塑编袋内集中就地埋掉或带出地外埋掉。同时,从病区向外 10 米之内,由外向内,用喷雾器喷洒金雷或克露 300～400 倍液,或银法利 500～600 倍液,进行封闭。打药时要特别仔细周到,宁重勿漏。禁止人员随便走到非疫区,打完封闭后出地时大家走同一条路线,打药人员退行,随退行随喷药,出地后每人鞋、裤都喷药消毒,防止人为传播菌源。

第二件事:加强田间监视。安排好田间检查人员,密切注视非疫区是否有病害发生。田间检查人员同样要搞好防护,尽量不到疫区去。发现问题及时报告,统一组织处理。

第三件事：全田加密打药防控。做完中心病区处理后，马上进行全田打药，第一遍用银法利，667 米$^2$ 用药量增到 100 克，全田普遍打一次；第五天再用金雷或克露，药量增加到每 667 米$^2$ 用 200～250 克，全田喷洒一遍；再过 5 天再用银法利 100 克全田普喷一遍。这样，就可基本控制住病情不再发展。之后用药转入正常，每间隔 7 天打 1 次原来安排的农药。

注意事项：在打药过程中，拖拉机经过疫区进入非疫区之前要停车，用 75％酒精把车轮、车头、底盘、打药机底部，全部喷雾消毒，严防把病菌传入非疫区。

其他综合防治、农艺措施等不再重述。

## 2. 早 疫 病

【病症识别】　早疫病斑在田间最先发生在植株下部较老的叶片上。开始出现小斑点，以后逐渐扩大，病斑干燥，为圆形或卵形，受叶脉限制，有时有角形边缘。病斑通常是有同心的轮纹，像树的年轮，又像"靶板"（图 32）。新老病斑扩展，会使全叶褪绿、坏死和脱水，但一般不落叶。严重时叶片从下部向上逐步干枯，植株成片提前枯死，有时发展到全田，每提前枯死 1 天，每 667 米$^2$ 减产 50 千克。块茎上的病斑，黑褐色、凹陷，呈圆形或不规则形，周围经常出现紫色凸起，边缘明显，病斑下薯肉变褐。腐烂时如水浸状，呈黄色或浅黄色。

【传播途径】　早疫病也是真菌病害。早疫病真菌在植株残体和被侵染的块茎上或其他茄科植物残体上越冬。病菌可活 1 年以上。翌年马铃薯出苗后，越冬的病菌形成新分生孢子，借风雨、气流和昆虫携带，向四周传播，侵染新的马铃薯植株。一般早疫病多发生在块茎开始膨大时。植株生长旺盛则侵染轻，而植株营养不足或衰老，则发病严重。所以，在瘠薄地块的马铃薯易得早疫病。在高温、干旱条件下，特别是干燥天气突降阵雨，而后晴天暴晒，这

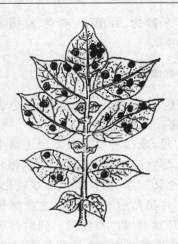

图 32　马铃薯早疫病症状

样的干热和雨水交替出现时，早疫病最易发生和流行，而且发展迅速。

【防治方法】　对早疫病的防治，过去都不太重视，认为早疫病不会造成太大的危害，重点都放在晚疫病上了，结果近年出现了早疫病突发，造成了很大损失。早疫病的防治，除综合防治的农艺措施外，现在已有很多有效杀菌剂可用，通过实践证明防效很好，现介绍如下。

①世高(哑醚唑)10％水分散粒剂，为内吸性杀菌剂，持效期可达 14 天，对早疫病有超强的防治作用，用量为每 667 米$^2$ 35～50 克。

②博邦(苯醚甲环唑)10％水分散粒剂，是新一代三唑类内吸、传导、广谱性杀菌剂，耐雨水冲刷，药效持久，对作物安全、低毒、低残留、环保型，是对马铃薯早疫病治疗和预防的特效剂。每 667 米$^2$ 用量 40 克。

③金力士(丙环唑)25％悬浮剂，治疗早疫病，双向内吸传导，同时还有保护作用，渗透力强、黏着力好、耐雨水冲刷。最好在封垄后施用，不能与铜制药剂、碱性物质、碱性制剂等混合使用。每 667 米$^2$ 用量 6～9 克。

④好力克(戊唑醇)430 克/升悬浮剂，具有内吸作用，是治疗兼保护型制剂，是早疫病专用杀菌剂。每 667 米$^2$ 用量 15～20 毫升，最大用量不能超过 20 毫升，否则对新生茎叶有抑制作用。

另外,可杀得、易保、鸽哈、阿米西达、百菌清、喷克、科博等对早疫病也有兼治作用,可配合使用。

### 3. 丝核菌溃疡病

丝核菌溃疡病,也称茎溃疡病、茎基腐病、黑志病、黑色粗皮病,是种薯带病和土壤传播的病害。

**【病症识别】**　芽块播种在田里,或因种薯带菌或因土壤中病菌侵染,幼芽顶部出现褐色病斑,使生长点坏死,称为烂芽,停止生长,有的从芽条下部节上长出一个新芽条,造成不出苗或晚出苗。出现苗不全、不齐、细弱等问题。在出苗前和出苗后,主要感染地下茎,使地下茎上出现指印状或环剥的褐色溃疡面。同时使薯苗植株矮小或顶部丛生,严重的植株顶部叶片向上卷曲萎蔫,有时腋芽生长气生薯。中期茎基部表面产生灰白色菌丝层,易被擦掉,擦后下面组织生长正常。被感染的匍匐茎为淡红褐色斑,轻者虽能结薯,但长不大,重者不能结薯,匍匐茎乱长或死掉。受侵染的植株,根量减少,形成稀少的根条。在受侵染植株上结的块茎上,表面附着大小不一、形状不规则的、坚硬的、土壤颗粒状的黑褐色土疤。这些土疤是菌核休眠体,冲洗不掉,而土疤下边组织完好,称为黑志病,成为翌年种薯带病的菌源。

**【传播途径】**　丝核菌溃疡病的病原菌,是一种真菌,其无性阶段是立枯丝核菌,全世界大量作物和野生植物都是它的寄主,分布广泛。其菌核可以在块茎上、植株残体上或土壤里越冬。翌年春季温、湿度适合时,菌核萌发侵入马铃薯幼芽、幼苗、根、地下茎、匍匐茎、块茎,在新块茎上又形成菌核,土壤中也存留菌核,越冬后又成为翌年的菌源。所以,很少轮作或不轮作的土地,丝核菌存活量会加大,再使用被侵染的种薯,就更增加了菌源。适宜丝核菌发病流行的环境条件是较低的温度和较大的土壤湿度。据资料介绍土壤温度 18℃最适宜其发生发展。同时,由于地温低,薯芽生长慢,在土里时间长,又会增加病菌的侵染机会。病害的发展会随着温度提高而减轻。结薯后土壤湿度大,特别是排不水良,新块茎上的黑志(菌核)形成会加重。

【防治方法】 轮作倒茬,使用无病种薯及有关农艺措施不再细述,重点介绍化学药剂防治方法。

(1)芽块包衣(拌种)

①苗盛(福美双+戊菌隆)47%可湿性拌种剂,每1 000千克芽块,用药粉660～720克,对12～15千克滑石粉,掺混均匀后,拌在刚切好的芽块上,要均匀粘着每个芽块,形成包衣。

②适乐时(咯菌腈)2.5%悬浮种衣剂,每1 000千克芽块,用悬浮剂1 000毫升,对水3～4升稀释后(水量不要太多),用细雾喷头的喷雾器均匀喷在芽块上,使每个芽块的每个部位都被药液覆盖。之后可用滑石粉对甲基硫菌灵再拌种块,使芽块降低湿度,直接播种(也可沟喷见后)。

③扑海因(异菌脲)50%可湿性粉剂,1 000千克芽块用药粉400克,对滑石粉12～15千克,拌在芽块上。

④戴挫霉(抑霉唑)22.2%乳油,为咪唑类杀菌剂,对丝核菌有特效。用乳油100毫升,对水3升稀释后,用细喷头喷雾器,均匀喷1 000千克芽块上,使每个芽块都沾到药液(也可沟喷,见后)。

⑤甲基硫菌灵(丽致)可湿性粉剂,其细度小于薯块气孔,有内吸性,拌种不仅能防丝核菌溃疡,还能促进伤口愈合,防其他病菌感染。每1 000千克芽块,用药粉300～500克,对滑石粉12～15千克,拌在刚切完的芽块上。也可与其他杀菌剂、杀虫剂混用。

(2)播种沟喷施

①阿米西达(嘧菌酯)25%悬浮剂:除对丝核菌溃疡防效较好外,对其他土传病害如银屑病、粉痂病也有防效。每667米²用悬浮剂40～60毫升,最好用带喷药装置有双喷头的播种机,开沟、下种、喷药、覆土一次完成。药液经前、后两个喷头喷出,不仅芽块整

个都沾上药液,同时对垄沟内土壤也进行了消毒。

②金纳海＋鸽哈:每 667 米² 各用 80 克(毫升),用上述同样方法进行播种沟喷雾。

③戴挫霉:每 667 米² 用乳油 30～40 毫升,对水 30～40 升,用如上方法进行播种沟喷雾。

④适乐时:每 667 米² 用悬浮液 50～60 毫升,播种沟喷雾。

⑤扑海因 500 克/升悬浮剂:每 667 米² 用悬浮剂 50 毫升,播种沟喷雾。

⑥瑞苗清(24％恶霉灵＋6％甲霜灵):每 667 米² 用 20～30 毫升,沟喷。

⑦凯润(吡唑醚菊酯)25％乳油:40 毫升/667 米²,对水 30 升,喷入播种沟的芽块及土壤中。

**(3)苗期叶面喷施**

①阿米西达:结合早疫病、晚疫病防治,进行早期叶面喷施,除防治病害外,还有刺激薯秧生长的作用。每 667 米² 用悬浮剂 32～48 毫升。

②戴挫霉:可与叶面肥混合施用,做到治养结合,尽快控制病斑的扩展,促使根系及匍匐茎重新快速生长。每 667 米² 用戴挫霉 40 毫升,加磷钾动力(磷酸二氢钾)100 毫升,叶面喷施。如病情严重可连用 2～3 次。

**4. 种薯田杀秧前 5～7 天叶面喷施**

①金纳海＋鸽哈:各 80 克(毫升),进行叶面喷施,不仅可以杀死丝核菌,对其他真菌、细菌都有作用,减少种薯带病,降低翌年种植的菌源,有利于贮藏。

②戴挫霉:每 667 米² 用药 30～40 毫升,或配成 1 000～2 000 倍液,杀秧前喷施,可防止贮藏病害传染,预防种薯带病。

### 4. 镰刀菌枯萎病

在马铃薯产区,近年来由于重茬或轮作年头不够,镰刀菌枯萎病发病率有所增加,开始对马铃薯产量和质量产生影响。在几种镰刀菌病原中,以马特镰刀菌枯萎病危害严重,应引起种植者的注意,认真探索有效的防治方法。

【病症识别】 几种镰刀菌病原物引起的病症基本相似。植株上最幼嫩的叶片叶脉之间黄化,褪绿区内产生绿岛,然后褪绿区坏死,被侵染的叶片变成浅青铜色,萎蔫,变干,挂在茎上,最后死亡。叶片变色和死亡多发生在植株的一侧的茎上。空气潮湿时地上部丛生。严重时茎内及茎节处内部髓常有变色。块茎在匍匐茎着生处,也就是脐部凹陷、褐色坏死,并扩展到块茎内部不同深度。在块茎末端的横切面上,维管束轻微或严重变褐,有坚硬的褐色环形病斑,不产生菌脓,通常很少产生继发腐烂。维管束坏死可延伸到芽眼,可引起芽眼变褐和坏死。维管束内有较多较小的褐色至棕色网纹。有时在维管束环任一边上,呈水浸状淡褐色至棕褐色3~5毫米的变色。

【传播途径】 镰刀菌枯萎病属真菌性病害是典型的土传病害,病菌能在土壤里存活,特别是马特镰刀菌在田间土壤里能存活较长时间。病菌可通过芽块切口和根部侵染后进入茎,再从茎通过匍匐茎进入块茎。被侵染的芽块会把病菌传给新植株,如果被侵染的薯块种到新地块里,又会把病菌传给新地块,使新地块被污染。被污染的地块,又会通过田间浇水,风刮土壤,机具携带土壤,传播蔓延。

流行条件,这种病害在相对高温的马铃薯种植区域,或在炎热和干燥季节发生最严重。马特镰刀菌在地温为 20℃～40℃ 时有侵染能力,而尖孢镰刀菌和燕麦镰刀菌在 28℃ 时有更强的致病力。

【防治方法】 防治镰刀菌枯萎病主要是靠轮作倒茬,轮作间隔时间 2～3 年为好,再就是使用不带病菌的种薯。目前,防治镰刀菌枯萎病特效农药还不能确定,但几种防土传病害效果较好的农药还可以试用。

(1)金纳海 播种时沟喷,防丝核菌溃疡同时,对其他土传病害防效也较好。金纳海80克/667米$^2$加鸽哈80毫升/667米$^2$,再加菲范(游离氨基酸＋锰锌液肥)500毫升/667米$^2$(起增强幼苗和植株抗性能力的作用)。现蕾期或株高60厘米以上时还可以用上述药液,金纳海增为150克,加金力士8毫升、鸽哈80毫升,进行大水量喷施,除叶面吸收外,进入土壤后,也能起到很好的作用。

(2)咯菌腈 用作芽块包衣或播种沟喷施,用量、方法见前(丝核菌溃疡病)。

(3)三唑酮 25％可湿性粉剂或20％乳油,4 000～5 000倍液,叶面喷施。

(4)多菌灵 用12.5％增效多菌灵可湿性粉剂300倍液浇灌,或50％多菌灵可湿性粉剂1 000倍液叶面喷施。

## 5. 黄 萎 病

在南方和水分严重不足需要灌溉的沙漠地区,以及冷凉地区生长季节长时间温暖、干燥气候条件下,黄萎病都可能严重发病。

【病症识别】 该病易引起植株早期感染。主要特征是叶片黄化,从基部开始逐步向上发展,可能在茎的一侧叶片先萎蔫,出现发育不对称性。提早枯萎死亡,形似早熟。横切基部茎可见维管束变成淡褐色,有的品种茎基部外表有坏死条纹。被侵染植株上结的块茎中有一部分,维管束环为淡褐色,严重的髓部有褐斑,更严重的块茎里形成洞穴;芽眼周围可能出现粉红色或棕褐色的变色。有时被侵染的块茎表面出现不规则的、与中等晚疫病相似的斑点。

【传播途径】 黄萎病是真菌中黑白轮枝菌或大丽轮枝菌侵染的结果。这些真菌能长期存活在土壤里或植物的残体上,并有广泛的寄主,如茄科植物、其他双子叶草本或木本植物。所以,带菌土壤,黏附在块茎上的、工具上的带菌土壤,或灌溉水,感病的块茎、杂草都可以进行传播。同时,它的分生孢子也可以通过气流传播,还可以通过根系的接触,从一株传给另一株。

轮枝菌的侵染,是通过根毛、伤口、枝条、叶面进行的。土壤中的线虫、真菌、细菌之间的交互作用会加剧该病的发生。

【防治方法】

①搞好轮作倒茬:与禾谷类、其他禾本科或豆科作物进行3年以上轮作,不能与茄科作物轮作。

②消灭感病的杂草,如藜、蒲公英、荠菜、问荆等。

③防治好地下害虫、线虫及真菌、细菌病害,减少轮枝菌侵染的机会。

④搞好芽块拌药处理:可以用内吸杀菌剂如甲基硫菌灵,非内吸杀菌剂,如代森锰锌、代森联等。具体使用方法同前。

## 6. 癌 肿 病

马铃薯癌肿病是一种真菌性病害,危害严重,可减产30%~90%,甚至绝收。更重要的是马铃薯块茎遭癌肿病侵染后,块茎失去利用价值。在我国西南山区有此病发生,其他地区没有发生,它是国内的检疫对象。

【病症识别】 被癌肿病菌侵染的马铃薯植株,在茎的基部发生,致使组织细胞膨大,长成如菜花一样的瘤状物,再侵染到匍匐茎的顶端和块茎的芽眼附近,这些部位出现癌瘤初期为白色再变褐色,不断增长,呈花球状,后期逐渐变为黑色,而后腐烂,有臭味。有时也感染地上茎,在叶或花上长成绿色至褐色的癌瘤。块茎可能被癌瘤覆盖或全部被癌瘤取代。

【传播途径】 癌肿病菌的传播,是以土壤传播为主,一旦马铃薯发生癌肿病,土壤就被污染。癌肿病菌孢子囊抗逆性很强,能在土壤里存活38年之多,病菌孢子囊能放出很多游动孢子,侵染块茎表皮,刺激细胞变大并进行不正常的分裂,形成癌肿组织。温度在 12℃～24℃,土壤田间持水量在 70%～90%时,发病严重,而土壤干燥时发病则轻。另外,还可通过块茎、农具、容器、人畜等携带病原污染的土壤进行传播。

【防治方法】

①在疫区马铃薯种植要采取多年轮作,相隔 5 年以上,或更长的时间。

②选用抗病品种。

③严格执行检疫法规,严禁疫区种薯调往非疫区。非疫区绝对不得到疫区调运种薯。

### 7. 镰刀菌干腐病

镰刀菌干腐病在马铃薯种植区广泛存在,严重发病期是贮藏阶段侵染块茎,播种带病菌芽块,会造成烂芽块。

【病症识别】　块茎入窖后过一段时间,在伤口处出现褐色小斑,逐渐扩大成暗褐色凹陷或穴状病斑,表皮皱缩,干枯时表面可能围绕病斑出现层层环状皱褶,组织慢慢疏软、干缩,并向整个薯块扩展,表面长出灰白色或稍带粉色的菌丝和分生孢子。高温条件下,内部坏死部分变褐,从淡黄褐色至暗栗褐色;色浅时边缘模糊,色暗时边缘明显,并且边缘色黑;较老的死亡组织更疏松,形成空洞,并布满白色菌丝。湿度大时,软腐病细菌也随之入侵,使坏死组织变湿、变成黑色黏稠状,加速腐烂,之后芽眼被破坏。其腐烂汁液会感染周围块茎。有毛座霉干腐病混合发生时,也可加快干腐菌造成的腐烂。

播入田间带病菌的芽块,萎缩和凹斑可能不明显,但病斑表面褐色,坏死组织有小洞,并能吸引土壤的蛆虫,带来腐败菌,使芽块烂掉,造成缺株。受害轻的芽块,可能长出一个单个细弱小苗,生长很慢,使田间植株生长高矮不齐,这样的植株结的薯个头很小。

这样的地块还易引发黑胫病。

【传播途径】 镰刀菌干腐病是种传和土传结合的真菌性病害。镰刀菌产生三种孢子,其中微型孢子和孢子量较大,作为再侵染源在空气中迅速传播,而厚壁孢子,在土壤中能存活几年,它在收获时黏附在块茎上。病原菌通常在块茎表面繁殖,污染贮藏的容器(袋、篓等)和工具,遇到块茎的伤口或切芽的刀口,便侵入了块茎,播种后造成烂芽块,同时污染了土壤,再收获的块茎又会附着病菌。贮藏过程中,湿度增大,温度在15℃~20℃时,干腐病发展迅速。特别是早春,窖温上升,是感病的高峰期。块茎伤口愈合后能减少病菌侵染。

【防治方法】

①收获、运输、入窖时尽量减少块茎的创伤,小心使用机械和工具,轻装、轻卸、轻拿、轻放。

②块茎入库后,马上提供适合加速伤口愈合的条件,充足的空气、湿度和适当的温度,在12.8℃~18.3℃的条件下,保持10~14天,然后每天降0.5℃,直至达到长期贮藏要求的温度。

③杀秧前5天,田间喷施杀菌剂,种薯田每667米² 用金力士9克加鸽哈60毫升;商品薯每667米² 用金纳海80克+鸽哈80毫升。以上药剂可有效的消灭疫病和干腐病在植株上的病菌,降低对地下薯块、贮藏期薯块的侵染,减少烂薯。

④播种前切芽块时除坚持切刀消毒外,要用甲基硫菌灵、耐尔、百菌清、科博等杀菌剂其中之一拌种,用量200~500克,拌1 000千克芽块,方法如前。

⑤种薯入窖前可用适乐时(咯菌腈)往块茎上喷雾。为了不增加块茎湿度,要使用超低量喷雾器,最好在入库输送带或分选机处喷施,使每个块茎整个都沾上药液。每1千克适乐时,可处理2.5吨左右的种薯。

## （三）细菌性病害

### 1. 环腐病

【病症识别】　田间马铃薯植株如果被环腐病侵染，一般都在开花期出现症状。先从下部叶片开始，逐渐向上发展到全株。初期叶脉间褪绿，逐渐变黄，叶片边缘由黄变枯，向上卷曲。常出现一穴一、二个分枝叶片萎蔫。还有一种是矮化丛生类型，初期萎蔫症状不明显，长到后期才表现出萎蔫。这种病菌主要生活在茎和块茎的输导组织中，所以块茎和地上茎的基部横着切开后，可见周围一圈输导组织变为黄色或褐色（图33），或环状腐烂，用手一挤，就流出乳白色菌脓，薯肉与皮层即会分开。

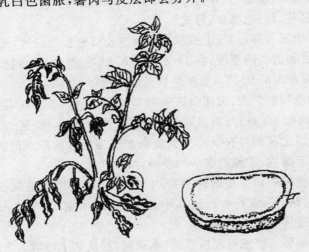

**图33　马铃薯环腐病症状**

特别是贮藏的块茎，挤压后能排出奶油状、乳酪状无味的细菌菌脓，与皮层明显的分开。二次侵染，一般是软腐病细菌，进一步使块茎腐烂,掩盖了环腐病症状,还可能出现外表肿胀,不平的裂缝和红褐色,这些症状有时会出现在芽眼附近。

【传播途径】 环腐病是马铃薯环腐杆状杆菌侵染,为细菌性病害。病菌主要在被侵染的块茎中越冬,在田间残存的植株中也能越冬,但在土壤中不能存活。因此,它的主要传播途径就是种薯。当切芽的刀子切到病薯后再切健薯,就把病菌接种到健康的芽块上,可以连续接种 28 个芽块。同时装芽块的袋子、器具等沾上腐烂黏液,也会沾在健薯上进行传播。在田间,也可由雨水、灌溉水和昆虫等,经伤口传入马铃薯茎、块茎、匍匐茎、根及其他部位的伤口或皮孔等部位进行侵染。某些刺吸口器昆虫也能把病菌由病株传播到健株上。

在温暖、干燥的天气有利于症状的发展,地温 18℃～22℃时病害发展迅速。当温度高于适宜温度时,延缓症状出现。

## 2. 黑 胫 病

【病症识别】 这种病也叫黑脚病。被侵染植株从腐烂的芽块向上的地下茎、根和地上茎的基部形成墨黑色的腐烂,有臭味,因这种典型的症状而得名。此病可以发生在植株生长的任何阶段。如发芽期被侵染,有可能在出苗前就死亡,造成缺苗;在生长期被侵染,叶片褪绿变黄,小叶边缘向上卷,植株硬直萎蔫,地下茎部变黑,非常容易被拔出。叶片乃至全株萎蔫,以后慢慢枯死。已结块茎的植株感染了黑胫病,轻的从匍匐茎末端变黑色,再从块茎脐部向块茎内部发展,肉变黑、逐步腐烂、发出臭味,严重的块茎全部腐烂(图 34)。

【传播途径】 黑胫病是细菌性病害,是黑胫病欧氏杆菌感染,有时胡萝卜软腐欧氏杆菌变种也引起黑胫病。它的病原菌主要来自带病种薯和土壤。细菌可在感病的残株或块茎里存活、越冬,并可在土壤里存活,低温潮湿条件下存活时间相对长些。染病芽块

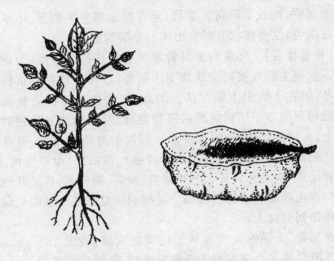

**图34　马铃薯黑胫病症状**

的病菌直接进入幼苗体内而发病,重者不等出苗就腐烂在土里,释放出大量病菌。这些病菌在马铃薯和杂草的根际活动繁殖,可随土壤、水分移动到健株,从皮孔侵染健康的块茎。病菌在被侵染的块茎中存活,又可在切芽和操作中传播给健康薯块。土壤潮湿和比较冷凉时(18℃以下),非常有利于病菌的传播和侵染。在温暖(23℃～25℃或再高些的温度中)、干燥条件下病菌存活的较少,传播的距离也短,侵染的也较少。

### 3. 软 腐 病

【病症识别】　软腐病一般发生在生长后期收获之前的块茎上及贮藏的块茎上。被侵染的块茎,气孔轻微凹陷,棕色或褐色,周围呈水浸状。在干燥条件下,病斑变硬、变干,坏死组织凹陷。发展到腐烂时,软腐组织呈湿的奶油色或棕褐色,其上有软的颗粒状物。被侵染组织和健康组织界限明显,病斑边缘有褐色或黑色的色素。腐烂早期无气味,二次侵染后有臭气、黏液、黏稠物质。

【传播途径】 软腐病是细菌性病害,胡萝卜软腐欧氏杆菌变种和黑胫病欧氏杆菌变种是软腐病的常见病原。这两种病原属厌气细菌,易在水中传播。软腐病的侵染循环与黑胫病相似。一般土壤中都有大量软腐病菌存在,侵染通过皮孔或伤口进入块茎,也易从其他病斑进入,形成二次侵染、复合侵染。早前被感染的母株,可通过匍匐茎侵染子代块茎。温暖和高湿及缺氧有利于块茎软腐。地温在 20℃~25℃或在 25℃以上,收获的块茎会高度感病。通气不良、田里积水、水洗后块茎上有水膜造成的厌气环境,利于病害发生发展。施氮肥多也提高感病性。

## 4. 青 枯 病

【病症识别】 青枯病也叫洋芋瘟、褐腐病等。它在田间的典型症状是:在一丛马铃薯苗中,突然有一个或几个分枝或主茎出现急性萎蔫,但枝叶仍保持青绿色,其余茎叶表现正常。过几日后,原来正常的分枝,又同样出现上述症状以至全株逐步枯死。被侵染植株在其茎的横切面的木质部上,有灰色或褐色有光泽黏液珠。把一段被侵染茎的切面,接触物体后慢慢离开,可以看到细菌黏液拉出的短短细丝。如把病茎切面插入量杯的水里,可见到乳白色黏液从木质部导管向下流。被侵染的块茎,芽眼会变成灰褐色,在表面或脐处有黏物溢出。将块茎切开,可以见到环状腐烂,不挤压或轻轻一压,维管束溢出灰白色细菌菌脓。与环腐病的不同点是薯肉与皮层不分离,切面不用手挤就能自动溢出白色菌脓。

【传播途径】 青枯病是细菌性病害,病原物是青枯假单胞杆菌。青枯病菌主要靠带病种薯、土壤和其他感病植物如杂草等进行传播。带病种薯被种到地里后,病菌随着地温的升高及幼芽的生长,不断增殖。侵染严重时,芽块烂掉,幼芽死亡;侵染轻时,植株出苗后萎蔫死亡。大量病菌留在地里,有的随雨水、灌溉水、耕作器具和昆虫等传给健株或其他杂草,扩大侵染,增加土壤中病菌的数量；有的附着或侵入块茎之中；有的在土壤中可存活 1～3 年，越夏越冬，翌年又继续侵染。这样，土壤里病菌越来越多。遇到低温和干燥条件，病菌就潜伏；遇到高温、高湿条件，它们就活跃侵染，造成发病。正因为青枯病菌喜欢高温、高湿，所以南方地区马铃薯青枯病比北方地区的严重得多。而在北方，地温在 15℃ 以下的地区，病原物则很少见。

### 5. 疮 痂 病

疮痂病在很多地区都有发生，主要侵染块茎，影响质量、等级，对产量和贮存影响较小。

【病症识别】　块茎上最初被侵染时病斑是圆形，直径 5～8 毫米，很少有超过 10 毫米的。当后期病斑愈合时，形状则不规则，也更大些。病斑为淡棕褐色，病斑有的凸出 1～2 毫米，还有的周围凸出，而中间凹陷，深度 1～5 毫米，最深的达 7 毫米，凹陷的病斑为暗褐色或黑色。地上部植株的症状尚无报道。

【传播途径】　疮痂病是细菌性病害，病原物是放线菌，为疮痂链霉菌，属好气性细菌。链霉菌虽然在自然的土壤里早就存在，能在土壤里存活和越冬，但种薯带病菌仍是主要侵染源。它的寄主很多，有甜菜、萝卜、大头菜、胡萝卜等。虽对这些寄主危害不重，可是能在土壤中留下更多的菌源。马铃薯在形成和膨大期间，病菌可通过皮孔、气孔和伤口侵染。碱性土壤有利于链霉菌的增殖和为害，而在酸性土壤中则发病较轻。在土壤干燥、气多水少的条件下发病率高且严重。

### 6. 细菌性病害防治方法

细菌性病害有些共同特点，所以在防治方法上也有些是共用的，特别是综合防治内容。现把细菌性病害防治方法一并进行介绍。

①建立无病留种基地,繁殖无病种薯。种植户坚持使用无病种薯播种。把以种传病害为重点的病源切断。特别是青枯病在北方寒冷地区很少发病,坚持在北方一季作区建立繁种基地,继续搞好"北种南调"非常必要。

②采用小整薯播种,杜绝通过切刀传播细菌性病害。

③认真坚持轮作倒茬制度,尽量减少土壤中的菌源,以降低马铃薯田间植株发病率。提倡 3 年轮作制度。

④搞好播种、收获、运输、贮藏等使用的机械、器具的消毒工作,如播种机、种薯窖(库)、袋、筐、篓、箱、输送带等的消毒,以杀死器具等所携带的病菌,最大限度地减少传播。

⑤坚持做好切刀消毒。细菌性病害很多都是通过切芽块途径,把病原菌接种到健薯上而扩大传染的。特别是环腐病,只要把切刀消毒工作搞好了,就能控制它的传播。具体方法不再重述。

⑥使用杀灭细菌的杀菌剂拌芽块(包括小整薯),杀死附着的病菌。使用 72% 农用链霉素可溶性粉剂,每 150 千克芽块或小种薯,用药 14 克,均匀对在 1.8～2 千克滑石粉中,进行拌种。

⑦用杀菌剂进行播种沟喷施,达到保护芽块及垄沟土壤杀菌的目的。每 667 米² 用农用链霉素 15～20 克,对 20 升左右水溶化后,最好用带喷药装置的播种机进行沟喷。或用金纳海(福美双)80 克/667 米²＋鸽哈(甲基硫菌灵＋百菌清)80 毫升/667 米² 进行沟喷,也可用加收米(2%春雷霉素)每 667 米²70 毫升,沟喷防黑胫病等。

⑧苗期喷施杀菌剂,杀死残存细菌和后侵染的细菌。在现蕾前,每 667 米² 用 15～20 克农用链霉素,对水 30 升溶化后进行田间植株喷施。或每 667 米² 用金纳海(福美双)80 克或用泉程 37.5%氢氧化铜悬浮剂 40～60 毫升,在现蕾期,用大水量进行植株喷施。苗期也可喷施加收米(2%春雷霉素),加收米有向下和向病处传导的作用,每 667 米² 用量 70 毫升。也可选用可杀得、必

备、易保、科博等进行植株喷施。

⑨保持土壤适当湿度。调节土壤中水分和空气的平衡,不给厌气性病菌创造机会,就要避免水量过大;不给好气性病菌创造机会,就要避免水量过小,造成干旱。

⑩避免偏施氮肥,应增施磷、钾肥。

⑪拔除病株,消灭再侵染菌源。如果田间发现病株,要进行人工拔除,并带出地外深埋。同时带着喷雾器(摘去喷头),用农用链霉素 1 000～1 500 倍液或金纳海 500 倍液,向病株穴内灌适量药液,杀死穴内残存病菌,防止其再侵染。

### (四)病毒性病害

前边已经讲过马铃薯退化,主要是由马铃薯病毒病造成的。据病毒学家研究,至今已发现能使马铃薯退化的病毒,包括类病毒在内已有 24 种,同时还有类菌原体病害 2 种。而严重影响马铃薯产量的病毒主要是:重花叶病毒(PVY),也称 Y 病毒和皱缩花叶病毒;普通花叶病毒(PVX),也称 X 病毒;轻花叶病毒(PVA)也称 A 病毒;伪皱缩花叶病毒(PVM),也称 M 病毒;潜隐花叶病毒(PVS),也称 S 病毒;还有卷叶病毒(PLRV);另外,有类病毒(PSTV),也称纺锤块茎病毒。下边重点介绍几种。

### 1. 重花叶病毒(PVY)

【病症识别】 该病毒是造成马铃薯退化并严重减产的主要病毒,并有几个不同病毒株系。不同病毒株系在不同马铃薯品种上有不同的病症表现,有的表现为轻花叶,有的是粗缩花叶,严重的为皱缩花叶。初发病顶部叶片背面叶脉上产斑驳,然后引起坏死,严重时沿叶柄蔓延到主茎,在主茎上产生褐色条斑,叶片完全坏死萎蔫,悬挂在茎上;并常有与 X 病毒、A 病毒、S 病毒复合侵染,则引起严重的皱缩花叶,减产可达 50% 以上。感病的块茎表皮上表现出淡褐色的环圈,有的病毒株系能诱发块茎内部和外部坏死。感病块茎作种薯,长出的再感染植株,表现矮化、丛生、节间短、叶片小、变脆,有普通花叶症状。

## 2. 普通花叶病(PVX)

【病症识别】 该病毒是在马铃薯种植区传播的比较广泛的病毒。通常的症状是植株叶片叶脉间花叶、叶片颜色深浅不一样,形成斑驳,叶片还是平展的,不变形、不坏死。但是严重感病植株,也有皱缩、卷曲和顶端坏死的表现。被感染植株结的块茎个数比正常植株少,块茎个头小,甚至坏死,减产15%左右。如果与Y病毒和A病毒复合侵染,则减产更为严重。

## 3. 轻花叶病毒(PVA)

【病症识别】 在马铃薯植株上引起轻微的花叶病状——褪绿的斑驳,在叶脉上和叶脉间呈现不规则的浅色斑,暗色部分比健叶颜色深,叶面稍有粗缩,叶缘波状,叶脉突起,叶片整体发亮。茎向外弯曲,使植株外观为开散状。在子代块茎上无症状。一般减产不明显,但与Y病毒复合侵染引起较严重的皱缩花叶时,就会造成严重减产。

## 4. 卷叶病毒(PLRV)

【病症识别】 马铃薯卷叶病毒是引发马铃薯退化最严重的病毒。最初症状是由蚜虫传毒引起的,起初症状在幼嫩叶片上,使叶片挺直、变黄,小叶沿中叶脉上卷,幼叶边缘基部常呈粉红色、紫红色。然后下部叶片出现症状。

一个被侵染的块茎种植后长成植株,底部叶片上卷、僵直、变厚,上面发亮、革状;用手捏叶片易断裂,并有脆声,用手触动似纸响声。叶背面有时变紫,逐步上部叶片卷曲,感病严重的植株矮小、黄化。

被卷叶病毒感染的植株结的块茎比健康植株个头小,数量少,有可能使块茎尾部薯肉发生褐色色变,首先是在脐部,薯肉由浅褐色变暗褐色,维管束组织细胞有选择的死亡。把块茎切开,薯肉有浅褐色网纹,称为网状坏死。网状坏死可以在田间和进库后几个月继续发展。

受卷叶病毒侵染能使产量下降 40%～70%。

### 5. 纺锤块茎类病毒(PSTV)

【病症识别】　感病植株在开花前,茎叶症状很少出现,当有症状时茎和花梗变得细长,挺直,嫩叶上卷成凹槽形,顶端小叶重叠,称为束顶,开始矮化。

用感病块茎种植,长出的幼芽生长发育缓慢,茎直立、分枝较少;叶色灰绿,顶部竖立,叶缘波状或向上卷,叶片与茎成锐角,小叶扭曲,叶面皱缩不平,叶表粗糙。

病株结的块茎变长,顶端变尖,呈纺锤形,横断面为圆形。芽眼数增加,芽眼呈眉状,有的薯皮龟裂,严重畸形。红皮或紫皮品种,感病后褪色。病轻者减产 15%～25%,重型植株引起严重症状,减产可达 65%。

### 6. 病毒病传播途径

以上病毒病的传播方式基本相似。

(1)靠昆虫传播　Y 病毒和 A 病毒等靠刺吸式口器昆虫传毒,如蚜虫,特别是桃蚜,传毒最严重。Y 病毒和 A 病毒为非持久性病毒,蚜虫刺了带毒植株马上刺健株,几秒钟就能把毒传过去,而且传完之后,蚜虫口中不再有毒;而卷叶病毒为持久性病毒,蚜虫刺了带病植株后,口中带了病毒,病毒进入肠道由淋巴送入唾液,病毒在蚜虫体内繁殖,经 1 个多小时后,才有传毒能力,一旦带毒,可持续很长时间,跨龄或终生带毒。另一种靠咀嚼式口器的昆虫传毒,如 X 病毒和类病毒(纺锤块茎)。

(2)植株的汁液传播  带毒植株和健株相互摩擦,风、动物和人的田间活动,机械田间作业,也可以把病株汁液传给健株,使健株感病。

(3)种薯带毒传播  种植带毒种薯,就传给下一代的植株和块茎。

(4)靠花粉和实生种子传毒  如类病毒。

(5)靠真菌病菌带毒传播  如 X 病毒。

### 7. 病毒病防治方法

(1)大力推广普及脱毒种薯  茎尖脱毒是把带病毒植株体内的病毒脱掉成为脱毒(无毒)种薯供生产者应用。播种时应使用健康种薯(在第九章中已做了介绍)。

(2)使用抗病毒品种  马铃薯栽培种中有对病毒有抗性的,可不受或少受病毒侵害,育种家也不断育出抗病毒品种,这些品种可供种植者选用。

(3)灭蚜、杀虫消灭传毒媒介  马铃薯种植田,特别是马铃薯繁种田,一定要采取各种有效办法及时消灭蚜虫和其他害虫,消灭传毒媒介,堵塞各种传毒渠道。如喷施杀虫剂,在土壤中施用内吸性杀虫剂等,用黄板诱杀蚜虫等办法(详见本章虫害的防治)。

(4)及时拔除病株  做到最大限度地减少毒源,特别是在种薯田必须做到。

(5)种薯田必须搞好隔离  与普通马铃薯大田、茄科作物隔离500 米以上,防止迁飞的蚜虫传毒。

## 二、马铃薯主要虫害的防治

马铃薯从播种到收获，在整个生长过程中，有许多害虫对它进行危害。由于害虫的危害，使马铃薯地下部分和地上部分的组织受到损害，影响正常的生长，甚至造成死亡。特别是它的块茎生长在地下，有许多害虫喜欢吃，把它咬成孔洞，影响品质，降低它的使用价值。不仅如此，这些害虫在咬伤组织的同时，还带来病害，或为病害入侵提供方便。所以，搞好虫害的防治工作，是实现马铃薯丰产丰收的重要保障。

### （一）地下害虫

**1. 蝼蛄** 也叫拉拉蛄、土狗子（图35），为直翅目害虫。蝼蛄的成虫（翅已长全的）、若虫（翅未长全的）都对马铃薯形成危害。

它用口器和前边的大爪子（前足）把马铃薯的地下茎或根撕成乱丝状，使地上部萎蔫或死亡，也有时咬食芽块，使萌芽不能生长，造成缺苗。它在土中串掘隧道，使幼根与土壤分离，透风，造成失水，影响幼苗生长，甚至死亡。它在秋季咬食块茎，使其形成孔洞，或使

图 35 蝼 蛄

其易感染腐烂菌造成腐烂。

蝼蛄的成虫和若虫，都是在地下随地温的变化而上下活动的。越冬时下潜 1.2～1.6 米筑洞休眠。春天，地温上升，又上到 10 厘米深的耕作层危害。白天在地下，夜间到地面活动。夏季气温高

时下到 20 厘米左右深的地方活动,秋天又上到耕作层危害。一般有机质较多、盐碱较轻地里的蝼蛄危害猖獗。

**2. 蛴螬**　也叫地蚕,是金龟子的幼虫(图 36),为鞘翅目害虫。在马铃薯田中,它主要危害地下嫩根、地下茎和块茎,进行咬食和钻蛀,断口整齐,使地上茎营养水分供应不上而枯死。块茎被钻蛀后,导致品质丧失或引起腐烂。成虫(金龟子)还会飞到植株上,咬食叶片。金龟子有几种,大黑鳃金龟子、暗黑鳃金龟子、黄褐金龟子、铜绿金龟子等。

成虫大黑金龟子

幼虫

**图 36　蛴螬**

蛴螬幼虫及成虫都能越冬,在土中上下垂直活动。成虫在地下 40 厘米以下、幼虫在 90 厘米以下越冬,春季再上升到 10 厘米左右深的耕作层。它喜欢有机质,喜欢在骡马粪中生活。成虫夜间活动,白天潜藏于土中。幼虫有 3 对胸足,体肥胖,多皱纹,乳白色,头部浅黄褐色,常卷缩成马蹄形,并有假死性。

**3. 金针虫**　也叫铁丝虫,是叩头甲的幼虫(图 37)。是鞘翅目害虫。金针虫分为细胸金针虫、沟金针虫和宽背金针虫 3 种,在我国各地均有分布和危害。幼虫春季钻蛀芽块、根和地下茎,稍粗的根或茎虽很少被咬断,但会使幼苗逐渐萎蔫或枯死。秋季幼虫钻入块茎,在薯肉内形成一个孔道,降低了块茎的品质,有的还会引起腐烂。

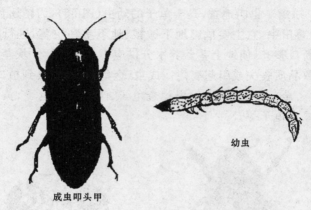

幼虫

成虫叩头甲

**图37 金 针 虫**

金针虫的成虫和幼虫,均可钻入土里 60 厘米以下的地方越冬,钻入时留有虫洞,春季再由虫洞上升到耕作层。夏季地温超过 17℃时,它便逐渐下移;秋季地表温度下降后,又进入耕作层危害。幼虫初孵化出来时为白色,随着生长变为黄色,有光泽,体硬,长 2～3 厘米,细长。

**4. 地老虎** 也叫土蚕、切根虫(图38),是鳞翅目害虫。以幼虫为害。成虫是一种夜蛾,分小地老虎和黄地老虎、大地老虎等三种。在华北地区每年发生 3～4 代,东北地区每年发生 2～3 代,均以第一代危害最重。东北地区第一代是 5 月下旬至 6 月上旬、华北地区是在 6 月中下旬发生。成虫有趋黑光性和趋糖醋性。成虫产卵,小地老虎产在小旋花、刺菜、灰菜等杂草的叶背面和土块、枯草上,而黄地老虎一般产在地表的枯枝、落叶、根茬及离地面 1～3 厘米的植物叶片上。地老虎幼虫主要危害马铃薯等作物的幼苗,在贴近地面的地方把幼苗咬断,使整棵苗子死掉,并常把咬断的苗拖进虫洞。幼虫低龄时,也咬食嫩叶,使叶片出现缺刻和孔洞。它也会在地下咬食块茎,咬出的孔洞比蛴螬咬的要小一些。

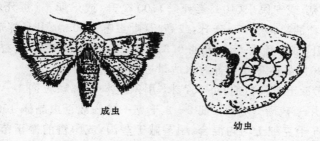

成虫

幼虫

**图 38　地老虎**

地老虎的幼虫,是黄褐色、暗褐色或黑褐色的肉虫,一般长3～4厘米。小地老虎喜欢阴湿环境,在田间覆盖度大、杂草多、地湿大的地方虫量大;黄地老虎喜欢干旱环境,对湿度要求不高,夏季怕热。它们的成虫都有趋光性和趋糖蜜性。

**5. 地下害虫防治**　上述几种地下害虫各不相同,但又有相同之处。它们都在地下活动,所以防治方法大体一致。

**(1)秋季深翻地深耙地**　破坏它们的越冬环境,冻死准备越冬的大量幼虫、蛹和成虫,减少越冬数量,减轻翌年危害。

**(2)清洁田园**　清除田间、田埂、地头、地边和水沟边等处的杂草和杂物,并带出地外处理,以减少幼虫和虫卵数量。

**(3)诱杀成虫**　利用糖蜜诱杀器和黑光灯、鲜马粪堆、草把等,分别对有趋光性、趋糖蜜性、趋马粪性的成虫进行诱杀,可以减少成虫产卵,降低幼虫数量。

**(4)药剂防治**　药剂防治使用的农药必须是高效、低毒、低残留的杀虫剂,而且不能使用国家明令禁用的农药,确保所生产的块茎达到无公害标准,保证食品安全。

①芽块包衣:每1 000千克芽块用噻虫嗪70%可分散性种子处理剂100克,对12～15千克滑石粉,混合均匀后,拌在刚切完的

芽块上，使每个芽块都沾上药粉。

②播种沟喷施：每 667 米² 用噻虫嗪 70％可分散性种子处理剂 20 克，或安民乐（40％毒死蜱）100 毫升，或乐斯本（毒死蜱 480 克/升乳油）100～150 毫升，或高巧（吡虫啉）600 克/升悬浮剂 40～60 毫升，或辛硫磷 50％乳油 0.3％浓度的溶液 25 毫升左右，或敌百虫 90％晶体 100 克等对水适量进行播种沟喷施。

③毒土或颗粒剂：每 667 米² 用乐斯本 15％颗粒剂 1～1.5 千克，或用辛硫磷 3％颗粒剂 2～3 千克＋90％敌百虫晶体 100 克与 10～15 千克细土均匀混合，顺垄撒于垄沟，或中耕前撒于苗根部，毒杀害虫。

④灌根：在苗期可以用辛硫磷 50％乳油 1 000～1 500 倍液灌根，毒杀害虫。

⑤毒饵：如果面积小可用敌百虫或辛硫磷拌在新鲜碎草、菜叶上或炒过的麻饼、菜籽饼上，夜间分散一小堆一小堆放在地里，诱杀害虫。

⑥全田喷杀虫剂杀死成虫，减少产卵：夏季结合灭蚜等喷施溴氰菊酯（虫赛死、敌杀死等）、丁硫克百威（好年冬、安棉特）、阿克泰（噻虫嗪）、乐斯本（毒死蜱）、功夫（氯氟氰菊酯）、艾美乐（吡虫啉）等，同时杀死地下害虫的成虫，如金龟子，扣头虫等。

## （二）蚜　虫

蚜虫，也叫腻虫（图 39）。为同翅目害虫。可直接危害马铃薯的蚜虫的种类很多。

【危害与习性】　蚜虫对马铃薯的危害有两种情况。第一种是直接危害。蚜虫群居在叶片背面和幼嫩的顶部取食，刺伤叶片吸取汁液，同时排泄出一种黏物，堵塞气孔，使叶片皱缩变形，幼嫩部分生长受到妨碍，可直接影响产量。第二种是在取食过程中，把病毒传给健康植株（主要是桃蚜所为），不仅引起病毒病，造成退化现

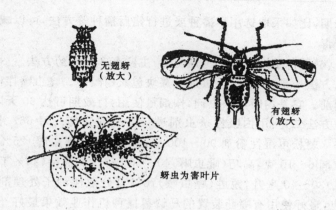

图39 蚜 虫

象,还使病毒在田间扩散,使更多植株发生退化。这种危害比第一种危害造成的损失更为严重。

蚜虫有迁飞的习性。蚜虫分为无翅蚜和有翅蚜。有翅蚜可随风飞出很远的距离。它的降落是有选择性的,喜欢落在黄色和绿色物体上,特别是黄色物体可以吸引它降落。多风和风速大,能阻止它的起飞和降落。银灰色和乳白色对它有驱避作用。

【防治方法】 一般农民种植商品薯,对蚜虫防治都不太注意,认为蚜虫的危害并不太严重。可是种薯生产就必须搞好对蚜虫的防治,不然生产出的种薯都会带有病毒,会使翌年种植的商品薯因田间退化而减产。

(1)选好种薯田地点 根据蚜虫的习性,选择高海拔的冷凉区域,或风多风大的地方做种薯生产田,使蚜虫不易降落,减少传毒机会。

(2)种薯田要远离有病毒马铃薯田 把种薯生产田建在与有病毒马铃薯田距离300～500米远的地方,以免蚜虫短距离迁飞传毒。

(3)躲过蚜虫迁飞高峰期 掌握蚜虫迁飞规律,躲过蚜虫迁入高峰期,比如采取选用早播种或进行错后播种等方法,可以减轻蚜虫传毒。

(4)药剂防治　采用药剂防治,主要有 3 种施药方法。

方法一是:用内吸杀虫剂给芽块包衣(拌种)。噻虫嗪拌种,方法同前。它是内吸性杀虫剂,按剂量使用,持效期可达 60 天以上。

方法二是:用内吸性杀虫剂进行沟喷或穴施。每 667 米$^2$用 70%灭蚜松可湿性粉剂 90～100 克,或阿克泰(噻虫嗪)25%水分散粒剂 6～10 克,高巧(吡虫啉)40～60 毫升,安棉特(20%丁硫克百威)30～40 毫升,锐胜(噻虫嗪)70%可分散性种子处理剂15～20 克,最好使用有喷药装置的马铃薯播种机作业效果最好。出苗后因内吸作用,植株上存有杀虫有效成分,可杀死蚜虫,持效期可达 60 天以上。

方法三是:在马铃薯生长期,也是蚜虫比较活跃的时期,用触杀、熏蒸、胃毒等击倒力强的速效杀虫剂进行田间喷雾:每 667 米$^2$用溴氰菊酯(虫赛死、敌杀死)35～50 毫升,或毒死蜱(乐斯本)40～80 毫升,或氯氟氰菊酯 2.5%水乳剂 25～50 毫升,或 20%甲氰菊酯(阿托力)50 毫升等。还可以用内吸杀虫剂,如阿克泰(噻虫嗪)667 米$^2$用 6～10 克;艾美乐(吡虫啉)每 667 米$^2$用 10 克;20%丁硫克百威乳油每 667 米$^2$用 30～40 毫升等进行植株喷雾。使用这些农药,不仅可杀死蚜虫,其他害虫,如斑蝥、瓢虫、扣头甲、金龟子、椿象、跳蝉等都能被杀死。

## (三)马铃薯瓢虫

马铃薯瓢虫,又叫二十八星瓢虫、花大姐等(图 40)。是鞘翅目害虫。除危害马铃薯外,还危害其他茄科或豆科植物,如茄子、番茄及菜豆等。

【危害与习性】　马铃薯瓢虫的成虫、幼虫都能危害,它们聚集在叶片背面咬食叶肉,最后只剩下叶脉,形成网状,使叶片和植株

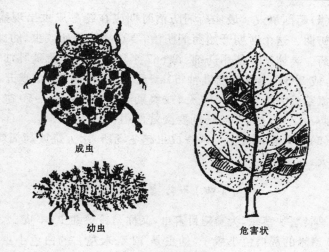

成虫

幼虫

危害状

**图 40　马铃薯瓢虫**

干枯呈黄褐色。这种害虫大发生时,会导致全田薯苗干枯,远看田里一片红褐色。危害轻的可减产 10% 左右,重的可减产 30% 以上。一般在山区和半山区,特别是在有石质山的地方危害较重,因为马铃薯瓢虫多在背风向阳的石缝中以成虫聚集在一起越冬。如遇冬暖,成虫越冬成活率高,容易出现严重危害。如果冬天寒冷干燥,成虫越冬成活率则低;如果成虫产卵后天气炎热干燥,孵化成活率也低。一般夏秋之交,瓢虫危害严重。此时成虫、幼虫(刺狗子)和卵同时出现,世代重叠,很难防治。

【防治方法】

(1)防治重点区域　有暖冬、石质山较多的深山区和半山区,距荒山坡较近的马铃薯田。

(2)防治指标　调查 100 棵马铃薯,有 30 头成虫,或每 100 棵有卵 100 粒,就必须进行药剂防治。

(3)防治时期　在越冬成虫出现盛期和产卵初期,开始进行药剂防治,并要进行连续防治。

（4）药剂杀灭　最佳药剂防治时期应在越冬成虫出现盛期和产卵初期。这个时期开始药剂防治,要选择能杀死成虫、幼虫和卵的农药。具体建议使用药剂:每 667 米² 用 50％辛硫磷乳油 1 000 倍液,或 2.5％溴氰菊酯乳油 50 毫升,或甲氰菊酯 50 毫升,或高效氯氰菊酯乳油 30～40 毫升,或氯氟氰菊酯乳油 25～50 毫升等。连续防治 2～3 次,并且药剂要交替使用。

（5）消灭越冬成虫　调查成虫越冬场所,用火烧或药剂就地清巢消灭。

## （四）马铃薯块茎蛾

马铃薯块茎蛾,为鳞翅目害虫,又称马铃薯蛀虫、串皮虫。成虫是 10 毫米的灰褐色小蛾子,幼虫是 12 毫米左右的白色小虫,有的身上带有绿色或红色条纹。多在温暖、干旱地区发生,在我国的甘肃、四川、云南、广西、陕西、湖北、湖南等地有分布,在东北、华北、华东、东南沿海等地没有发生,该害虫是我国国内的检疫对象。

【危害与习性】　块茎蛾以幼虫危害,它可以蛀食马铃薯的茎、叶和块茎,幼虫进入叶片只食上下表皮中间的叶肉,在叶中出现一条虫道,随着幼虫长大,虫道变宽,慢慢连成一片,呈半透明状,使叶片受损,失去作用,虫粪排在虫道一边。幼虫会吐丝下坠,借风力转移相邻植株为害,还能用丝把两个受害叶片连在一起。成虫卵多产在块茎芽眼、破皮和裂缝处。卵孵化后,幼虫吐丝结网蛀入块茎内部,形成隧道,可见洞口处有虫粪。严重时块茎被蛀空、表皮皱缩,或引起腐烂。

【防治方法】

（1）在疫区要消灭虫源,防止成虫产卵　种薯库熏蒸:在种薯入库前每立方米用敌敌畏 1 毫升或二硫化碳 7.5 克,或溴甲烷 35 克,熏蒸三个小时,杀死库中成虫。田间厚培土,不让块茎露出地面,及时浇水,不让土壤出现裂缝,阻止成虫往块茎上产卵。收获后不使块茎在田间过夜,防止夜间成虫往块茎上产卵。

(2)药剂防治 在成虫盛发时,结合防治蚜虫,使用对鳞翅目有杀灭作用的农药。如高效氯氟氰菊酯乳油,每 667 米² 用20～40 毫升,溴氰菊酯 20～30 毫升,5％氟虫腈悬乳剂 20～60 毫升等,任选其一,稀释后喷施。

(3)检疫 非疫区严禁从疫区调运种薯,如必须调运时,一定严格进行检疫和块茎的必要处理。

# 三、马铃薯草害的化学防治

马铃薯田间杂草是指生长在马铃薯田中,危害马铃薯生长的非马铃薯的植物。它们具有适应能力强、传播途径广、种子寿命长,繁殖方式多样、出苗时间不定,结籽多,种子成熟早晚不一等特点。在田间与马铃薯争肥、争水、争光照、争空间,并成为传播病虫害的中间寄主,从而降低马铃薯的产量和品质,收获时还妨碍收获,给马铃薯生产造成损失。所以,称之为草害。

小面积种植时,通过翻、耙、耥、耥等农艺措施和人工拔除等办法,就可以解决杂草为害的问题,但随着马铃薯种植面积的不断扩大,特别是大型农场现代化种植,为马铃薯田杂草的防除技术提出了更高、更迫切的要求,所以越来越凸显出化学药剂除草在马铃薯生产中的重要位置。由于化学除草有高效、彻底、省工、省时,且便于大面积机械化操作的优点,因此化学除草已成为马铃薯现代化栽培的主要内容之一。

## (一)马铃薯田主要杂草种类

### 1. 按植物系统分

单子叶——杂草种子胚有 1 个子叶,叶片窄而长,叶脉平行,无叶柄。主要有禾本科、莎草科。

双子叶(阔叶)——杂草种子胚有 2 个子叶,草本或木本,网状叶脉,叶片宽,有叶柄。其中有菊科、十字花科、藜科、蓼科、苋科、唇形科、旋花科等。

**2. 按生活类型分**

寄生型杂草——自己没有有机物合成能力,靠寄生提供营养维持生存。如列当、菟丝子等。

自生型杂草——自己进行光合作用,合成有机质,为自己生存提供营养。其中有多年生、2 年生、1 年生等种类。

### (二)马铃薯田除草剂使用方法

马铃薯田除草剂的使用方法有 2 种。

**1. 土壤处理**　使用封闭性除草剂,可以在播种前进行,也有的在播后出苗前进行。这类除草剂,通过杂草的根、芽鞘或胚轴等部位吸收药剂有效成分后进入杂草体内,在生长点或其他功能组织部位起作用杀死杂草,如氟乐灵、乙草胺、异丙甲草胺等。

**2. 茎叶处理**　有两种剂型可使用,一种是灭生性的,对所有杂草都有杀灭作用。在杂草已出苗,而马铃薯没出苗时进行杂草茎叶喷雾,通过茎、叶、芽鞘及根部吸收,抑制杂草生长,使杂草死亡。如百草枯、草甘膦等。另一种是选择性的,对不同植物有选择性,能杀死杀伤某些杂草,而对马铃薯无害。在马铃薯和杂草共生时期喷施除草剂,杀草保苗,如喹禾灵、精吡氟禾草灵等。

### (三)化学除草剂的具体使用技术

**1. 播后苗前封闭杀灭**

(1)乙草胺(禾耐斯)　是酰胺类除草剂,可防除一年生禾本科杂草及小粒种子的阔叶草。用量:每 667 米$^2$,50%乙草胺乳油用 150～200 毫升,或 90%乙草胺乳油 90～120 毫升。

(2)异丙甲草胺(金都尔)　酰胺类除草剂,可防除一年生禾本

科杂草和部分阔叶草、莎草。用量:96％异丙甲草胺乳油,每 667 米$^2$
用 40～80 毫升,持效期 40～60 天。喷药时土壤湿度应大些、效果
好。

**(3)氟乐灵(氟特力)** 二硝基苯胺类除草剂,是最早在马铃薯
上应用的除草剂。对一年生禾本科杂草和小粒种子的阔叶草有杀
灭作用。用量:48％氟乐灵乳油 100～130 毫升/667 米$^2$。易挥
发、易光解降效,喷施后应与土混合,保持药效。对下茬谷子、高粱
生长有影响。

**(4)二甲戊乐灵(除草通、杀草通、施田补)** 二甲戊灵是二硝
基苯胺类除草剂。为防除多种一年生禾本科杂草和阔叶杂草的广
谱土壤封闭除草剂。每 667 米$^2$ 用 33％二甲戊灵乳油 300～400
毫升。要根据土壤有机质含量高低具体确定用量。有机质含量高
的适当增加用量。

**(5)嗪草酮(赛克、赛克津)** 嗪草酮为三氮苯类除草剂。是防
除一年生阔叶杂草的土壤处理剂。用量:70％嗪草酮可湿性粉剂,
45～100 克/667 米$^2$。用量应随土壤有机质含量增加而增加。应
注意的是:在沙土或土壤有机质低于 2％的土壤,及 pH 值大于或
等于 7.5 的土壤,前茬玉米地用过阿特拉津的地块不宜使用赛克
进行除草。

**(6)地乐胺(双丁乐灵)** 属二硝基苯胺类除草剂。防除一年
生禾本科杂草及部分阔叶草,对寄生性杂草菟丝子有防效。用量:
48％地乐胺乳油 150～200 毫升/667 米$^2$(可参照大豆始花期用
100～200 倍液喷雾,防除菟丝子小心试用)。

**(7)异丙草胺(普乐宝)** 异丙草胺属酰胺类除草剂,为内吸传
导型除草剂。防除一年生禾本科杂草及小粒种子的阔叶草。不仅
用于马铃薯田除草,在大豆、玉米、甜菜、向日葵、洋葱等作物都可
使用。剂型有 72％乳油、50％可湿性粉剂。推荐用量:每 667 米$^2$
用 72％乳油 100～200 毫升。土壤有机质含量越高用量应越大,

含有机质 3‰以下的沙土用 100 毫升/667 米²;有机质含量在 3‰以上的壤土可用到 180 毫升/667 米² 以上。

(8) 噁草酮(农思它)　噁草酮属环状亚胺类选择性触杀型芽期除草剂。可防除一年生禾本科杂草及阔叶草。主要用于播后苗前土壤处理,杂草幼芽接触吸收药剂则死亡。用量:25％噁草酮乳油,每 667 米² 用 120～150 毫升。

(9) 田普(二甲戊灵)　为二硝基苯胺类除草剂。杀草谱广,防除一年生禾本科杂草及阔叶草。剂型是 45％微胶囊剂,属旱田苗前封闭性除草剂,施药后在土表形成 2～3 厘米药层,杀灭杂草。同时对作物安全,不伤根,不挥发,不易光解,持效期 45～60 天。用量:灰灰菜较多的地块 110 毫升/667 米²。如果草多、土壤黏重、有机质高于 2％、或要求持效期长些,可适当增加用量。

**2. 播后苗前对杂草茎叶喷雾杀灭**

在土壤湿度适合,气温相对较高的情况下,往往在马铃薯没出苗前,各种杂草已出,可采用灭生性除草剂对杂草进行茎叶喷雾杀灭。

(1) 百草枯(克芜踪、对草快)　百草枯属联吡啶类除草剂。是速效触杀型药剂,用于茎叶处理,发挥作用快,只杀绿色部分,不损伤根部,施用时最好在下午或傍晚,使农药推迟见光时间,可提高防治效果。用量:20％百草枯水剂,每 667 米² 用 200～300 毫升。

(2) 草甘膦(农达、农民乐、达利农)　草甘膦属有机磷类除草剂。有内吸传导广谱灭生性作用,能在植物体内迅速向分生组织传导。高效、低毒、低残留,易分解,对环境安全。用量:10％草甘膦水剂,每 667 米² 用 500～750 毫升对水喷雾。

**3. 马铃薯及杂草出苗后茎叶喷雾杀灭**

(1) 精吡氟禾草灵(精稳杀得)　精吡氟禾草灵属芳氧苯氧丙酸类内吸传导型茎叶处理剂。在一年生或多年生禾本科杂草 3～5 叶期,进行茎叶喷雾杀灭。用量:每 667 米² 用 15％精吡氟禾草灵乳油 50～100 毫升。高温干旱或杂草苗大时,适当增加用药量,对马铃薯安全,施药后 2～3 小时下雨,不影响效果。

**(2)精喹禾灵(精禾草克)** 精喹禾灵属芳氧苯氧丙酸类。内吸传导型茎叶处理剂。可杀灭一年生禾本科杂草,在杂草苗 2～5 叶时,进行茎叶喷雾。用量:5%精喹禾灵乳油 50～80 毫升/667 米²。如果用到 80 毫升/667 米²,对多年生禾本科杂草和大龄一年生禾本科杂草有防效。

**(3)高效吡氟乙禾灵(高效盖草能)** 高效吡氟乙禾灵属芳氧苯氧乙酸类。内吸传导型茎叶处理剂。可杀灭一年生和多年生禾本科杂草,对芦苇等防效较好,对马铃薯安全。在杂草 3～5 叶期喷施。用量:12.8%高效吡氟乙禾灵 35～50 毫升/667 米²。杀灭芦苇应加大药量,用到 60～90 毫升/667 米²。

**(4)精噁唑禾草灵(威霸)** 精噁唑禾草灵属芳氧苯氧乙酸类传导型茎叶处理剂。杀灭一年生和多年生禾本科杂草,在杂草 2～4 叶时茎叶喷雾。用量:6.9%精噁唑禾草灵乳油 50～60 毫升/667 米²。

**(5)烯草酮(收乐通)** 烯草酮属环己烯酮类内吸传导型苗后选择性茎叶处理剂,可杀灭一年生和多年生禾本科杂草。用量:12%烯草酮乳油 35～40 毫升/667 米²,若草龄较大可用 60～80 毫升/667 米²。

**(6)砜嘧磺隆(宝成)** 砜嘧磺隆属磺酰脲类除草剂,具内吸传导作用,可做播后苗前土壤封闭和苗后杀灭杂草使用,对一年生禾本科杂草、部分阔叶草及多年生莎草都有防效。茎叶处理时在禾本科杂草 2～4 个叶前喷药,阔叶草在 5 厘米高之前效果好。用量:每 667 米²25%砜嘧磺隆干悬浮剂 5～6 克,加水 26～30 升,在无风天进行田间喷雾。配药时先配成母液再加入喷药罐,同时加入 0.2%的表面活性剂,最好是中性洗衣粉或洗涤剂。据报道,油菜和亚麻对宝成敏感,所以施用过砜嘧磺隆的地块翌年不种油菜或亚麻。另外,据观察,在天气炎热时施用砜嘧磺隆马铃薯叶片会出现如花叶病似的斑驳,几天后才能恢复。

近年国内农药生产厂家根据农民的需求,试配了许多复合型除草剂,禾阔兼治,如顶秧、薯来宝等,马铃薯种植者都可以通过试用后,确实高效安全的就可以大面积使用。

**4. 长残留除草剂对后茬马铃薯的影响**　马铃薯对除草剂比较敏感,上茬施用除草剂,往往因长残留对下茬马铃薯产生影响,因中毒使植株萎缩,造成严重减产,所以马铃薯种植者在选地时必须了解清楚上茬是否施过除草剂,用的什么除草剂,对下茬马铃薯是否有危害,再做决定。用作倒茬的土地,种植其他作物,使用除草剂时,也一定控制不用对下茬马铃薯有危害的除草剂。

都有哪些除草剂对马铃薯下茬有碍生长,其安全隔离时间是多少?据王亚洲研究结果,列在表9中,供读者参考。

表9　施用除草剂下茬种植马铃薯安全隔离期表

| 除草剂名称 | 异名 | 每667米² 用量(克、毫升) | 安全隔离期(月) |
|---|---|---|---|
| 5%咪草烟水剂 | 普施特、普杀特、豆草唑 | 100 | 36 |
| 20%氯嘧磺隆可湿性粉剂 | 豆磺隆、豆威、豆草隆 | 5 | 40 |
| 48%异噁草酮乳油 | 广灭灵、豆草灵 | 100 | 9 |
| 25%氟磺胺草醚水剂 | 虎威、除豆莠、北极星 | 100 | 24 |
| 38%莠去津悬浮剂 | 阿特拉津、盖萨普林 | 350 | 24 |
| 10%甲磺隆可湿性粉剂 | 合力、甲氧嗪磺隆 | 5 | 34 |
| 20%氯磺隆可湿性粉剂 | 绿磺隆 | 5 | 24 |
| 50%二氯喹啉酸可湿性粉剂 | 快杀稗、杀稗特、神锄、克稗灵、杀稗灵、稗草亡 | 15～24 | 24 |
| 4%烟嘧磺隆浓乳剂 | 玉农乐 | 10 | 18 |
| 70%嗪草酮可湿性粉剂 | 赛克、赛克津、立克除、甲草嗪 | 33～66 | 0 |

# 第十二章  马铃薯的科学贮藏

随着人们对马铃薯营养价值认识的提高,以及马铃薯加工业的兴起,马铃薯市场发生了很大的变化。这种变化不仅使马铃薯种植面积扩大了,增加了供应量,同时也使马铃薯的冬贮数量比以前增加了很多。但是,由于受贮藏设施、贮藏方法、管理技术的局限,马铃薯贮藏的效果千差万别。因为不同用途的块茎,对贮藏条件有不同的要求,所以要达到贮藏目的,就必须科学贮藏,科学管理,避免贮藏病害的发生,才能收到预期的效果。

我国北方是马铃薯贮藏的重点区域,种植面积大,贮藏数量多,贮藏时间长,也积累了不少经验。从贮藏窖的建造技术以及贮藏方法等方面看,马铃薯贮藏水平正在不断提高。虽然都是土窖贮藏,没有强制调节温、湿度的设施,可是大部分都能保持2℃～4℃的窖温,85%～95%的湿度。从9月份入窖到翌年4月份出窖,能保持块茎新鲜不出芽。有60%以上的马铃薯贮藏农户损耗在10%以下,最好的农户损耗不超过5%。这说明许多农民已掌握了马铃薯贮藏的规律,贮藏技术已达到了一定的水平。近年由于科学技术水平的提高和经济基础增强,一些人花了较大的投资,在马铃薯产区也建起了部分大型、强制通风、人工控温控湿或自动控温的现代化、半现代化的保鲜薯窖或恒温薯窖,把马铃薯贮藏技术水平和贮藏效果提高了一大步。虽然设施有所改善,但仍有许多贮藏户无论是入窖前的块茎处理和入窖方法,还是贮藏期间的管理,都不太符合科学贮藏的要求。对此,应引起注意,尽快解决。

# 一、北方农村马铃薯贮藏中存在的问题

## (一)不分用途地混合贮藏

一些农户仍按过去的习惯,一家只有 1 个窖,食用薯、商品薯、种薯、加工薯等几种用途的块茎,或几个不同品种的马铃薯,都贮藏在这一个窖内。这不仅造成品种的混杂和病害的传播,影响种性,同时对食用薯品质和加工薯价值的保持也不利,因而直接影响农户的经济效益。在贮藏过程中,只有满足不同用途块茎对贮藏条件的不同要求,才能达到贮藏的预期目的。

## (二)不能保证块茎入窖质量

所说的入窖质量,就是要求入窖块茎个体完整,薯皮干燥、无腐烂及其他杂质等。可是秋收入窖时,农户图省事,不愿多用工,不经晾晒和挑选,使泥土与块茎混合,并将潮湿淋雨的薯块和冻、病、伤、烂的薯块一起入窖。入窖时将马铃薯从窖口向窖内倾倒,把薯摔伤,或人在薯堆上踩踏,造成薯块受伤等,严重影响了入窖质量。泥土多会造成湿度大,通气不畅,同时还带入各种病菌;特别是镰刀菌干腐病病菌,它是马铃薯贮藏的主要病害。病、烂薯块入窖,直接把大量病菌接种在薯堆内,成为窖内发病的菌源;伤薯易于使真菌和细菌侵入,会导致病害的扩大蔓延;湿度大不仅能满足病菌繁殖传染条件,促进病害发展,同时也易于造成块茎早期发芽,影响质量。

## (三)贮藏管理不当

许多农户有"自然管理"的习惯,即天冷封窖后,在贮藏期间不检查,不调整温度和湿度,不通风换气,以至在春季开窖时出现冻窖、烂窖、伤热、发芽和黑心等现象,造成重大经济损失。还有的只注意保温怕冻,一冬都不通气,薯块呼吸产生的大量二氧化碳气体得不到排除,使薯块的正常呼吸受到阻碍,芽子被窒息,以至影响出苗。甚至春季开窖后,也不通风换气,人就进入窖内,造成入窖人窒息的事故。

现代化和半现代化(土洋结合的)薯窖贮藏者,由于对马铃薯贮藏条件的要求了解不足,所以,入窖库存量太大,垛太高、垛得太紧通气空隙少而小,特别是对温、湿度掌握得不好,为贮藏病害发病创造了条件;春季窖温过高,使种薯出芽过早等,因而降低了贮藏质量。

### (四)贮藏窖建造不科学

有的选址不当,在地下水位高处建窖,造成窖内湿度大,甚至出水;或薯窖背阴,正对风口,容易出现冻窖。有的窖建造得太浅,顶部覆土薄,薯堆上部接近冻层,也易造成冻窖。还有的没有通风孔道,或通风孔道设置得不合理,因而无法调节窖内温、湿度,更无法通进新鲜空气,以至使所贮薯块受损害。

## 二、大力改进马铃薯贮藏技术

### (一)搞好田间管理,提高块茎耐贮能力

块茎入窖质量的高低,关系到马铃薯能否贮藏成功,而块茎耐贮能力的强弱,又对入窖质量有着直接的影响。块茎的耐贮能力,与种植管理密不可分,所以要保证贮藏质量,首先就要从夏秋田间管理抓起。可谓"贮藏病害田间防"。

**1. 搞好田间病害防治** 据研究成果,马铃薯贮藏病害在北方一季作区有 15 种,大部分都是生长季节,在田间发生,又由块茎带

入窖内的。所以,入窖块茎的病斑和烂薯是贮藏的最大隐患,而病薯和烂薯都来自田间。搞好夏季田间病害的防治,是减少块茎病斑和烂块的最有效办法。如果能及时认真有效地进行田间马铃薯病害的药剂防治,就可以大大降低病害感染率,入窖时就比较容易挑除病、烂薯,从而保证入窖马铃薯的质量。

据国外资料介绍,在新薯长到手指头大小时,在田间喷1次甲霜灵锰锌,两周后再喷一次,对防止块茎烂窖的效果非常好。在杀秧前5天,种薯田,每667米²用金力士9毫升+鸽哈60毫升进行田间喷施;商品薯田,每667米²用金纳海80克+鸽哈80毫升进行田间植株喷施。可有效杀灭疫病和干腐病在植株上的菌源,可降低病菌对地下块茎和贮藏期块茎的侵染,减少贮藏期烂薯。种薯田在杀秧后收获前,还要向田间地表喷施金纳海100毫升+鸽哈100毫升,进行土壤消毒,杀灭真菌、细菌,防止薯块伤口被侵染。也可以用可杀得、科博、泉程等铜制剂,效果也很好。

**2. 不过多施用氮肥**　近年来,一些农民乐于在马铃薯田里多施氮肥,而且用量越来越大,结果使茎叶疯长倒伏,影响光合作用,虽然薯块膨大速度快,但干物质积累少,皮嫩肉嫩,不耐贮藏。为解决这个问题,应大力推行施用氮、磷、钾配比复合肥料或马铃薯专用化肥,使茎叶生长与块茎生长相协调,增加干物质积累,增强耐贮能力。

**3. 提前杀秧促进薯皮老化**　薯皮老化程度是决定薯块是否耐贮的重要条件。薯皮嫩,则容易破皮,出现伤口,使病菌极易侵入,温湿度一旦适宜就会迅速引起腐烂,并扩大蔓延。所以,必须采取措施,使收获的块茎表皮老化,以增加它的保护和抗伤害能力。具体做法是在收获前10～15天,用木辊子或旧轮胎制成的轧秧器把秧子轧倒,使秧子受到创伤,这样营养能尽快输入块茎,加快薯皮木栓化速度;或用打秧机进行机械杀秧;或进行人工割秧;还可用灭生性除草剂进行药剂杀秧,如百草枯、立收谷、硫酸铜等进行植株喷施,把薯秧杀死,可起到同样作用。另外,就是适当晚收,即当薯秧被霜冻致死后,不要马上收获,过 10 天左右,等薯皮老化后再进行收获。这些科学的措施,对保证块茎入窖质量都有很大的作用。

## (二)入窖前进行薯窖清理和清毒

使用过的薯窖,避免不了要残存些薯块带来的土壤,残、烂、废薯等,这些东西上都会附着某种真菌或细菌,接触过薯块的墙壁、通风管道、通风沟、垫板等也会黏附着病原菌,使用过的上垛工具,如筐、篓、箱、杈子等或上垛机、输送带、运输斗车等都直接接触过上年存贮的薯块,肯定会受到污染,如果不经处理就使用,肯定会成为下次存贮块茎的菌源,所以必须认真进行清理和消毒灭菌。

首先是把薯窖地表的土和一些残存的杂物清理出窖外,窖内不留死角。同时,要运进新从山上或河滩取来的沙土,均匀铺垫到地面上。然后是对墙壁等全方位的消毒。可以使用 75％百菌清可湿性粉剂 500 倍液,对墙壁、地面、通风道喷雾消毒。也可以用百菌清烟剂熏蒸消毒,施药后密闭 36 小时以上,然后通风,也可用硫磺或甲醛溶液熏蒸。

## (三)不同用途的块茎要分窖贮藏

分窖贮藏,便于按不同用途进行相应的管理。要分品种、分级别、分用途单窖(室)贮藏。必须据此修建贮藏窖,或采用窑洞窖多建贮藏室。特别是以种薯生产为主的农户更应如此。这除了可以保证自己用种的级别和纯度外,对其他用户也是一种负责的态度。它对于保持信誉,稳定市场,具有积极的作用。

第一,种薯贮藏必须"一窖一品(种)一级",真正做到没有机械混杂,确保品种纯度和级别一致。同时,要注意贮藏的温度和湿度,使种薯既不受冻又不会提前发芽,并维持着微弱的呼吸。如果温度超过 5℃,湿度超过 95％,就容易出现伤热和发芽等问题,以至影响种薯的质量和播种出苗。但温度过低也不行,如果温度长时间在 0℃左右,这虽然不至于产生冻害,但可形成低温冷害,重的播种后造成芽块腐烂,轻的会导致芽子生长能力降低。最适宜温度应保持在 3℃～4℃之间,最适宜湿度应保持在 90％左右。

第二,食用薯及商品薯的贮藏条件,可以比种薯的贮藏条件宽松一些,只要做到不冻、不烂、不黑心、少损耗、保持新鲜即可。窖内温湿度按种薯贮藏标准调节就行了。

第三,加工薯,特别是油炸薯条、薯片用的原料薯,对贮藏条件要求比较严格。它们要求一定的薯形,干物质含量要高,还原糖含量要低,是专用的品种。因此,对它们必须分品种贮藏,并使贮藏温度不低于 7℃,最好是在 8℃～10℃,以使还原糖不增加,才能保证油炸颜色和炸出成品的质量。

### (四)搞好整理,保证块茎的入窖质量

块茎入窖质量的优劣与贮藏损耗量的大小相关。入窖前对薯块应进行认真整理,薯块入窖质量越高,则贮藏损耗越低。进行块茎挑选整理是保证入窖质量的关键。它的标准是"一干六无"。"一干",即薯皮干燥;"六无",是无病块、无腐烂、无伤口、无破皮、无冻块和无泥土杂物。为使薯皮干燥,在块茎收获出土后,应先将其在田间短时风干,装袋后,运回窖旁通风向阳处,码垛,垛高 1.8米左右,并用苫布等遮盖好,进行晾薯,避免强阳光直接照射。晾的时间长短要视块茎干湿的程度而决定,还要依据块茎的用途决定晾的程度。种用的可以晾到薯皮发绿,而食用和加工用的则不能晾绿,只需把表皮水分晾干即可。然后严格挑选,剔除病、烂、伤、冻块茎和泥土杂物。如果是种用的,还需要挑出畸形和非本品种的块茎。这种做法,实际起到预贮的作用。

现代化贮薯窖(库),在正式入窖贮藏前,要进行预贮。也就是

把新收获的块茎,垛在宽敞、通风良好的库房中,垛高 1.8 米左右,宽度 3～4 米,垛间留通风道,温度 15℃～20℃,放置 15～20 天。这样可使块茎充分后熟、使块茎附着水蒸发、薯皮干燥、加速薯皮木栓化、促进伤口愈合、使块茎呼吸由强转弱。在正式入窖前同样进行挑选整理。

有条件的地方,入窖前可给薯块喷洒杀菌防腐剂,如百菌清等。在有通风条件的窖内,马铃薯入窖后,可以马上用百菌清烟剂进行熏蒸,以进一步杀死附着在块茎表面的病菌。

## (五)加强管理,满足贮藏条件要求

窖内的温湿度和空气对贮藏成功与否至关重要。所以,贮藏管理工作的主要任务,就是通过调节和控制窖内温、湿度,搞好通风换气,增加窖内氧气的浓度,减少窖内二氧化碳的浓度,保证块茎正常呼吸,并带出呼吸时产生的热量,来防止贮藏病害的发生,防止块茎非正常失水、伤热、发芽等现象的发生,以降低损耗,保证块茎食用或种用的优良品质。应按贮藏的不同时期和天气变化情况,来控制和调节温度和湿度。原则是"既防冻又防热,既防干又防湿"。

块茎入库后,应先保证块茎伤口愈合的条件,也就是充足的空气和温度,以及适当的湿度。具体的湿度应维持在相对湿度 90%～95%,温度 12℃～18℃,保持 10～14 天,然后以每天降 0.5℃ 的速度,一直降至块茎不同用途要求的贮藏温度,保持到整个贮藏期。不同用途块茎的适宜贮藏温、湿度是:种薯和食用薯的贮藏温度是 3℃～4℃,加工用薯的贮藏温度是 7℃～10℃,二者的相对湿度都应保持在 90% 左右,湿度的安全范围是 80%～93%,湿度万万不能过大。加工品种的贮藏温度较高,块茎在度过休眠期后,容易发芽,影响质量。为防止块茎发芽,可以施用马铃薯抑芽剂,以达到保质保鲜的目的。但在种薯贮藏中切忌施用。

为了掌握窖内温湿度的变化情况,窖内要挂温度计和湿度计,定期检查,并做记载,发现问题及时处理。

### (六)药剂熏蒸,杀灭病菌,严防贮藏病害

有强制通风设施的薯窖,块茎入窖后,可以用百菌清烟雾剂进行熏蒸。具体方法:每立方米窖容(虚容),用百菌清有效成分0.3～0.4克,分两次施药,间隔7天1次。施药时点燃烟剂后,启动风机,窖内密闭,进行烟雾间歇内循环,密闭36～48小时后开启外循环。

据报道,在块茎入窖以后,用500克高锰酸钾对700克甲醛溶液,处理120米³窖容,进行熏蒸消毒杀菌,每月一次,可防止块茎腐烂和病害的蔓延。

### (七)改进贮藏窖,创造好环境

一些先进国家的马铃薯窖都是采用现代化保温材料建造的,容量大,机械化程度高,可自动测试和调节窖内、堆内的温度和湿度,能满足不同用途块茎的贮藏要求,贮藏效果十分理想。从我们的国情看,虽然目前还不能达到那样的水平,但在我们现有基础上改进贮藏窖的建造结构和设施,改善贮藏环境,还是可以办到的。

薯窖建造结构的改进,主要是增加自然通风换气设施,逐步利用强制通风换气设备。随着先进保温材料的应用,薯窖可由地下式改为半地下式或地上式。这样出入窖方便,可减少不必要的薯块损伤,又便于管理。具体改进做法如下:

第一,对普通窖,在窖底和窖壁挖1条宽20厘米、深20厘米的小通风道,用秸秆或枝柴盖上,然后再放薯块。这样,可以增加自然通风的效果(图41)。

第二,改单筒井窖为双筒井窖,加强窖内空气对流,使窖内空气新鲜,并便于调节温度和湿度(图42)。

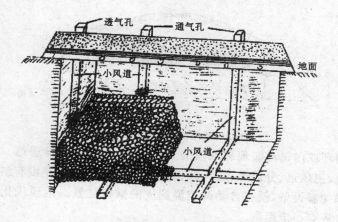

**图 41 普通窖加设小风道断面示意图**

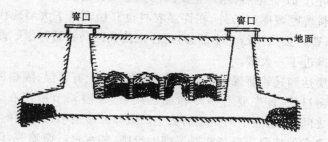

**图 42 双筒井窖断面示意图**

第三,改单门窑洞式窖为双门窑洞式窖,以增加窖内空气流通,并使块茎出入窖方便、安全(图 43)。

第四,根据窖内温湿度情况,用移动式中小型风机,不定期进行窖内强制通风,调节窖内的温度和湿度。

第五,建造现代化保鲜贮薯库,1994 年河北省围场满族蒙古族自治县农业局,参照美国现代化马铃薯贮藏窖的形式,建造了国内第一座可贮 2 500 吨种薯的半地下式土洋结合的种薯贮藏窖,采取人工调控的方法调节窖内温湿度,并通过风机和透气窗进行

**图43　双门窑洞式窖断面示意图**

外循环或内循环实现薯垛内的通风换气,贮藏效果很理想。虽有风机、主风道、分风道、透气窗、输送机、上垛机等,但是没有制冷设备和加温设备,没有自动调控温湿度的微机装置。距现代化保鲜薯窖还有一定距离。

进入21世纪后,除外企及国内大型马铃薯加工厂建造了现代化原料薯贮藏库(窖)外,在许多农村也开始建造了大型现代化贮藏库(窖),虽然只是一小部分,这样也使我国马铃薯科学贮藏水平向前推进了一大步。

要达到马铃薯现代化科学贮藏,除建筑上有保温、隔热材料和通风窗口外,首先要有制冷和加热设备,窖温调节范围在1℃～20℃之间,以适应不同用途的块茎贮藏和贮藏期不同阶段的需要。二是要有保持窖内空气相对湿度的设施,如水帘或微喷等,以保证保鲜环境相对湿度达到85％～95％的要求,而且不能忽高忽低。三是通风换气系统,有风机、主风道、地下分风道或通风管道,通过强制通风,使窖内、垛内空气循环流动,必要时通过外循环更换大气中的新鲜空气,保证窖内氧气的含量,换走二氧化碳,使垛内降温,带走多余的热量和水分等。四是有配套的机械设备,如带有传送装置的运输斗车、电动传输带、上垛机、叉车等。五是有一套科学的管理规程,包括温湿度调控、通风的调控、消灭病原、消灭虫害、抑制发芽、种薯出窖前催芽等物理方法或化学方法的科学措施。

# 三、马铃薯抑芽剂（氯苯胺灵）在商品薯、加工薯贮藏中的应用

根据马铃薯的休眠特性，自然度过休眠期后，它就具备了发芽条件，特别是温度条件在5℃以上就可以发芽，而且在超过5℃的条件下，长时间贮藏更有利于它度过休眠期。然而，加工用薯的贮藏，又需要7℃～10℃的窖温，搞不好就会有大量块茎发芽，影响块茎品质，降低使用价值。国外油炸马铃薯加工业兴起得较早，在原料贮藏上积累了很多经验。为了解决高温贮藏和块茎发芽的矛盾，他们在40年前就应用了"马铃薯抑芽剂"（氯苯胺灵），效果十分理想。1992年笔者与美国奥托凯姆·戴科公司驻中国办事处合作，在河北省围场满族蒙古族自治县为该公司搞了"抑芽剂在马铃薯块茎贮藏中使用效果试验"并提交了试验报告，在农业部药检所进行了登记，从此这种高效、低毒、低残留的马铃薯抑芽剂（氯苯胺灵）开始在国内进行推广使用。其使用效果目前已得到用户的公认。

马铃薯抑芽剂，通用名为氯苯胺灵（也称CIPC），化学名是3-氯苯胺基甲酸异丙酯，属于芳香胺基甲酸酯类植物生长调节剂，是世界上最广泛使用的马铃薯化学抑芽保鲜剂。它可以强制马铃薯休眠，限制块茎出芽，延长马铃薯贮藏保鲜期。使用得当和适宜的薯窖湿度，可使块茎贮藏至翌年收获期也不发芽，保证了加工用和菜用马铃薯块茎的品质，降低了贮藏过程中的损失。

## （一）抑芽剂（氯苯胺灵）的剂型

马铃薯抑芽剂（氯苯胺灵）的剂型有两种：一种是粉剂，为淡黄色粉末，无味，含有效成分0.7%或2.5%；另一种是气雾剂，为半透明稍黏的液体，稍微加热后即挥发为气雾，含有效成分

49.65％。

## （二）施用时间

用药时间在块茎解除休眠期之前,即将进入萌芽时是施药的最佳时间。同时,还要根据贮藏的温度条件做具体安排。比如,窖温一直保持 2℃～3℃,温度就可以强制块茎休眠,在这种情况下,可在窖温随外界气温上升至 6℃之前施药。如果窖温一直保持在 7℃左右,可在块茎入窖后 1～2 个月的时间内施药。一般来说,从块茎伤口愈合后(收获后 2～3 周)到萌芽之前的任何时候,都可以施用,均能收到抑芽的效果。

## （三）施药剂量

用粉剂,以药粉重量计算。比如用 0.7％的粉剂,药粉和块茎的重量比是 1.4～1.5∶1 000,即用 1.4～1.5 千克药粉,可以处理 1 000 千克块茎。若用 2.5％的粉剂,药粉和块茎重量比是 0.4～0.8∶1 000,即用 0.4～0.8 千克药粉,可以处理 1 000 千克块茎。

用气雾剂,以有效成分计算,浓度以 30 毫克/升（即 30/1 000 000）为最好。按药液计算,每 1 000 千克块茎用药液 60 毫升。还可以根据计划贮藏时间,适当调整使用浓度。贮藏 3 个月以内(从施药算起)的,可用 20 毫克/升（即 20/1 000 000）的浓度,贮藏半年以上的,可用 40 毫克/升（即 40/1 000 000）的浓度。

## （四）施药方法

**1. 粉剂施法**　根据处理块茎数量的多少,采取不同的方法。如果处理数量在 100 千克以下,可把药粉直接均匀地撒于装在筐、篓、箱或堆在地上的块茎上面。若数量大,可以分层撒施。有通风管道的窖,可将药粉随鼓入的风吹进薯堆里边,并在堆上面再撒一些。用手撒或喷粉器将药粉喷入堆内也可以。药粉有效成分挥发成气体,便可起到抑芽作用。无论哪种方法,撒上药粉后要密封24～48小时。处理薯块,数量少的,可用麻袋、塑料布等覆盖,数量大的要封闭窖门、屋门和通气孔。

**2. 气雾剂施法**　气雾剂目前只适用于贮藏10吨以上并有通风道的窖内。用一台热力气雾发生器(用小汽油机带动),将计算好数量的抑芽剂(氯苯胺灵)药液,装入气雾发生器中,开动机器加热产生气雾,使之随通风管道吹入薯堆。药液全部用完后,关闭窖门和通风口,密闭24～48小时。

**3. 如果贮藏时间较长**　在施用抑芽剂(氯苯胺灵)60天后,检查窖中块茎,芽眼若有萌幼迹象,要再施1次,用量可按最低量,方法同前。

### (五)注意事项

抑芽剂(氯苯胺灵)有阻碍块茎损伤组织愈合及表皮木栓化的作用,所以块茎收获后,必须经过2～3周时间,使损伤组织自然愈合后才能施用。

切忌将马铃薯抑芽剂(氯苯胺灵)用于种薯和在种薯贮藏窖内进行抑芽处理,以防止影响种薯的发芽,给生产造成损失。

粉剂只能用干粉不能加水往块茎上喷施。

# 附　录

## 附表 1　农家肥营养成分

| 粪肥种类 | 含氮量（%） | 含磷量（%） | 含钾量（%） | 性　质 | 用　法 |
|---|---|---|---|---|---|
| 人粪尿 | 0.5～0.8 | 0.2～0.4 | 0.2～0.3 | 速效碱性 | 腐熟后作追肥基肥 |
| 猪　粪 | 0.56 | 0.4 | 0.44 | 迟效碱性 | 腐熟后作基肥 |
| 马　粪 | 0.58 | 0.3 | 0.24 | 迟效碱性 | 腐熟后作基肥追肥 |
| 牛　粪 | 0.32 | 0.25 | 0.16 | 迟效碱性 | 腐熟后作基肥追肥 |
| 羊　粪 | 0.65 | 0.47 | 0.23 | 迟效碱性 | 腐熟后作基肥追肥 |
| 厩　肥 | 0.87 | 1.14 | 1.83 | 迟效微碱 | 腐熟后作基肥追肥 |
| 鸡　粪 | 1.63 | 1.54 | 0.85 | 速效碱性 | 与其他农家肥堆腐作基肥 |
| 鸭　粪 | 1.10 | 1.4 | 0.62 | 速效碱性 | 与其他农家肥堆腐作基肥 |
| 鹅　粪 | 0.55 | 0.5 | 0.95 | 速效碱性 | 与其他农家肥堆腐作基肥 |
| 生骨粉 | 4.05 | 22.8 | 1.95 | 速效碱性 | 与厩肥堆腐作基肥 |
| 稻　草 | 0.51 | 0.12 | 2.70 | 迟效微酸性 | 制成堆肥作基肥 |
| 玉米秆 | 0.61 | 0.27 | 0.28 | 迟效微酸性 | 制成堆肥作基肥 |
| 麦　秆 | 0.50 | 0.20 | 0.60 | 迟效微酸性 | 制成堆肥作基肥 |
| 堆　肥 | 1.13 | 0.48 | 1.54 | 迟效微酸性 | 腐熟后作基肥 |
| 草木灰 | — | 2.10 | 4.50 | 速效碱性 | 基　肥 |
| 炕　土 | 0.08～0.58 | 0.09～0.73 | 0.26～1.34 | 速效碱性 | 基肥、追肥 |
| 塘　泥 | 0.2 | 0.16 | 1.00 | 迟效 | 基　肥 |
| 河　泥 | 0.29 | 0.36 | 1.82 | 迟效 | 基　肥 |
| 炉　灰 | — | 0.29 | 0.25 | 微碱性 | 基　肥 |
| 垃　圾 | 0.2 | 0.23 | 0.48 | 迟效 | 堆腐后作基肥 |
| 熏　土 | 0.08～0.18 | 0.13 | 0.14 | 速效 | 底　肥 |
| 土　粪 | 0.12～0.58 | 0.12～0.68 | 0.12～1.53 | 迟效微碱 | 底　肥 |

注:摘自《马铃薯栽培技术》

### 附表 2-1　肥料当年利用率　（％）

| 肥　料 | 利用率 | 肥　料 | 利用率 |
|---|---|---|---|
| 圈　粪 | 20～30 | 硝酸铵 | 65 |
| 堆　肥 | 25～35 | 硫酸铵 | 70 |
| 人粪尿 | 40～60 | 尿　素 | 60 |
| 炕　土 | 30～40 | 过磷酸钙 | 10～25 |
| 草木灰 | 30～40 | 磷矿粉 | 10 |
| 氨　水 | 30～50 | 硫酸钾 | 50 |
| 碳酸氢铵 | 30～55 | 氯化钾 | 50 |
| 氯化铵 | 60 | | |

注：摘自农村青年自学丛书《土壤肥料》

据专家提供，近年随着化肥用量的增加，肥料利用率有所下降，如下表：

### 附表 2-2　化肥的当季利用率　（％）

| 种　类 | 利用率 | 损失率 | 残留率 | 备　注 |
|---|---|---|---|---|
| 氮　肥 | 30～35 | 40～50 | 15～30 | 空气挥发、地下淋失 |
| 磷　肥 | 10～20 | — | 30～40 | 土壤固定、移动性差 |
| 钾　肥 | 35～50 | — | — | 地下渗漏 |

注：摘自王成《喷灌圈》2009 课件

## 附表 3　土壤墒情

| 墒情<br>类别 | 土色 | 湿润程度 | 特　征 | 措　施 |
|---|---|---|---|---|
| 干土 | 灰黄白 | 风干土状,含水量2%～5% | 呈干土,以手握之无凉湿感,一般块状不易用手压碎 | 应先浇后种 |
| 黄墒 浅黄墒 | 浅黄 | 稍润,含水量5%～8% | 呈粉粒状,以手握之有凉感,无潮湿感,小土块压之可碎,但不成团和片 | 应补墒后再种 |
| 黄墒 | 黄色 | 湿润,含水量8%～12% | 粉粒状,有潮湿感,握之成块,触之即散,但不能成团和片 | 抗旱播种,借墒播种 |
| 潮黄墒 | 潮黄 | 湿润,含水量12%～14% | 粉粒状,有潮湿感,握之成块,抛之即散,不能成片。以手用力握之,指上不出现湿痕,但土块上有指纹痕 | 适时抢种,加强保墒 |
| 合墒 | 黄褐 | 潮湿,含水量14%～16% | 散粒状,有潮湿感,握之成块,抛之散成小块,并在手指上微见湿痕 | 适时播种 |
| 黑墒 | 暗黑 | 湿,含水量16%～20% | 握之成块不易散,捏之成团成片,但不成细条,手指上有明显湿痕 | 细耕后播种 |
| 饱墒 | 润黑 | 水湿,含水量大于20% | 捏之成团,搓之成条,手指上有水湿痕,有土粒粘手,指缝中可挤出水 | 散墒后播种 |

注:摘自《简明农业词典》

## 附表 4　马铃薯种植密度查对表

| 垄距<br>(厘米) | 棵距<br>(厘米) | 棵数/公顷 | 棵数/667 米² | 垄距<br>(厘米) | 棵距<br>(厘米) | 棵数/公顷 | 棵数/667 米² |
|---|---|---|---|---|---|---|---|
| 45 | 15 | 148155 | 9877 | 50 | 15 | 133335 | 8889 |
| | 16 | 138885 | 9259 | | 16 | 124995 | 8333 |
| | 17 | 130725 | 8715 | | 17 | 117645 | 7843 |
| | 18 | 123450 | 8230 | | 18 | 111105 | 7407 |
| | 19 | 112995 | 7533 | | 19 | 105255 | 7017 |
| | 20 | 111105 | 7407 | | 20 | 100005 | 6667 |
| | 21 | 105825 | 7055 | | 21 | 95235 | 6349 |
| | 22 | 101010 | 6734 | | 22 | 90900 | 6060 |
| | 23 | 96615 | 6441 | | 23 | 86955 | 5797 |
| | 24 | 92595 | 6173 | | 24 | 83325 | 5555 |
| | 25 | 88890 | 5926 | | 25 | 79995 | 5333 |
| | 26 | 85470 | 5698 | | 26 | 76920 | 5128 |
| | 27 | 82305 | 5487 | | 27 | 74070 | 4938 |
| | 28 | 79365 | 5291 | | 28 | 71430 | 4762 |
| | 29 | 76620 | 5108 | | 29 | 68970 | 4598 |
| | 30 | 74070 | 4938 | | 30 | 66660 | 4444 |
| | 31 | 71685 | 4779 | | 31 | 64650 | 4310 |
| | 32 | 69435 | 4629 | | 32 | 62490 | 4166 |
| | 33 | 67335 | 4489 | | 33 | 60600 | 4040 |
| | 34 | 65355 | 4357 | | 34 | 58815 | 3921 |
| | 35 | 63495 | 4233 | | 35 | 57135 | 3809 |

## 续附表 4

| 垄距<br>(厘米) | 棵距<br>(厘米) | 棵数/公顷 | 棵数/667 米² | 垄距<br>(厘米) | 棵距<br>(厘米) | 棵数/公顷 | 棵数/667 米² |
|---|---|---|---|---|---|---|---|
| 55 | 15 | 121215 | 8081 | 60 | 15 | 111105 | 7407 |
|  | 16 | 113640 | 7576 |  | 16 | 104160 | 6944 |
|  | 17 | 106950 | 7130 |  | 17 | 98040 | 6536 |
|  | 18 | 101010 | 6734 |  | 18 | 92595 | 6173 |
|  | 19 | 95685 | 6379 |  | 19 | 87720 | 5848 |
|  | 20 | 90900 | 6060 |  | 20 | 83325 | 5555 |
|  | 21 | 86580 | 5772 |  | 21 | 79365 | 5291 |
|  | 22 | 82635 | 5509 |  | 22 | 75750 | 5050 |
|  | 23 | 79050 | 5270 |  | 23 | 72465 | 4831 |
|  | 24 | 75750 | 5050 |  | 24 | 69435 | 4629 |
|  | 25 | 72720 | 4848 |  | 25 | 66660 | 4444 |
|  | 26 | 69930 | 4662 |  | 26 | 64095 | 4273 |
|  | 27 | 67335 | 4489 |  | 27 | 61725 | 4115 |
|  | 28 | 65895 | 4393 |  | 28 | 59520 | 3968 |
|  | 29 | 62685 | 4179 |  | 29 | 57465 | 3831 |
|  | 30 | 60600 | 4040 |  | 30 | 55545 | 3703 |
|  | 31 | 58650 | 3910 |  | 31 | 53760 | 3584 |
|  | 32 | 56820 | 3788 |  | 32 | 52080 | 3472 |
|  | 33 | 55080 | 3672 |  | 33 | 50505 | 3367 |
|  | 34 | 53475 | 3565 |  | 34 | 49020 | 3268 |
|  | 35 | 51945 | 3463 |  | 35 | 47610 | 3174 |

## 续附表 4

| 垄距<br>(厘米) | 棵距<br>(厘米) | 棵数/公顷 | 棵数/667 米² | 垄距<br>(厘米) | 棵距<br>(厘米) | 棵数/公顷 | 棵数/667 米² |
|---|---|---|---|---|---|---|---|
| 65 | 15 | 102555 | 6837 | 70 | 15 | 95235 | 6349 |
|  | 16 | 96150 | 6410 |  | 16 | 89280 | 5952 |
|  | 17 | 90495 | 6033 |  | 17 | 84030 | 5602 |
|  | 18 | 85470 | 5698 |  | 18 | 78765 | 5291 |
|  | 19 | 80970 | 5398 |  | 19 | 75180 | 5012 |
|  | 20 | 76920 | 5128 |  | 20 | 71430 | 4762 |
|  | 21 | 75465 | 5031 |  | 21 | 68025 | 4535 |
|  | 22 | 69930 | 4662 |  | 22 | 64935 | 4329 |
|  | 23 | 66885 | 4459 |  | 23 | 62100 | 4140 |
|  | 24 | 64095 | 4273 |  | 24 | 59520 | 3968 |
|  | 25 | 61530 | 4102 |  | 25 | 57135 | 3809 |
|  | 26 | 59160 | 3944 |  | 26 | 54945 | 3663 |
|  | 27 | 56970 | 3798 |  | 27 | 52905 | 3527 |
|  | 28 | 54945 | 3663 |  | 28 | 51015 | 3401 |
|  | 29 | 53040 | 3536 |  | 29 | 49260 | 3284 |
|  | 30 | 51270 | 3418 |  | 30 | 47610 | 3174 |
|  | 31 | 49620 | 3308 |  | 31 | 46080 | 3072 |
|  | 32 | 48075 | 3205 |  | 32 | 44640 | 2976 |
|  | 33 | 46620 | 3108 |  | 33 | 43290 | 2886 |
|  | 34 | 45240 | 3016 |  | 34 | 42015 | 2801 |
|  | 35 | 43950 | 2930 |  | 35 | 40815 | 2721 |

## 续附表 4

| 垄距<br>(厘米) | 棵距<br>(厘米) | 棵数/公顷 | 棵数/667 米² | 垄距<br>(厘米) | 棵距<br>(厘米) | 棵数/公顷 | 棵数/667 米² |
|---|---|---|---|---|---|---|---|
| 75 | 15 | 88890 | 5926 | 80 | 15 | 83325 | 5555 |
|  | 16 | 83325 | 5555 |  | 16 | 78120 | 5208 |
|  | 17 | 78435 | 5229 |  | 17 | 73530 | 4902 |
|  | 18 | 74070 | 4938 |  | 18 | 69435 | 4629 |
|  | 19 | 70170 | 4678 |  | 19 | 65790 | 4386 |
|  | 20 | 66660 | 4444 |  | 20 | 61740 | 4116 |
|  | 21 | 63495 | 4233 |  | 21 | 59520 | 3968 |
|  | 22 | 60600 | 4040 |  | 22 | 56820 | 3788 |
|  | 23 | 57960 | 3864 |  | 23 | 54345 | 3623 |
|  | 24 | 55545 | 3703 |  | 24 | 52080 | 3472 |
|  | 25 | 53325 | 3555 |  | 25 | 49995 | 3333 |
|  | 26 | 51270 | 3418 |  | 26 | 48075 | 3205 |
|  | 27 | 49380 | 3292 |  | 27 | 46290 | 3086 |
|  | 28 | 47610 | 3174 |  | 28 | 44640 | 2976 |
|  | 29 | 45975 | 3065 |  | 29 | 43095 | 2873 |
|  | 30 | 44445 | 2963 |  | 30 | 41655 | 2777 |
|  | 31 | 43005 | 2867 |  | 31 | 40320 | 2688 |
|  | 32 | 41655 | 2777 |  | 32 | 39060 | 2604 |
|  | 33 | 40395 | 2693 |  | 33 | 37875 | 2525 |
|  | 34 | 39210 | 2614 |  | 34 | 36765 | 2451 |
|  | 35 | 38085 | 2539 |  | 35 | 35715 | 2381 |

### 续附表 4

| 垄距<br>(厘米) | 棵距<br>(厘米) | 棵数/公顷 | 棵数/667 米² | 垄距<br>(厘米) | 棵距<br>(厘米) | 棵数/公顷 | 棵数/667 米² |
|---|---|---|---|---|---|---|---|
| 85 | 15 | 78435 | 5229 | 90 | 15 | 74070 | 4938 |
|  | 16 | 73530 | 4902 |  | 16 | 69435 | 4629 |
|  | 17 | 69465 | 4631 |  | 17 | 65355 | 4357 |
|  | 18 | 65355 | 4357 |  | 18 | 61725 | 4115 |
|  | 19 | 61920 | 4128 |  | 19 | 58470 | 3898 |
|  | 20 | 58815 | 3921 |  | 20 | 55545 | 3703 |
|  | 21 | 56025 | 3735 |  | 21 | 52905 | 3527 |
|  | 22 | 53475 | 3565 |  | 22 | 50505 | 3367 |
|  | 23 | 51150 | 3410 |  | 23 | 48300 | 3220 |
|  | 24 | 49020 | 3268 |  | 24 | 46290 | 3086 |
|  | 25 | 47055 | 3137 |  | 25 | 44445 | 2963 |
|  | 26 | 45240 | 3016 |  | 26 | 42735 | 2849 |
|  | 27 | 43575 | 2905 |  | 27 | 41145 | 2743 |
|  | 28 | 42150 | 2801 |  | 28 | 39675 | 2645 |
|  | 29 | 40560 | 2704 |  | 29 | 38310 | 2554 |
|  | 30 | 39210 | 2614 |  | 30 | 37035 | 2469 |
|  | 31 | 37950 | 2530 |  | 31 | 35835 | 2389 |
|  | 32 | 36765 | 2451 |  | 32 | 34710 | 2314 |
|  | 33 | 35505 | 2367 |  | 33 | 33660 | 2244 |
|  | 34 | 34590 | 2306 |  | 34 | 32670 | 2178 |
|  | 35 | 33615 | 2241 |  | 35 | 31740 | 2116 |

## 续附表 4

| 垄距<br>(厘米) | 棵距<br>(厘米) | 棵数/公顷 | 棵数/667 米² | 垄距<br>(厘米) | 棵距<br>(厘米) | 棵数/公顷 | 棵数/667 米² |
|---|---|---|---|---|---|---|---|
| 95 | 15 | 70170 | 4678 | 100 | 15 | 66615 | 4441 |
|  | 16 | 65790 | 4386 |  | 16 | 62490 | 4166 |
|  | 17 | 61920 | 4128 |  | 17 | 58815 | 3921 |
|  | 18 | 58470 | 3898 |  | 18 | 55545 | 3703 |
|  | 19 | 54045 | 3603 |  | 19 | 52620 | 3508 |
|  | 20 | 52620 | 3508 |  | 20 | 49995 | 3333 |
|  | 21 | 50115 | 3341 |  | 21 | 47610 | 3174 |
|  | 22 | 47835 | 3189 |  | 22 | 45450 | 3030 |
|  | 23 | 45765 | 3051 |  | 23 | 43470 | 2898 |
|  | 24 | 43860 | 2924 |  | 24 | 41655 | 2777 |
|  | 25 | 42105 | 2807 |  | 25 | 39990 | 2666 |
|  | 26 | 40485 | 2699 |  | 26 | 38460 | 2564 |
|  | 27 | 38985 | 2599 |  | 27 | 37035 | 2469 |
|  | 28 | 37590 | 2506 |  | 28 | 35715 | 2381 |
|  | 29 | 36285 | 2419 |  | 29 | 34470 | 2298 |
|  | 30 | 35085 | 2339 |  | 30 | 33330 | 2222 |
|  | 31 | 33945 | 2263 |  | 31 | 32250 | 2150 |
|  | 32 | 32895 | 2193 |  | 32 | 31245 | 2083 |
|  | 33 | 31890 | 2126 |  | 33 | 30300 | 2020 |
|  | 34 | 30960 | 2064 |  | 34 | 29400 | 1960 |
|  | 35 | 30075 | 2005 |  | 35 | 28560 | 1904 |

注:1 亩约为 667 米²,0.067 公顷

## 附表5　马铃薯薯块比重、干物质、淀粉含量查对表
### （美尔凯尔表）

| 5千克薯块在水中重量(克) | 比　重 | 干物质(%) | 淀　粉(%) | 5千克薯块在水中重量(克) | 比　重 | 干物质(%) | 淀　粉(%) |
|---|---|---|---|---|---|---|---|
| 300 | 1.0638 | 16.219 | 10.311 | 455 | 1.1001 | 23.987 | 17.961 |
| 305 | 1.0650 | 16.476 | 10.563 | 460 | 1.1013 | 24.244 | 18.215 |
| 310 | 1.0661 | 16.711 | 10.795 | 465 | 1.1025 | 24.501 | 18.483 |
| 315 | 1.0672 | 16.947 | 11.027 | 470 | 1.1038 | 24.779 | 18.742 |
| 320 | 1.0684 | 17.204 | 11.280 | 475 | 1.1050 | 25.036 | 18.995 |
| 325 | 1.0695 | 17.439 | 11.512 | 480 | 1.1062 | 25.293 | 19.248 |
| 330 | 1.0707 | 17.696 | 11.765 | 485 | 1.1074 | 25.549 | 19.494 |
| 335 | 1.0718 | 17.931 | 11.996 | 490 | 1.1086 | 25.806 | 19.735 |
| 340 | 1.0730 | 18.188 | 12.249 | 495 | 1.1099 | 26.085 | 20.028 |
| 345 | 1.0741 | 18.423 | 12.481 | 500 | 1.1111 | 26.341 | 20.280 |
| 350 | 1.0753 | 18.680 | 12.734 | 505 | 1.1123 | 26.598 | 20.551 |
| 355 | 1.0764 | 18.916 | 12.967 | 510 | 1.1136 | 26.876 | 20.807 |
| 360 | 1.0776 | 19.172 | 13.219 | 515 | 1.1148 | 27.133 | 21.060 |
| 365 | 1.0787 | 19.408 | 13.451 | 520 | 1.1161 | 27.411 | 21.334 |
| 370 | 1.0799 | 19.665 | 13.704 | 525 | 1.1173 | 27.668 | 21.587 |
| 375 | 1.0811 | 19.921 | 13.953 | 530 | 1.1186 | 27.946 | 21.861 |
| 380 | 1.0822 | 20.157 | 14.189 | 535 | 1.1198 | 28.203 | 22.203 |
| 385 | 1.0834 | 20.414 | 14.403 | 540 | 1.1211 | 28.481 | 22.351 |
| 390 | 1.0846 | 20.670 | 14.694 | 545 | 1.1223 | 28.760 | 22.663 |
| 395 | 1.0858 | 20.927 | 14.947 | 550 | 1.1236 | 29.016 | 22.915 |
| 400 | 1.0870 | 21.184 | 15.201 | 555 | 1.1249 | 29.295 | 23.189 |
| 405 | 1.0881 | 21.419 | 15.432 | 560 | 1.1261 | 29.551 | 23.442 |
| 410 | 1.0893 | 21.676 | 15.685 | 565 | 1.1274 | 29.830 | 23.716 |
| 415 | 1.0905 | 21.933 | 15.938 | 570 | 1.1287 | 30.086 | 23.969 |
| 420 | 1.0917 | 22.190 | 16.191 | 575 | 1.1299 | 30.365 | 24.244 |
| 425 | 1.0929 | 22.447 | 16.445 | 580 | 1.1312 | 30.643 | 24.517 |
| 430 | 1.0941 | 22.703 | 16.697 | 585 | 1.1325 | 30.921 | 24.791 |
| 435 | 1.0953 | 22.960 | 16.949 | 590 | 1.1338 | 31.199 | 25.065 |
| 440 | 1.0965 | 23.217 | 17.206 | 595 | 1.1351 | 31.477 | 25.339 |
| 445 | 1.0977 | 23.474 | 17.456 | 600 | 1.1364 | 31.756 | 25.614 |
| 450 | 1.0989 | 23.731 | 17.709 | 605 | 1.1377 | 32.034 | 25.887 |

　　方法：1. 选无病斑、无损伤的薯块,清洗干净,晾干或擦干,用细网袋装,准确称
　　　　量5千克。然后再将5千克薯块用网袋提着浸在事先备好（水温
　　　　17.5℃）的一桶水中,下部不要托底,边上也不能碰桶壁,称取其在水中

# 附　录

漂浮的重量。用所得出重量数到表中查对，即可得到所需数字

2. 如果块茎重量不足 5 千克，可以按上述方法将块茎洗净，擦干后，称量块茎在空气中实际重量（A），再浸在水中称漂浮在水中的重量（B），计算其比重（D），公式为：块茎比重（D）$= \dfrac{A}{A-B}$，计算出比重后，在表中查对干物质淀粉含量即可

## 附表6　叶面各种肥料喷施浓度参照表

| 肥料种类 | 喷施浓度(%) | 肥料种类 | 喷施浓度(%) |
|---|---|---|---|
| 尿素 | 0.1~3 | 硫酸亚铁 | 0.1~0.3 |
| 硫酸铵 | 0.3 | 硫酸锌 | 0.1~0.2 |
| 硝酸铵 | 0.3 | 硫酸锰 | 0.05~0.1 |
| 过磷酸钙 | 0.5~1.0(滤液) | 硫酸铜 | 0.01~0.02 |
| 草木灰 | 1.0~3.0(浸提滤液) | 硫酸镁 | 0.1~0.2 |
| 硫酸钾 | 0.5 | 硼砂 | 0.1~0.2 |
| 磷酸二氢钾 | 0.2~0.4 | 硝酸稀土 | 0.03~0.05 |
| 硝酸钾 | 0.5 | 钼酸铵 | 0.3 |
| 柠檬酸铁 | 0.1~0.2 | 高效复合肥 | 0.2~0.3 |

注:摘自王家强《马铃薯营养》课件

### 附录7　定向行(带)农田设计

　　国土资源千百年的变迁形成了地块大小,方位走向分布不一,人们的耕作惯性习俗已成定式。而为实现栽培作物的高光效,则必须依照太阳辐射与地球转动规律,调整作物行(带)走向,使其最大限度地接受光照,以获得尽可能多的光合产物。这是定向的目的。

### 一、定向方法

　　定向指作物群体的方位。根据定向理论以子午线为北南正线,北端为零点随着地理纬度的不同计算出定向角度,其行(带)走向与子午线西侧成一定夹角。计算公式:

$$定向角度=1+\frac{当地纬度-6}{2}$$

　　如:河北芦台国营农场地处北纬 39°18′,代入公式

$$1+\frac{39-6}{2}=17.5° \qquad \angle 17.5°即定向角度$$

　　芦台农场作物行带走向与子午线西侧的夹角∠17.5°,沿此走向划一条延长线,即作物行(带)走向,作物群体最佳方位。

### 二、子午线与定向方位的确定

　　①用罗盘仪定位当地子午线(称磁子午线)和定向方位,简便

精确。

②立杆见影定南北。在没有罗盘的情况下,可采用田间立杆见影的方法确定子午线和定向方位。首先将手表调准,于正午前几分钟在田间立二根杆连续观察投影,当立杆投影最短时(即太阳中天时刻记录时间)调整其中一个杆使二根杆投影同处一条直线上,二点相连划一条延长线即为南北正线。

根据当地纬度计算出的定向方位角(是时角),地球自转每4分钟转1个经度,该时角乘以4即得该方位在当地午后出现的时刻。如芦台农场定向的角度为∠17.5°,17.5×4＝70,从太阳中天高度(中午12时)延后70分钟,即13时10分于南北正线西侧太阳的投影延长线同南北正线的夹角,即定向方位角,它的延长线就是作物行(带)走向。

摘自戴金城《提升作物光能利用率的研究报告》

## 附录 8　国家禁止和限制使用的农药名单

### 一、国家明令禁止使用的农药(23 种)

六六六、滴滴涕(DDT)、毒杀芬、二溴氯丙烷、杀虫脒、二溴乙烷(EDB)、除草醚、艾氏剂、狄氏剂、汞制剂、砷制剂、铅类、敌枯双、氟乙酰胺、甘氟、毒鼠强、氟乙酸钠、毒鼠硅、甲胺磷、甲基对硫磷、对硫磷、久效磷、磷胺。

### 二、在蔬菜、果树、茶叶、中草药材上不得使用和限制使用的农药(16 种)

甲拌磷、甲基异柳磷、特丁硫磷、甲基硫环磷、治螟磷、内吸磷、克百威、涕灭威、灭线磷、硫环磷、蝇毒磷、地虫硫磷、氯唑磷、苯线磷等高毒农药不得用于蔬菜、果树、茶叶、中草药材上。三氯杀螨醇、氰戊菊酯不得用于茶树上。

摘自国家农业部第 194 号、199 号、274 号、322 号《公告》

# 附　录

## 附录 9　无公害生产推荐植保产品名单

### 一、杀虫、杀螨剂

1. 生物制剂和天然物质(15 种)　苏云金杆菌(BT)、甜菜夜蛾核多角体病毒、银纹夜蛾核多角体病毒、小菜蛾颗粒体病毒、棉铃虫核多角体病毒、苦参碱、印楝素、烟碱、鱼藤酮、苦皮藤素、阿维菌素、多杀霉素、浏阳霉素、白僵菌、除虫菊素。

2. 合成制剂(45 种)

①菊酯类(8 种):溴氰菊酯、氟氯氰菊酯、氯氟氰菊酯、氯氰菊酯、氰戊菊酯、甲氰菊酯、氟丙菊酯、联苯菊酯。

②氨基甲酸酯类(5 种):硫双灭多威、丁硫克百威、抗蚜威、异丙威、速灭威。

③有机磷类(7 种):辛硫磷、敌百虫、敌敌畏、倍硫磷、丙溴磷、二嗪磷、亚胺硫磷。

④昆虫生长调节剂(9 种):灭幼脲、氟啶脲、氟铃脲、氟虫脲、除虫脲、噻嗪酮、抑食肼、虫酰肼、甲氧虫酰肼。

⑤专用杀螨剂(7 种):哒螨灵、四螨嗪、唑螨酯、三唑锡、炔螨特、噻螨酮、苯丁锡。

⑥其他(9 种):甲胺基阿维菌素、溴虫腈、杀螟丹、啶虫脒、吡虫脒、灭蝇胺、丁醚脲、棉隆。

### 二、杀菌剂(46 种)

1. 无机杀菌剂(5 种)　碱式硫酸铜、王铜、氢氧化铜、氧化亚铜、石硫合剂。

2. 合成杀菌剂(35 种)　代森锌、代森锰锌、乙磷铝、多菌灵、甲基硫菌灵、噻菌灵、百菌清、三唑酮、三唑醇、戊唑醇、乙唑醇、腈菌唑、乙霉威·硫菌灵、腐霉利、异菌脲、霜霉威、烯酰吗啉·锰锌、霜脲氰·锰锌、邻烯丙基苯酚、嘧霉胺、氟吗啉、盐酸吗啉胍、噁霉灵、噻菌铜、咪鲜胺、咪鲜胺锰盐、抑霉唑、氨基寡糖素、甲霜灵·锰锌、亚胺唑、春·王铜、噁唑烷酮·锰锌、脂肪酸铜、松脂酸铜、腈嘧菌酯。

3. 生物制剂(6种)　井冈霉素、菇类蛋白多糖、春雷霉素、多抗霉素、宁南霉素、木霉菌。

## 三、杀鼠剂(3种)

溴鼠灵、溴敌隆、敌鼠钠盐。

(根据农业部、河北省植保植检站、承德市农业局 2008 年《通知》整理)

# 主要参考文献

[1]　黑龙江省农业科学院马铃薯研究所．中国马铃薯栽培学．北京：中国农业出版社，1994．

[2]　黑龙江省农业科学院、克山农业科学研究所．马铃薯栽培技术．北京：中国农业出版社，1984．

[3]　程天庆．马铃薯栽培技术（第 2 版）．北京：金盾出版社，1996．

[4]　门福义，刘梦云．马铃薯栽培生理．北京：中国农业出版社，1995．

[5]　北京农业大学，等．简明农业词典．北京：科学出版社，1985．

[6]　北京农业大学．肥料手册．北京：农业出版社，1979．

[7]　河北省标准计量局．脱毒马铃薯综合标准（河北省地方标准）．DB13/T164.1.4—93．

[8]　李济宸，等译．马铃薯病害及其防治．石家庄：河北科技出版社，1992．

[9]　李玉，赫永利．庄稼医生实用手册．北京：中国农业出版社，1992．

[10]　陈伊里．中国马铃薯学术研讨文集[1996]．哈尔滨：黑龙江科技出版社，1996．

[11]　叶超林，等．全国马铃薯主要优良品种介绍．成都：四川科技出版社，1986．

[12]　中国马铃薯主要品种编写组．中国马铃薯主要品种彩色图谱．北京：中国农业科技出版社，1989．

[13]　王涛．ABT 增产灵在农作物上的应用技术手册．北京：中国林业出版社，1993．

[14]　程美廷,等.棉花马铃薯套作高效配套技术.马铃薯杂志.
　　　　1997(4):239-240.

[15]　郭雄,等.互助县马铃薯覆膜效益及栽培技术.马铃薯杂
　　　　志.1997(4):237-238.

[16]　王春珍,等.膨大素在马铃薯上的应用.马铃薯杂志.1992
　　　　(4):245-247.

[17]　李刚,等.RS打破马铃薯休眠期效果观察.马铃薯杂志.
　　　　1991(2):99-102.

[18]　成玉富.多效唑对马铃薯产量影响的试验.马铃薯杂志.
　　　　1990(4):234.

[19]　屈冬玉,谢开云.中国人如何吃马铃薯.世界科技出版公
　　　　司,2008.

[20]　屈冬玉,等.中国马铃薯产业与现代农业.马铃薯产业与
　　　　现代农业.哈尔滨:哈尔滨工程大学出版社,2007(7):1-8.

[21]　谢开云,等.中国马铃薯产业与世界先进国家的比较.马
　　　　铃薯产业——更快、更高、更强.哈尔滨:哈尔滨工程大学
　　　　出版社,2008(3):1-7.

[22]　杨俊炜,等.对提升吉西县马铃薯产业化水平的思考.马
　　　　铃薯产业——更快、更高、更强.哈尔滨:哈尔滨工程大学
　　　　出版社,2008(3):87-91.

[23]　李鹏程.定西市专用型马铃薯脱毒种薯繁育体系现状及发
　　　　展对策.马铃薯产业与东北振兴.哈尔滨工程大学出版
　　　　社,2005(7):77-79.

[24]　屈冬玉,等.大力推进三代种薯繁育体系建设,提高中国马
　　　　铃薯种薯质量和产量水平.马铃薯产业与现代化农业.哈
　　　　尔滨工程大学出版社,2007(7):9-15.

[25]　孙慧生.马铃薯生产技术百问百答.北京:中国农业出版
　　　　社,2005.

[26] 王远见,等.山东省马铃薯生产新型栽培模式及技术应用.中国马铃薯,2008(4):243-244.

[27] 高中强,等.山东省早春马铃薯双膜—苫超高产栽培技术.中国马铃薯,2009(1):52-53.

[28] 李如平,等.马铃薯稻草覆盖免耕栽培技术.中国马铃薯,2008(增刊):63-65.

[29] 郭华春.云南冬作马铃薯的发展优势与存在问题分析.马铃薯产业与冬作农业.哈尔滨工程大学出版社,2006(10):271-273.

[30] 张丽芳,等.马铃薯杂交实生种子在云南的应用潜力.中国马铃薯,2008(5):302-304.

[31] 王亚洲.黑龙江省马铃薯杂草及其化学防除.中国马铃薯,2005(4):232-233.

[32] 马奇祥,等.农田化学除草新技术.北京:金盾出版社,1998.

# 金盾版图书,科学实用,
# 通俗易懂,物美价廉,欢迎选购

以上图书由全国各地新华书店经销。凡向本社邮购图书或音像制品,可通过邮局汇款,在汇单"附言"栏填写所购书目,邮购图书均可享受9折优惠。购书30元(按打折后实款计算)以上的免收邮挂费,购书不足30元的按邮局资费标准收取3元挂号费,邮寄费由我社承担。邮购地址:北京市丰台区晓月中路29号,邮政编码:100072,联系人:金友,电话:(010)83210681、83210682、83219215、83219217(传真)。